3D Rotations: Parameter Computation and Lie-Algebra based Optimization

3次元回転

—パラメータ計算とリー代数による最適化—

金谷健一 著

共立出版

まえがき

3次元空間での回転の表現や解析に関しては多くの書物が著されているが，それらのほとんどは物理学の教科書である．それは，3次元回転運動が古典力学，量子力学の主要なテーマの一つだからである．例えば，剛体の慣性運動の解析はロケットや人工衛星や航空機の制御に必須であり，原子や電子などの素粒子のスピンの角運動量やエネルギーの解析は量子力学の基礎となっている．

しかし，近年，コンピュータの発展によって，より身近な問題で3次元回転を扱うことが多くなった．例えば，カメラや3次元センサーによる3次元計測や，コンピュータビジョン，コンピュータグラフィクスにおける3次元の解析やモデリング，また，ロボットの制御やシミュレーションなどにおいて3次元回転の処理，計算が必要となる．本書は，力学的な「運動解析」ではなく，コンピュータによる「計算処理」の観点から，3次元回転に関する話題を解説したものである．

計算処理の中心はパラメータ推定であり，特にデータに誤差があるときが問題となる．これに対処するには，誤差を確率統計的にモデル化して，精度を最大化する最適計算が必要となる．このような，変数として回転を含む問題は非線形最適化の典型である．本書では，コンピュータビジョンの代表的な問題を例にとってこれを説明する．

3次元回転全体は群を成し，「回転群」と呼ばれ，$SO(3)$ と記される．そして，その数学的な性質は古くから数学者によって解明されている．まず，この性質を用いれば，回転を含む非線形最適化の解が，ある形の問題では解析的に得られることを示す．しかし，一般には数値的探索が必要となる．そのためには，引数となる回転を微小に変化させたときの関数の変化の解析が必要となる．微小回転は「リー代数」と呼ばれる線形空間を作る．本書では最適化の数値探索法として，この性質を用いた「リー代数の方法」と呼ぶ方法を定式化する．

このような内容は我が国では初めてではないかと思われる．本書を読むには群論のような抽象的な数学の知識は必要ないが，基本的な線形代数の知識は仮定している．本書で用いるレベルの線形代数の復習には，パタン情報処理のために書かれた教科書 [24] が適している．付録として，巻末に位相空間，多様体，リー群，リー代数についての簡単な解説を加えた．

本書に原稿段階で目を通して，いろいろなご指摘を頂いた東京大学の杉原厚吉名誉教授，福井大学の保倉理美教授，（株）朋栄の松永力氏，元（株）住友精密工業の孫崎太氏に感謝します．最後に，本書の編集の労をとられた共立出版（株）の大越隆道氏，髙橋萌子氏にお礼を申し上げます．

2019 年 6 月　　　　金谷健一

目　次

第1章
序論

まず，本書で扱う問題の背景を述べる．そして，以下の章で取り上げる内容の概要を示す．

1.1 3次元回転

まえがきに述べたように，歴史的に3次元回転は剛体運動や量子力学に関連して，物理学の重要なテーマであった．しかし，今日ではコンピュータの発展によって，カメラや3次元センサーによる3次元計測や，コンピュータビジョン，コンピュータグラフィクス，ロボットの制御やシミュレーションなどにおける，3次元回転の「計算処理」が重要な問題となっている．次章で述べるように，3次元回転は「回転行列」(行列式が1の3×3直交行列) $\boldsymbol{R}$で指定される．必要とされる代表的な計算処理は，いくつかの回転行列$\boldsymbol{R}_1$, $\boldsymbol{R}_2, \ldots, \boldsymbol{R}_M$を変数に含む関数

$$J = J(\cdots, \boldsymbol{R}_1, \boldsymbol{R}_2, \ldots, \boldsymbol{R}_M) \tag{1.1}$$

の最適化（最大または最小にする変数の計算）である．

例えば，コンピュータビジョンでは，撮影した画像から物体の姿勢やそれを撮影したカメラの姿勢を計算する（これを「3次元復元」と呼ぶ）．「姿勢」とは位置と向きのことであり，位置は基準点（例えば物体の重心やカメラのレンズ中心）の3次元位置で指定され，向きは物体やカメラに固定した3次元座標系とシーンに固定した3次元座標系（「世界座標系」と呼ぶ）との間の相対的な回転で指定される．3次元復元は，回転を変数に含んだ式(1.1)の

ような評価関数の最適化に帰着する．

同じような問題が工学のいろいろな問題で生じる．例えばコンピュータグラフィクスにおいて，設計した物体の最適な姿勢や光源の最適な配置を計算する必要がある．あるいは，ロボットハンドやドローンを用いたアクチュエーターの最適な姿勢を計算する必要がある．このような，3次元的な向きが問題となる課題のほとんどが，回転を変数に含む式(1.1)のような関数の最適化に帰着する．

このような応用を想定して，第2章ではまず，3次元空間の回転の幾何学的な意味とそのベクトルや行列による表現法を述べる．そして，回転が行列式が1の直交行列，すなわち回転行列によって表されることを示す．このことから，回転行列 $\boldsymbol{R}$ の9個の要素は互いに独立ではなく，自由度は3であることがわかる．次に，3次元回転は，ある回転軸の周りのある回転角の回転であるという「オイラーの定理」を導く．そして，各座標軸周りの回転の表現を示す．

第3章では，回転行列 $\boldsymbol{R}$ を三つのパラメータで表す具体的な方法を示す．最も素朴なのは各座標軸の周りの回転角 α, β, γ であり，それぞれ「ロール」,「ピッチ」,「ヨー」と呼ばれる．ただし，これらの角度の指定は合成の順序に依存する．このことを指摘するとともに，物体に固定した座標系に対する回転と，3次元空間に固定した座標系に関する回転とは異なる結果になること，およびその関係を述べる．そして，それを考慮して一意的に回転を指定する「オイラー角」θ, ϕ, ψ とその特異点について述べる．次に，3次元回転を回転軸 $\boldsymbol{l}$ とその周りの回転角 Ω で指定する「ロドリーグの公式」を導く．最後に，3次元回転をその2乗和が1である4個のパラメータ q_0, q_1, q_2, q_3（したがって，自由度は3）で表す「四元数表示」を紹介する．これは2次元回転が複素数を用いて表せることの3次元回転への拡張である．

1.2　回転の推定計算

N 本のベクトル $\boldsymbol{a}_1, \ldots, \boldsymbol{a}_N$ に回転 $\boldsymbol{R}$ を施すと，$\boldsymbol{a}'_\alpha = \boldsymbol{R}\boldsymbol{a}_\alpha$, $\alpha = 1, \ldots, N$ であるような $\boldsymbol{a}'_1, \ldots, \boldsymbol{a}'_N$ が得られる．第4章ではこの「逆問題」，すなわち，与えられた $2N$ 本のベクトル $\boldsymbol{a}_1, \ldots, \boldsymbol{a}_N, \boldsymbol{a}'_1, \ldots, \boldsymbol{a}'_N$ から，そ

れらの間の回転 $\boldsymbol{R}$ を計算する問題を考える．これはデータに誤差がなく，$\boldsymbol{a}'_\alpha = \boldsymbol{R}\boldsymbol{a}_\alpha$, $\alpha = 1, \ldots, N$ が厳密に成り立っていれば解は直ちに求まる．しかし，実際の応用で重要となるのは測定装置やセンサーから定めた $\boldsymbol{a}_\alpha$, $\boldsymbol{a}'_\alpha$ が必ずしも厳密でないときである．すなわち，

$$\boldsymbol{a}'_\alpha \approx \boldsymbol{R}\boldsymbol{a}_\alpha, \qquad \alpha = 1, \ldots, N \tag{1.2}$$

の場合である．

実際問題としては，これは二つの3次元物体間の運動を推定する問題として現れる．「運動」（正確には「ユークリッド運動」）とは平行移動と回転の合成のことである．運動の推定とは，ある3次元物体と，それが運動した後の位置が与えられたとき，その運動を計算することである．これは，まず物体上に指定した基準点（例えば重心）が一致するように一方を他方に平行移動させる．すると問題は式(1.2)の形の回転の推定となる．この問題を解くには，(1.2)の"≈"の解釈とデータの誤差のモデル化が必要となる．最も簡単で，かつ実用的でもあるのは，誤差は分散一定の等方的な正規分布に従うと仮定することである．このとき，問題は式(1.2)の左辺と右辺の差の2乗和を最小にする $\boldsymbol{R}$ の計算に帰着し，その解は「最小2乗解」と呼ばれる．これを計算する問題は「プロクルステス問題」とも呼ばれる．

第4章では，統計学の立場からは，最小2乗解計算することが「最尤推定」であることを指摘し，解がデータから構成されるある行列の特異値分解によって得られることを示す．さらに，同じ解が第3章で導入した四元数表示によっても得られることを示す．この問題の応用として，回転をデータからある方法で推定した行列 $\boldsymbol{R}$ が厳密には回転行列でない（すなわち，行と列が厳密には正規直交でない）場合に，これを厳密な回転行列に補正する問題がある．これは3次元空間の配置に関連する工学のいろいろな問題に現れる．これも特異値分解によって計算できる．

最小2乗解は，式(1.2)のずれを食い違いの2乗和で評価するものであるが，実際の測定装置やセンサーでは，誤差に方向的な偏りがあることが多い．例えば，レーザーや超音波を照射して3次元位置を測定する場合，照射方向の精度とそれと直交する方向の精度は一般に異なる．奥行きの精度はレーザーや超音波の波長に依存するが，それと直交する方向の精度は，照射

方向の制御装置（サーボモータなど）に依存する．このような3次元位置の精度の方向依存性は，「共分散行列」という行列によって指定される．そこで，第5章では，各データの共分散行列が与えられているときの最尤推定解を考える．データの誤差に方向依存性がない場合は，共分散行列が単位行列の定数倍になり，最尤推定解は最小2乗解に一致する．

最尤推定解を求めるには，式(1.2)からのずれをデータの誤差の共分散行列によって考慮した関数$J(\boldsymbol{R})$によって評価し，これを最小にする$\boldsymbol{R}$を計算する．第5章では次の2種類の定式化を紹介する．

- 回転$\boldsymbol{R}$をパラメータで表し，関数$J(\boldsymbol{R})$をそのパラメータに関して最小化する．
- パラメータを用いず，行列$\boldsymbol{R}$そのものを未知数とみなし，行列$\boldsymbol{R}$が回転を表す条件のもとに，$J(\boldsymbol{R})$の条件つき最小化を行う．

第1の方法は，第3章で述べた$\boldsymbol{R}$の四元数表示を用いる．これは，回転$\boldsymbol{R}$を4次元単位ベクトル$\boldsymbol{q}$で表すものである．こうすると，式(1.2)が$\boldsymbol{q}$に関して線形な式で書ける．この事実を利用すれば，最尤推定解を計算する系統的な方法が得られる．ここでは「FNS法」と呼ばれる手法を紹介する．第2の方法では，行列$\boldsymbol{R}$の9個の要素の作る9次元空間で，関数$J(\boldsymbol{R})$を減少させるとともに，各ステップで，$\boldsymbol{R}$が回転行列であるという条件を満たす方向に修正するものである．ここでは「拡張FNS法」と呼ばれる手法の概略を述べる．

1.3　微分に基づく最適化

第6章では，式(1.1)のような一般の関数Jの最大・最小化を考える．関数Jに特別な性質がない場合の，標準的な方法は微分を用いることである．素朴な方法は，回転行列をいくつかのパラメータ（例えば回転軸と回転角，オイラー角，四元数など）で表し，関数Jの各パラメータに関する導関数を計算し，各パラメータをJの値が増大・減少するように微小変化させるものである．そして，改めて導関数を計算し，この操作を反復する．このような方法は一般に「勾配法」と呼ばれている．そして，収束を速めるさまざまな工夫が考えられている．よく知られているものに「最急降下法（山登り法）」，「共役勾配法」，「ニュートン法」，「ガウス・ニュートン法」，「レーベンバーグ・マーカート法」がある．

しかし，このような勾配法を用いるのであれば，回転行列 $\boldsymbol{R}$ のパラメータ化は必要ではない．そもそも，「微分」とは変数の微小変化に対する関数値の変化の割合である．したがって，微小回転を加えたときの関数値の変化を知ればよい．そのためには，各座標軸周りに微小回転を加えて関数値の変化を調べ，関数値が減少するように微小回転させる．そして，その微小に変化した回転行列 $\boldsymbol{R}$ に対して，同じ操作を繰り返す．こうすれば，計算機内部では各ステップごとに $\boldsymbol{R}$ が更新されるので，$\boldsymbol{R}$ を何らかのパラメータで表す必要がない．この方法を「リー代数の方法」と呼び，これを第6章で具体的に説明する．その応用として，第5章で述べた回転の最尤推定の計算，コンピュータビジョンの基本処理の一つの「基礎行列」の計算，および画像から3次元復元を行う「バンドル調整」の手順を述べる．

1.4　回転の計算の信頼性評価

第4〜6章で，データから回転 $\boldsymbol{R}$ を計算するさまざまな方法が示される．データに誤差があれば，計算される $\boldsymbol{R}$ にも誤差がある．第7章では，計算した $\boldsymbol{R}$ の精度評価の方法を述べる．そして，その精度を表現する回転の「共分散行列」$V[\boldsymbol{R}]$ を定義する．計算した回転 $\boldsymbol{R}$ の真の回転 $\bar{\boldsymbol{R}}$ からのずれは，ある軸の周りのある微小角度の微小回転である．共分散行列 $V[\boldsymbol{R}]$ の最大固有値に対する固有ベクトルが，誤差の最も生じやすい回転軸であり，その固有値がその周りのずれの角度の分散になっている．具体的な例として，最尤推定によって計算した回転の共分散行列を評価する．

次に，データに誤差がある限り，どんな計算方法を用いても共分散行列がある値以下にならないという精度の理論限界を導く．その限界値は「KCR下界」と呼ばれる．これは，誤差の高次の項を除いて，最尤推定の共分散行列と一致する．すなわち，最尤推定は誤差の高次の項を除いて，精度の理論限界に到達していることが結論される．

第2章
回転の幾何学

本章では，3次元空間の回転によってベクトルのノルムや内積や行列式が保存されることを述べる．そして，回転が「回転行列」（行列式が1の「直交行列」）によって表され，回転行列が3自由度を持つことを示す．最後に，3次元空間の回転は，ある回転軸の周りのある回転角の回転であるという「オイラーの定理」を導き，各座標軸周りの回転の表現を示す．

2.1 3次元回転

3次元空間 $\mathcal{R}^3$ の**回転** (rotation) とは，「長さ」と「向き」を保存する $\mathcal{R}^3$ の線形変換のことである．長さが保存されるということは，角度も保存されることを意味する．なぜなら，3点 A, B, C がそれぞれ A', B', C' に変換され，$\|\overrightarrow{AB}\|$, $\|\overrightarrow{BC}\|$, $\|\overrightarrow{CA}\|$（$\|\cdot\|$ はベクトルのノルム）がそれぞれ $\|\overrightarrow{A'B'}\|$, $\|\overrightarrow{B'C'}\|$, $\|\overrightarrow{C'A'}\|$ に等しいなら，三角形 $\triangle ABC$ と三角形 $\triangle A'B'C'$ は合同であり，辺々の成す角も等しい（図 2.1(a)）．

ノルムが保存されれば，内積も保存される．なぜなら，$\boldsymbol{a}$, $\boldsymbol{b}$ の内積を $\langle \boldsymbol{a}, \boldsymbol{b} \rangle$ と書けば，任意の $\boldsymbol{a}$, $\boldsymbol{b}$ に対して，$\|\boldsymbol{a}-\boldsymbol{b}\|^2 = \|\boldsymbol{a}\|^2 - 2\langle \boldsymbol{a}, \boldsymbol{b} \rangle + \|\boldsymbol{b}\|^2$ であるから

$$\langle \boldsymbol{a}, \boldsymbol{b} \rangle = \frac{1}{2}(\|a\|^2 + \|b\|^2 - \|a-b\|^2) \tag{2.1}$$

であり，右辺の各項は回転によって変化しない．

変換の向きが保存されるという意味は，$\boldsymbol{a}$, $\boldsymbol{b}$, $\boldsymbol{c}$ が右手系なら，変換した $\boldsymbol{a}'$, $\boldsymbol{b}'$, $\boldsymbol{c}'$ も右手系であるという意味である．すなわち，$|\boldsymbol{a}, \boldsymbol{b}, \boldsymbol{c}|$（$\boldsymbol{a}$, $\boldsymbol{b}$, $\boldsymbol{c}$ を

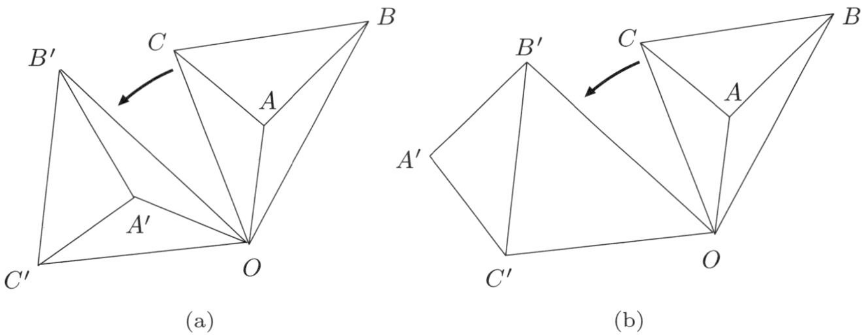

図 2.1　(a) 3 次元空間 $\mathcal{R}^3$ の回転によって，ベクトルの長さや角度と空間の向きが保存される．(b) 長さや角度が保存されても，空間の向きが反転するものは，回転と鏡映の合成である．

列とする行列式）と $|\boldsymbol{a}', \boldsymbol{b}', \boldsymbol{c}'|$ の符号が等しいということである．行列式は，その列の作る平行六面体の符号付き体積に等しく，合同な図形の体積は等しいから，$|\boldsymbol{a}', \boldsymbol{b}', \boldsymbol{c}'| = |\boldsymbol{a}, \boldsymbol{b}, \boldsymbol{c}|$ である．

長さや角度が保存されても向きが保存されない変換は回転と鏡映との合成である（図 2.1(b)）．**鏡映** (reflection) とは原点を通るある平面に関して対称な位置への写像のことである．鏡映と合成すると，$\boldsymbol{a}$, $\boldsymbol{b}$, $\boldsymbol{c}$ が右手系なら，変換した $\boldsymbol{a}'$, $\boldsymbol{b}'$, $\boldsymbol{c}'$ は左手系となる．それらの作る平行六面体は行列式（体積）の符号が変わり，$|\boldsymbol{a}', \boldsymbol{b}', \boldsymbol{c}'| = -|\boldsymbol{a}, \boldsymbol{b}, \boldsymbol{c}|$ となる．このような回転と鏡映の合成を**特異回転** (improper rotation) と呼び，普通の回転を**固有回転** (proper rotation)，あるいは**狭義回転** (rotation in a strict sense) と呼んで区別することもある．その場合は，両者を合わせたものを**広義回転** (rotation in a broad sense) と呼ぶ．本書で回転というときは，狭義回転のみを考える．

以上のことから，回転とは任意のベクトル $\boldsymbol{a}$, $\boldsymbol{b}$, $\boldsymbol{c}$ に対して，

$$\|\boldsymbol{R}\boldsymbol{a}\| = \|\boldsymbol{a}\|, \quad |\boldsymbol{R}\boldsymbol{a}, \boldsymbol{R}\boldsymbol{b}, \boldsymbol{R}\boldsymbol{c}| = |\boldsymbol{a}, \boldsymbol{b}, \boldsymbol{c}| \tag{2.2}$$

となる線形変換 $\boldsymbol{R}$ であると言える．そして，任意のベクトル $\boldsymbol{a}$, $\boldsymbol{b}$ に対して，$\langle \boldsymbol{R}\boldsymbol{a}, \boldsymbol{R}\boldsymbol{b} \rangle = \langle \boldsymbol{a}, \boldsymbol{b} \rangle$ である．

2.2　直交行列と回転行列

3次元空間 $\mathcal{R}^3$ の基底 $\{\boldsymbol{e}_1, \boldsymbol{e}_2, \boldsymbol{e}_3\}$（$\boldsymbol{e}_i$ は第 i 成分が1，残りが0の単位ベクトル）が，回転 $\boldsymbol{R}$ によってそれぞれベクトル $\{\boldsymbol{r}_1, \boldsymbol{r}_2, \boldsymbol{r}_3\}$ に変換されるとする（図2.2）．この回転は，それらを列として並べた 3×3 行列

$$\boldsymbol{R} = \begin{pmatrix} \boldsymbol{r}_1 & \boldsymbol{r}_2 & \boldsymbol{r}_3 \end{pmatrix} \tag{2.3}$$

で表される．実際，行列とベクトルの積の約束より $\boldsymbol{r}_i = \boldsymbol{R}\boldsymbol{e}_i$ が成り立つ．

基底 $\{\boldsymbol{e}_1, \boldsymbol{e}_2, \boldsymbol{e}_3\}$ は正規直交系（互いに直交する単位ベクトル）であり，回転によってノルムも角度も保存されるから，$\{\boldsymbol{r}_1, \boldsymbol{r}_2, \boldsymbol{r}_3\}$ も正規直交系である．正規直交系を列とする行列を**直交行列** (orthogonal matrix) と呼ぶ．式 (2.2) より，$\boldsymbol{R}$ の行列式は1である．行列式が1の直交行列を**回転行列** (rotation matrix) と呼ぶ．すなわち，**回転は回転行列で表される**．一方，もし式 (2.3) の $\{\boldsymbol{r}_1, \boldsymbol{r}_2, \boldsymbol{r}_3\}$ が左手系であれば，$\boldsymbol{R}$ の行列式は -1 である．前述のように，行列式が -1 の直交行列で表される変換は，回転と鏡映の合成である．したがって，直交行列は回転，または回転と鏡映の合成を表す．

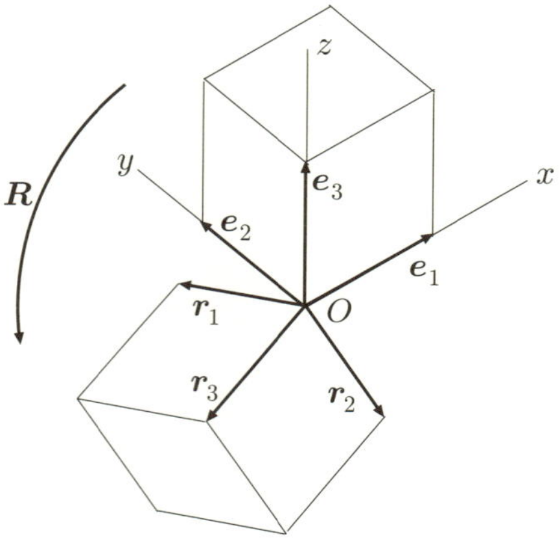

図2.2　3次元空間の $\mathcal{R}^3$ の基底 $\{\boldsymbol{e}_1, \boldsymbol{e}_2, \boldsymbol{e}_3\}$ が回転 $\boldsymbol{R}$ によってそれぞれベクトル $\{\boldsymbol{r}_1, \boldsymbol{r}_2, \boldsymbol{r}_3\}$ に変換されるとき，$\boldsymbol{R}$ はそれらを列として並べた 3×3 行列 $\boldsymbol{R} = \begin{pmatrix} \boldsymbol{r}_1 & \boldsymbol{r}_2 & \boldsymbol{r}_3 \end{pmatrix}$ で表される．

式 (2.3) の $\{\boldsymbol{r}_1, \boldsymbol{r}_2, \boldsymbol{r}_3\}$ が正規直交系であることは，式で書くと

$$\langle \boldsymbol{r}_i, \boldsymbol{r}_j \rangle = \delta_{ij} \tag{2.4}$$

となる．ただし，δ_{ij} は $i = j$ なら 1，それ以外は 0 をとる記号であり，クロネッカーのデルタ (Kronecker delta) と呼ぶ．このことから，式 (2.3) の $\boldsymbol{R}$ に対して次の関係が成り立つ．

$$\begin{aligned}
\boldsymbol{R}^\top \boldsymbol{R} &= \begin{pmatrix} \boldsymbol{r}_1^\top \\ \boldsymbol{r}_2^\top \\ \boldsymbol{r}_3^\top \end{pmatrix} \begin{pmatrix} \boldsymbol{r}_1 & \boldsymbol{r}_2 & \boldsymbol{r}_3 \end{pmatrix} \\
&= \begin{pmatrix} \langle \boldsymbol{r}_1, \boldsymbol{r}_1 \rangle & \langle \boldsymbol{r}_1, \boldsymbol{r}_2 \rangle & \langle \boldsymbol{r}_1, \boldsymbol{r}_3 \rangle \\ \langle \boldsymbol{r}_2, \boldsymbol{r}_1 \rangle & \langle \boldsymbol{r}_2, \boldsymbol{r}_2 \rangle & \langle \boldsymbol{r}_2, \boldsymbol{r}_3 \rangle \\ \langle \boldsymbol{r}_3, \boldsymbol{r}_1 \rangle & \langle \boldsymbol{r}_3, \boldsymbol{r}_2 \rangle & \langle \boldsymbol{r}_3, \boldsymbol{r}_3 \rangle \end{pmatrix} \\
&= \begin{pmatrix} 1 & 0 & 0 \\ 0 & 1 & 0 \\ 0 & 0 & 1 \end{pmatrix} = \boldsymbol{I}
\end{aligned} \tag{2.5}$$

ただし，$\top$ は転置，$\boldsymbol{I}$ は単位行列を表す．したがって，行列 $\boldsymbol{R}$ が直交行列である必要十分条件は $\boldsymbol{R}^\top \boldsymbol{R} = \boldsymbol{I}$ であり，行列 $\boldsymbol{R}$ が回転行列である必要十分条件は $\boldsymbol{R}^\top \boldsymbol{R} = \boldsymbol{I}$, $|\boldsymbol{R}| = 1$ である．

一方，行列式 $|\boldsymbol{R}| = |\boldsymbol{r}_1, \boldsymbol{r}_2, \boldsymbol{r}_3|$ は $\boldsymbol{r}_1$, $\boldsymbol{r}_2$, $\boldsymbol{r}_3$ の作る平行六面体の符号付き体積である．正規直交系は 1 辺の長さが 1 の立方体を作るから，直交行列に対しては $|\boldsymbol{R}| = \pm 1$ である．したがって，行列 $\boldsymbol{R}$ が回転行列である必要十分条件は $\boldsymbol{R}^\top \boldsymbol{R} = \boldsymbol{I}$, $|\boldsymbol{R}| > 0$ と書いてもよい．

式 (2.5) の関係 $\boldsymbol{R}^\top \boldsymbol{R} = \boldsymbol{I}$ は $\boldsymbol{R}^\top$ が $\boldsymbol{R}$ の逆行列 $\boldsymbol{R}^{-1}$ であることを意味している．したがって，

$$\boldsymbol{R}\boldsymbol{R}^\top = \boldsymbol{R}\boldsymbol{R}^{-1} = \boldsymbol{I} \tag{2.6}$$

である．$\boldsymbol{R}\boldsymbol{R}^\top = (\boldsymbol{R}^\top)^\top \boldsymbol{R}^\top$ であるから，上式は $\boldsymbol{R}^\top$ も直交行列であることを意味している．転置行列 $\boldsymbol{R}^\top$ の列は行列 $\boldsymbol{R}$ の行であるから，これは，直交行列は列も行も正規直交系であることを意味する．行列式は転置に関係なく，$|\boldsymbol{R}^\top| = |\boldsymbol{R}|$ であるから，$\boldsymbol{R}$ が回転行列なら $\boldsymbol{R}^\top$ も回転行列である．幾何学的には，$\boldsymbol{R}^\top$ $(= \boldsymbol{R}^{-1})$ は回転 $\boldsymbol{R}$ の逆回転を表す．

式 (2.4) は，$(i, j) = (1,1), (2,2), (3,3), (1,2), (2,3), (3,1)$ に対する 6 個の式を表す．これは $\boldsymbol{R}$ の 9 個の要素に対する拘束であるから，自由に指定で

きる要素は $9-6=3$ 個である．すなわち，**回転行列の自由度は 3 である**（不等式 $|\boldsymbol{R}|>0$ は自由度に影響を与えない）．したがって，3次元回転は少なくとも3個のパラメータで指定できる（ただし，必ずしも一意的とは限らない）．

2.3 オイラーの定理

3次元空間の任意の回転 $\boldsymbol{R}$ はある回転軸 l の周りのある回転角 Ω の回転であるという，「オイラーの定理」が成り立つ．これは次のように示される．

回転行列 $\boldsymbol{R}$ の一つの固有値を λ とし，対応する単位固有ベクトルを $\boldsymbol{l}$ とする．すなわち

$$\boldsymbol{Rl}=\lambda\boldsymbol{l} \tag{2.7}$$

とする．固有値 λ は複素数かもしれないし，固有ベクトル $\boldsymbol{l}$ の成分は複素数かもしれない．式 (2.7) と，両辺の複素共役 $\boldsymbol{R}\bar{\boldsymbol{l}}=\bar{\lambda}\bar{\boldsymbol{l}}$ との辺々との内積をとると，次のようになる．

$$\langle\boldsymbol{Rl},\boldsymbol{R}\bar{\boldsymbol{l}}\rangle=\lambda\bar{\lambda}\langle\boldsymbol{l},\bar{\boldsymbol{l}}\rangle \tag{2.8}$$

左辺は，式 (2.5) より次のように書ける（$\hookrightarrow$ 問題 2.1）．

$$\langle\boldsymbol{R}^{\top}\boldsymbol{Rl},\bar{\boldsymbol{l}}\rangle=\langle\boldsymbol{l},\bar{\boldsymbol{l}}\rangle=|\boldsymbol{l}|^2 \tag{2.9}$$

ただし，成分が複素数のベクトルに対して

$$|\boldsymbol{l}|^2=|l_1|^2+|l_2|^2+|l_3|^2 \quad (>0) \tag{2.10}$$

と定義する（$|\cdot|$ は複素数の絶対値）．式 (2.8) の右辺は $|\lambda|^2|\boldsymbol{l}|^2$ であるから，式 (2.9) と比較して

$$|\lambda|^2=1 \tag{2.11}$$

であることがわかる．すなわち，$\boldsymbol{R}$ の3個の固有値を λ_1, λ_2, λ_3 とすると，それらはどれも絶対値が1である．行列式はすべての固有値の積であるから（$\hookrightarrow$ 問題 2.2(2)），

$$|\boldsymbol{R}|=\lambda_1\lambda_2\lambda_3=1 \tag{2.12}$$

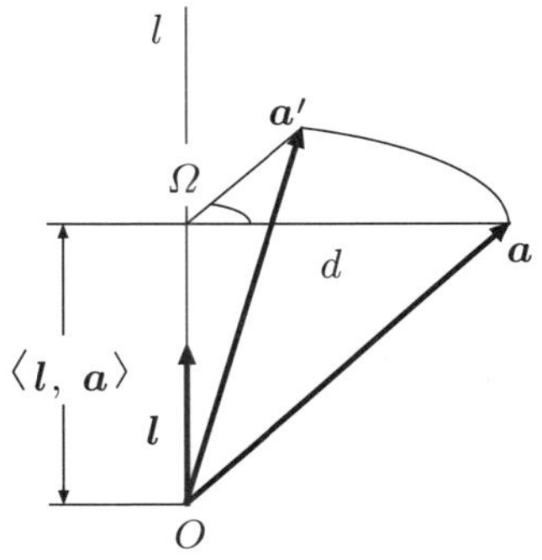

図 2.3　3 次元空間の任意の回転 $\boldsymbol{R}$ はある回転軸 l の周りのある回転角 Ω の回転である.

である. 一方, 3×3 行列 $\boldsymbol{R}$ の固有値は, 固有多項式 $\phi(\lambda) = |\lambda \boldsymbol{I} - \boldsymbol{R}|$ の根（すなわち $\phi(\lambda) = 0$ の解）である（$\hookrightarrow$ 問題 2.2(1)). これは 3 次多項式であるから, 根はすべて実数か, あるいは一つが実数で残りが互いに共役な複素数である. 絶対値は 1 であるから, すべてが実数であれば, $\{\lambda_1, \lambda_2, \lambda_3\} = \{1, 1, 1\}$, $\{1, -1, -1\}$ である（$\{\cdots\}$ は順序を問わない列挙). 一つが実数 λ で残りが互いに共役な複素数 α, $\bar{\alpha}$ であれば, 式 (2.12) より $\lambda\alpha\bar{\alpha} = \lambda|\alpha|^2 = \lambda = 1$ である. いずれにしても, **一つの固有値は 1** である. 実数の固有値 λ に対する固有ベクトル $\boldsymbol{l}$ は, 式 (2.7) から加減乗除と代入によって求まるから, 成分は実数である. ゆえに, 次式を満たす単位ベクトル $\boldsymbol{l}$ が存在する.

$$\boldsymbol{R}\boldsymbol{l} = \boldsymbol{l} \tag{2.13}$$

これはベクトル $\boldsymbol{l}$ が回転 $\boldsymbol{R}$ によって変化しないことを意味する. したがって, $\boldsymbol{l}$ 方向の直線 l は回転 $\boldsymbol{R}$ によって変化しない. この直線 l を**回転軸** (axis of rotation) と呼ぶ.

任意のベクトル $\boldsymbol{a}$ を直線 l 上へ射影した長さは $\langle \boldsymbol{l}, \boldsymbol{a} \rangle$ である（$\hookrightarrow$ 問題 2.3(1)). 回転 $\boldsymbol{R}$ によって $\boldsymbol{a}$ が $\boldsymbol{a}' = \boldsymbol{R}\boldsymbol{a}$ に移動したとすると, 式 (2.13) より,

$$\langle \boldsymbol{l}, \boldsymbol{a}' \rangle = \langle \boldsymbol{l}, \boldsymbol{R}\boldsymbol{a} \rangle = \langle \boldsymbol{R}\boldsymbol{l}, \boldsymbol{R}\boldsymbol{a} \rangle = \langle \boldsymbol{l}, \boldsymbol{a} \rangle \tag{2.14}$$

である（図 2.3). 一方, ベクトル $\boldsymbol{a}$ の終点と回転軸 l との距離は $d = \|\boldsymbol{a} -$

$\langle \boldsymbol{l}, \boldsymbol{a} \rangle \boldsymbol{l} \|$ である（↪ 問題 2.3(2)）．これは回転後の $\boldsymbol{a}' = \boldsymbol{R}\boldsymbol{a}$ に対しては次のようになる．

$$
\begin{aligned}
d' &= \|\boldsymbol{a}' - \langle \boldsymbol{l}, \boldsymbol{a}' \rangle \boldsymbol{l}\| = \|\boldsymbol{R}\boldsymbol{a} - \langle \boldsymbol{l}, \boldsymbol{R}\boldsymbol{a} \rangle \boldsymbol{l}\| = \|\boldsymbol{R}\boldsymbol{a} - \langle \boldsymbol{l}, \boldsymbol{R}\boldsymbol{a} \rangle \boldsymbol{R}\boldsymbol{l}\| \\
&= \|\boldsymbol{R}(\boldsymbol{a} - \langle \boldsymbol{l}, \boldsymbol{a} \rangle \boldsymbol{l})\| = \|\boldsymbol{a} - \langle \boldsymbol{l}, \boldsymbol{a} \rangle \boldsymbol{l}\| = d
\end{aligned}
\tag{2.15}
$$

ゆえに，任意のベクトル $\boldsymbol{a}$ に対して，回転軸 l 上への射影も回転軸 l からの距離 d も回転 $\boldsymbol{R}$ によって変化しない．以上より，**3 次元空間の任意の回転 $\boldsymbol{R}$ はある回転軸 l の周りのある回転角 Ω の回転であることがわかる（オイラーの定理 (Euler's theorem)）**．

2.4　座標軸周りの回転

軸周りの回転の最も基本的なものは，各座標軸の周りの回転である．以下，回転軸には向きを考え，その右ネジ周りの回転角を正，反対向きを負と約束する．

まず，z 軸周りの角度 γ の回転を考える．基底ベクトル $\boldsymbol{e}_1$, $\boldsymbol{e}_2$, $\boldsymbol{e}_3$ を z 軸周りに角度 γ だけ回転させると，それぞれ

$$
\boldsymbol{r}_1 = \begin{pmatrix} \cos\gamma \\ \sin\gamma \\ 0 \end{pmatrix}, \quad \boldsymbol{r}_2 = \begin{pmatrix} -\sin\gamma \\ \cos\gamma \\ 0 \end{pmatrix}, \quad \boldsymbol{r}_3 = \begin{pmatrix} 0 \\ 0 \\ 1 \end{pmatrix}
\tag{2.16}
$$

となる（図 2.4）．ゆえに，2.2 節で述べたように，その回転行列 $\boldsymbol{R}_z(\gamma)$ は，これらを列として並べた

$$
\boldsymbol{R}_z(\gamma) = \begin{pmatrix} \cos\gamma & -\sin\gamma & 0 \\ \sin\gamma & \cos\gamma & 0 \\ 0 & 0 & 1 \end{pmatrix}
\tag{2.17}
$$

である．座標軸の役割を取り替えると，同様にして x 軸周りの角度 α の回転と y 軸周りの角度 β の回転が次の行列で表される（図 2.5）．

$$
\boldsymbol{R}_x(\alpha) = \begin{pmatrix} 1 & 0 & 0 \\ 0 & \cos\alpha & -\sin\alpha \\ 0 & \sin\alpha & \cos\alpha \end{pmatrix},
$$

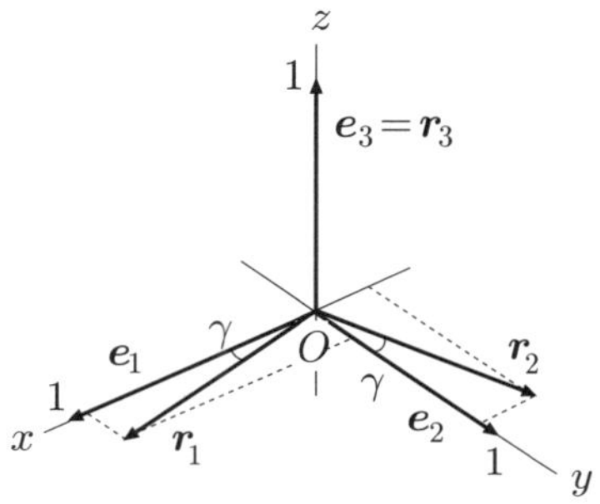

図 2.4　z 軸周りの角度 γ の回転.

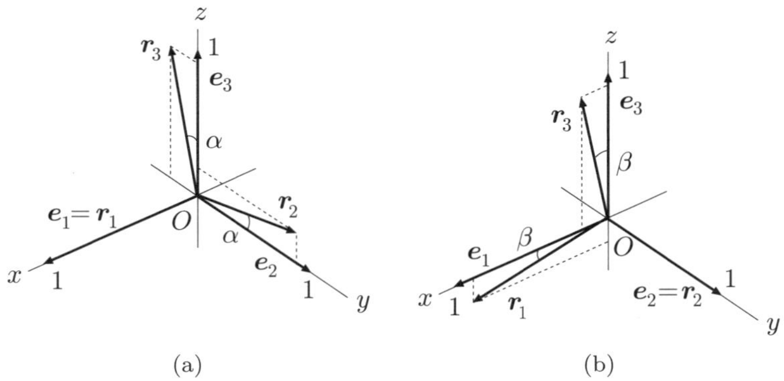

図 2.5　(a) x 軸周りの角度 α の回転. (b) y 軸周りの角度 β の回転.

$$
\boldsymbol{R}_y(\beta) = \begin{pmatrix} \cos\beta & 0 & \sin\beta \\ 0 & 1 & 0 \\ -\sin\beta & 0 & \cos\beta \end{pmatrix} \tag{2.18}
$$

2.5　さらに勉強したい人へ

序論で述べたように，3 次元回転は剛体回転の力学や素粒子の角運動量などに関連しているため，物理学者によって解説されてきた．現在でも読まれている古典的教科書に [8, 10, 33, 42] がある．その後，コンピュータビジョンの研究においても，カメラや物体の回転の記述に関して，3次元回転の解析が重要なテーマの一つになった [15]．なお，本章で用いたようなベクトルや行列による幾何学的な解析は教科書 [19, 20] を参照．

第2章の問題

2.1. 任意の行列 $\boldsymbol{A}$ と任意のベクトル $\boldsymbol{x}$, $\boldsymbol{y}$ に対して，次の恒等式が成り立つことを示せ．

$$\langle \boldsymbol{x}, \boldsymbol{A}\boldsymbol{y} \rangle = \langle \boldsymbol{A}^\top \boldsymbol{x}, \boldsymbol{y} \rangle \tag{2.19}$$

2.2. (1) 行列 $\boldsymbol{A}$ の固有値 λ は固有多項式 $\phi(\lambda) = |\lambda \boldsymbol{I} - \boldsymbol{A}|$ の根であることを示せ．

(2) 行列 $\boldsymbol{A}$ の固有値を λ_1, λ_2, λ_3 とするとき，次の関係が成り立つことを示せ．

$$\mathrm{tr}\,\boldsymbol{A} = \lambda_1 + \lambda_2 + \lambda_3, \quad |\boldsymbol{A}| = \lambda_1 \lambda_2 \lambda_3 \tag{2.20}$$

2.3. (1) ベクトル $\boldsymbol{a}$ を単位ベクトル $\boldsymbol{u}$ 方向の直線 l 上に射影した（符号付き）長さは $\langle \boldsymbol{u}, \boldsymbol{a} \rangle$ であることを示せ（図 2.6）．

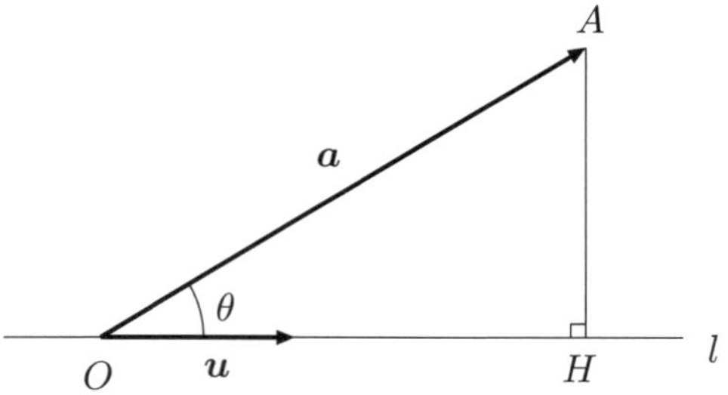

図 2.6　単位ベクトル $\boldsymbol{u}$ 方向の直線 l 上に始点を持つベクトル $\boldsymbol{a}$ の，直線 l 上への射影．

(2) 単位ベクトル $\boldsymbol{u}$ 方向の直線 l 上に始点を持つベクトル $\boldsymbol{a}$ の終点と直線 l との距離は $\|\boldsymbol{a} - \langle \boldsymbol{u}, \boldsymbol{a} \rangle \boldsymbol{u}\|$ であることを示せ．

第3章 回転のパラメータ

前章で，3次元回転の自由度は3であることを指摘したが，本章では，具体的に回転行列 $\boldsymbol{R}$ を三つのパラメータで表すいろいろな方法を示す．最も素朴なのは各座標軸の周りの回転角 α, β, γ であり，それぞれ「ロール」,「ピッチ」,「ヨー」と呼ばれる．ただし，これらによる指定は合成の順序に依存する．これを指摘するとともに，物体に固定した座標系に対する回転と，3次元空間に固定した座標系に関する回転とは異なる結果になること，およびその関係を述べる．そして，それを考慮して一意的に回転を指定する「オイラー角」θ, ϕ, ψ とその特異点について述べる．次に，3次元回転を回転軸 $\boldsymbol{l}$ とその周りの回転角 Ω で指定する「ロドリーグの公式」を導く．最後に，3次元回転をその2乗和が1である4個のパラメータ q_0, q_1, q_2, q_3（したがって，自由度は3）で表す「四元数表示」を導入する．これは2次元回転を複素数を用いて表すことの3次元回転への拡張である．

3.1 ロール，ピッチ，ヨー

2.2節で述べたように，3次元空間の回転は自由度が3であるから，原理的には3個のパラメータで指定できる．したがって，回転を指定するのに，各座標軸周りの回転角を用いるのは自然である．しかし，これには注意が必要である．

各座標軸周りの回転は伝統的に，ロール (roll)，ピッチ (pitch)，ヨー (yaw) と呼ばれている．これらの語は車両や船舶や航空機の姿勢を記述するのに使われ，進行方向を x 軸，進行方向に直交する水平方向を y 軸，垂直方向を z

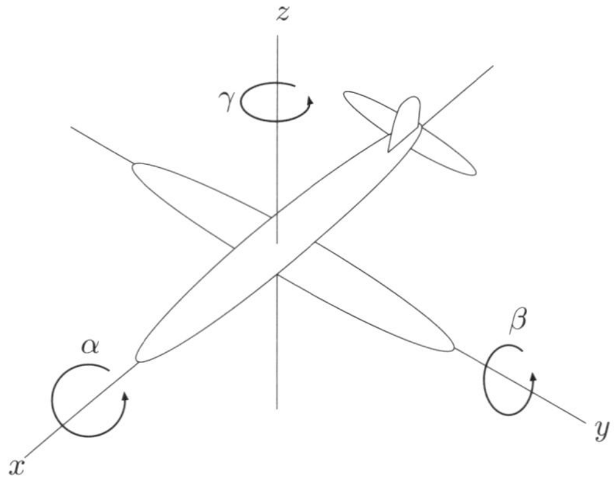

図 3.1　進行方向を x 軸，進行方向に直交する水平方向を y 軸，垂直方向を z 軸とすると，x 軸周りの回転はロール，y 軸周りの回転はピッチ，z 軸周りの回転はヨーと呼ばれる．

軸とすると，x 軸周りの回転がロール，y 軸周りがピッチ，z 軸周りがヨーである[1)]（図 3.1）．

しかし，これでは回転を指定したことにならない．その理由は，まずロール，ピッチ，ヨーがそれぞれ α, β, γ だとしても，**どの順序で合成するかによって結果が異なる**からである．例えば，図 3.2(a), (b) からわかるように，x 軸の周りに 90 度回転して y 軸周りに 90 度回転するのと，y 軸周りに 90 度回転して x 軸周りに 90 度回転するのとでは，異なる回転となる．一方，**同じ回転でも異なる軸周りの回転で合成される**．例えば，図 3.2(a), (c) からわかるように，x 軸の周りに 90 度回転して y 軸周りに 90 度回転しても，z 軸周りに -90 度回転してから x 軸周りに 90 度回転しても，同じ回転となる[2)]．

そこで，順序を固定しなければならないが，それでも問題が残る．ロー

[1)] 航空機や人工衛星では y 軸を（進行方向に対して）水平右方向，z 軸を垂直下方向（地球方向）にとることが多い（図 3.1 ではそうしていない）．

[2)] 図 3.2(c) で最初に z 軸の周りに 90 度回転すると，最後は上下が逆（y 軸周りに 180 度の回転）になる．

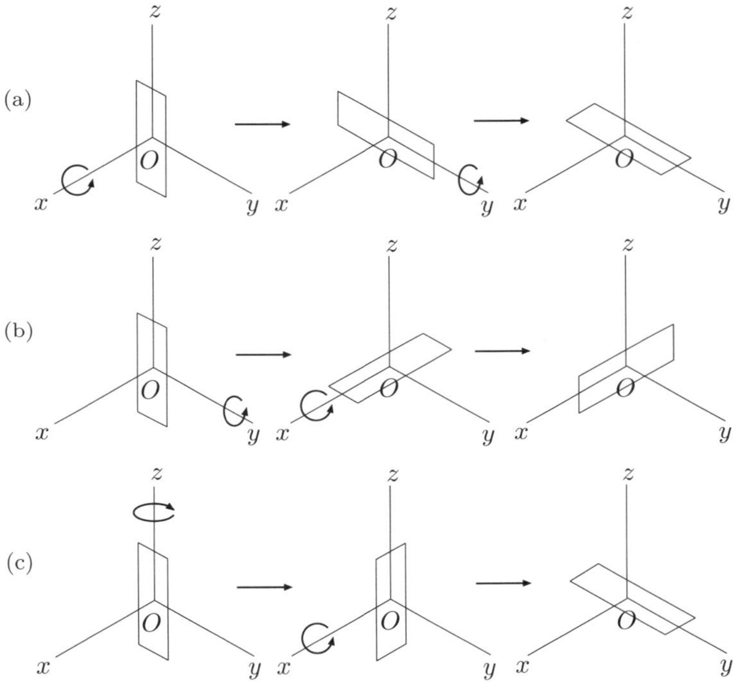

図3.2 (a) x 軸周りに 90 度回転し，次に y 軸周りに 90 度回転する．(b) y 軸周りに 90 度回転し，次に x 軸周りに 90 度回転する．(c) z 軸周りに -90 度回転し，次に x 軸周りに 90 度回転する．(a) と (b) の結果は異なる．しかし，(a) と (c) の結果は同じである．

ル，ピッチ，ヨーの順に角度 α, β, γ だけ回転するとしても，解釈に曖昧さがある．それは，図3.1で考えると，まず x 軸の周りに角度 α だけ回転したとすると，y 軸も回転して別の向きになる．次のピッチは元の y 軸方向，すなわち“水平方向”の周りに角度 β だけ回転するのであろうか，それとも回転した y 方向，すなわち“翼方向”の周りに角度 β だけ回転するのであろうか．数学的には前者のはずであるが，そもそもロール，ピッチ，ヨーは機体に即した概念であるから，後者のほうが意味がある（元の y 軸方向は現在の機体とは無関係な方向である）．ヨーについても同様であり，“垂直方向”の周りに角度γだけ回転するのか，それとも現在の機体の胴体と翼に直交する軸の周りに角度γだけ回転するのであろうか．

機体に固有な対称軸とは無関係に，空間のxyz軸周りにそれぞれα, β, γだけ，「この順に」回転すると，合成した回転の回転行列は式(2.17)の$\boldsymbol{R}_x(\alpha)$, $\boldsymbol{R}_y(\beta)$, $\boldsymbol{R}_z(\gamma)$によって，次のように書ける．

$$\boldsymbol{R} = \boldsymbol{R}_z(\gamma)\boldsymbol{R}_y(\beta)\boldsymbol{R}_x(\alpha) \tag{3.1}$$

これは数学的にも明らかである．ところが，図3.1のように定義した「機体に固有なxyz軸」の周りにα, β, γだけ，「この順に」回転すると，合成した回転の回転行列は次のようになる．

$$\boldsymbol{R} = \boldsymbol{R}_x(\alpha)\boldsymbol{R}_y(\beta)\boldsymbol{R}_z(\gamma) \tag{3.2}$$

このように，合成の順序が逆になる．こうなる理由を次節で述べる．

3.2　座標系の回転

空間に$\bar{x}\bar{y}\bar{z}$座標系を固定する．これを**世界座標系** (world cordinate system) と呼ぶ．また，空間に置かれたある物体に，原点Oを一致させたxyz座標系を考え，これを **物体座標系** (object coordinate system) と呼ぶ．この物体座標系は世界座標系に対して$\boldsymbol{R}$だけ回転しているとする．世界座標系の$\bar{x}$, $\bar{y}$, $\bar{z}$軸方向の基底ベクトルをそれぞれ$\bar{\boldsymbol{e}}_1$, $\bar{\boldsymbol{e}}_2$, $\bar{\boldsymbol{e}}_3$（$\bar{\boldsymbol{e}}_i$は第i成分が1，他が0の単位ベクトル）とすると，x, y, z軸方向の基底ベクトル$\boldsymbol{e}_1$, $\boldsymbol{e}_2$, $\boldsymbol{e}_3$はそれぞれ，

$$\boldsymbol{e}_1 = \boldsymbol{R}\bar{\boldsymbol{e}}_1, \quad \boldsymbol{e}_2 = \boldsymbol{R}\bar{\boldsymbol{e}}_2, \quad \boldsymbol{e}_3 = \boldsymbol{R}\bar{\boldsymbol{e}}_3 \tag{3.3}$$

である．空間のある点Pの世界座標系に関する座標が$(\bar{x}, \bar{y}, \bar{z})$であるとし，この同じ点$P$の物体座標系に関する座標が$(x, y, z)$であるとする（図3.3）．このとき，$(\bar{x}, \bar{y}, \bar{z})$と$(x, y, z)$はどういう関係にあるのであろうか．

点Pの$\bar{x}\bar{y}\bar{z}$座標が$(\bar{x}, \bar{y}, \bar{z})$であり，$xyz$座標が$(x, y, z)$であるというのは，次の意味である．

$$\overrightarrow{OP} = \bar{x}\bar{\boldsymbol{e}}_1 + \bar{y}\bar{\boldsymbol{e}}_2 + \bar{z}\bar{\boldsymbol{e}}_3 = x\boldsymbol{e}_1 + y\boldsymbol{e}_2 + z\boldsymbol{e}_3 \tag{3.4}$$

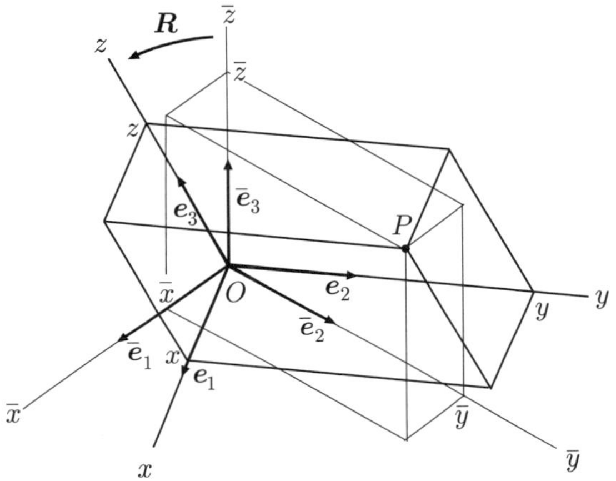

図 3.3　xyz 座標系を $\bar{x}\bar{y}\bar{z}$ 座標系に相対的に $\boldsymbol{R}$ だけ回転させる．その結果，xyz 座標系の基底ベクトル $\boldsymbol{e}_i$ は $\bar{x}\bar{y}\bar{z}$ 座標系の基底ベクトル $\bar{\boldsymbol{e}}_i$ を $\boldsymbol{R}$ だけ回転したものである ($i = 1, 2, 3$)．このとき，$\bar{x}\bar{y}\bar{z}$ 座標系に関して座標が $(\bar{x}, \bar{y}, \bar{z})$ の点 P は，xyz 座標系では座標が (x, y, z) となる．

定義より，$\bar{\boldsymbol{e}}_1$, $\bar{\boldsymbol{e}}_2$, $\bar{\boldsymbol{e}}_3$ を列として並べると単位行列 $\boldsymbol{I}$ となる．そして，式 (2.3) に示したように，式 (3.3) の $\boldsymbol{e}_1$, $\boldsymbol{e}_2$, $\boldsymbol{e}_3$ を列として並べた行列が $\boldsymbol{R}$ である．したがって，式 (3.4) の $\overrightarrow{OP}$ は次のように二通りに表せる．

$$\overrightarrow{OP} = \begin{pmatrix} \bar{\boldsymbol{e}}_1 & \bar{\boldsymbol{e}}_2 & \bar{\boldsymbol{e}}_3 \end{pmatrix} \begin{pmatrix} \bar{x} \\ \bar{y} \\ \bar{z} \end{pmatrix} = \begin{pmatrix} \bar{x} \\ \bar{y} \\ \bar{z} \end{pmatrix},$$

$$\overrightarrow{OP} = \begin{pmatrix} \boldsymbol{e}_1 & \boldsymbol{e}_2 & \boldsymbol{e}_3 \end{pmatrix} \begin{pmatrix} x \\ y \\ z \end{pmatrix} = \boldsymbol{R} \begin{pmatrix} x \\ y \\ z \end{pmatrix} \tag{3.5}$$

等置して両辺に $\boldsymbol{R}^\top$ $(= \boldsymbol{R}^{-1})$ を掛けると次式が得られる．

$$\begin{pmatrix} x \\ y \\ z \end{pmatrix} = \boldsymbol{R}^\top \begin{pmatrix} \bar{x} \\ \bar{y} \\ \bar{z} \end{pmatrix} \tag{3.6}$$

これは，物体座標系から見ると，$(\bar{x}, \bar{y}, \bar{z})$ の位置にあった点 P が $\boldsymbol{R}^\top$ $(= \boldsymbol{R}^{-1})$

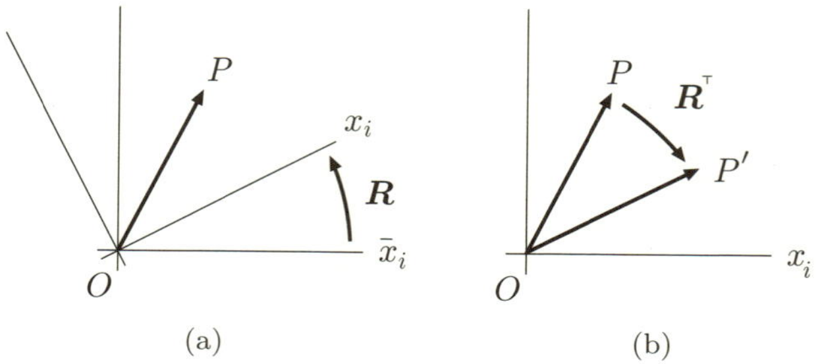

図3.4　(a) 空間に固定した点 P に対して座標系を $\boldsymbol{R}$ だけ回転する．(b) 回転する座標系から見れば点 P が $\boldsymbol{R}^\top$ $(= \boldsymbol{R}^{-1})$ だけ逆回転しているように見える．

だけ回転した位置 (x, y, z) に移動したように見えることを表している．実際には点は動かず，座標系が動いているのであるが，動いている座標系の内部から見ると，式 (3.6) のように，外部の点が逆の動きをするように見える[3)]（図 3.4）．例えば，地球は太陽と相対的に地軸の周りを西から東に自転しているが，地球から見ると，太陽があたかも地軸の周りを東から西に回転しているかのように見える．

このように考えると，式 (3.2) は次のように説明できる．航空機を想定し，それに固定した図 3.1 のような xyz「機体座標系」を考え，機体が x 軸の周りに角度 α だけ回転したとする．この回転は式 (2.18) の $\boldsymbol{R}_x(\alpha)$ である．しかし，機体外のある固定した点 P（例えば管制塔上の点）を観測すると，外界が機体に相対的に逆回転 $\boldsymbol{R}_x(\alpha)^{-1}$ $(= \boldsymbol{R}_x(\alpha)^\top)$ しているように見える．次に，機体が（機体に固定した）y 軸の周りに角度 β だけ回転したとすると，外界は xyz 機体座標系に相対的に $\boldsymbol{R}_y(\beta)^{-1}$ $(= \boldsymbol{R}_y(\beta)^\top)$ だけ 回転しているように見える．さらに，機体が（機体に固定した）z 軸の周りに角度 γ だけ回転したとすると，外界は xyz 機体座標系に相対的に $\boldsymbol{R}_z(\gamma)^{-1}$ $(= \boldsymbol{R}_z(\gamma)^\top)$ だけ回転しているように見える．これらを合成すると，最終的に外界は機体に相対的に $\boldsymbol{R}_z(\gamma)^\top \boldsymbol{R}_y(\beta)^\top \boldsymbol{R}_x(\alpha)^\top$ だけ回転したように思える．しかし，こ

---

3) このことから，テンソル解析では，座標成分を並べたベクトル $\boldsymbol{x}$ は，“座標系と反対の変化をする”という意味で「反変ベクトル」(contravariant vector) であるといい，x^i, $i = 1, 2, 3$ のように，上添字で表記する習慣がある [23].

れは外界が回転したのではなく，実際には機体が回転したためであり，その機体の回転はその逆回転（＝転置行列）の

$$(\boldsymbol{R}_z(\gamma)^\top \boldsymbol{R}_y(\beta)^\top \boldsymbol{R}_x(\alpha)^\top)^\top = \boldsymbol{R}_x(\alpha)\boldsymbol{R}_y(\beta)\boldsymbol{R}_z(\gamma) \tag{3.7}$$

である（$\hookrightarrow$ 問題 3.1(1)）．これが，式 (3.2) の得られる理由である．

3.3　オイラー角

前節で指摘したように，ロール α，ピッチ β，ヨー γ で回転を指定することは，順序に依存し，解釈に曖昧さが残る．これを解決するのが**オイラー角** (Euler angle) θ, ϕ, ψ である．これは次のように，空間に固定した $\bar{x}\bar{y}\bar{z}$ 座標系の 3 段階の回転として定義される[4)]．

1. $\bar{x}\bar{y}\bar{z}$ 座標系を $\bar{z}$ 軸の周りに角度 ϕ だけ回転したものを xyz 座標系とする（図 3.5(a)）．z 軸は $\bar{z}$ 軸のままである．
2. xyz 座標系を x 軸の周りに角度 θ だけ回転したものを $x'y'z'$ 座標系とする（図 3.5(b)）．x' 軸は x 軸のままである．
3. $x'y'z'$ 座標系を z' 軸の周りに角度 ψ だけ回転したものを $x''y''z''$ 座標系とする（図 3.5(c)）．z'' 軸は z' 軸のままである．

図 3.5(b) の x' 軸，すなわち図 3.5(c) の $\bar{x}\bar{y}$ 平面と $x''y''$ 平面の交線 l は**節点線** (line of nodes) と呼ばれる[5)]．

$\bar{x}\bar{y}\bar{z}$ 座標系に固定した点 P : $(\bar{x}, \bar{y}, \bar{z})$ は，回転した xyz 座標系から見ると，z 軸（＝ $\bar{z}$ 軸）の周りに角度 $-\phi$ だけ回転したように見える．すなわち，式 (2.17) の行列を用いると，外界が $\boldsymbol{R}_z(-\phi)$ $(= \boldsymbol{R}_z(\phi)^\top)$ だけ回転したように見える．次に回転した $x'y'z'$ 座標系から見ると，点 P は x' 軸（＝ x 軸）の周りに角度 $-\theta$ だけ回転したように見える．すなわち，式 (2.18) の行列を用い

4) どの軸の周りにどの順に回転するかについて，分野によって異なる記述がなされている．ここでは教科書 [10] に従っている．

5) これは惑星の運動の記述に用いられる用語である．地球の場合は，地球から見た太陽の軌道の面（「黄道面」(ecliptic plane)）と地軸に垂直な面（「赤道面」(equatorial plane)）の交線をいう．

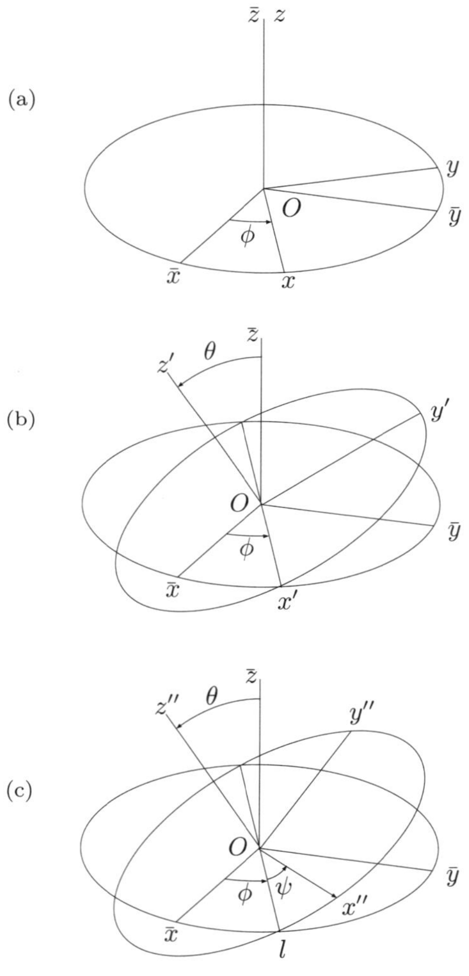

図 3.5　(a) $\bar{x}\bar{y}\bar{z}$ 座標系を $\bar{z}$ 軸の周りに角度 ϕ だけ回転したものを xyz 座標系とする（z 軸は $\bar{z}$ 軸のまま）．(b) xyz 座標系を x 軸の周りに角度 θ だけ回転したものを $x'y'z'$ 座標系とする（x' 軸は x 軸のまま）．(c) $x'y'z'$ 座標系を z' 軸の周りに角度 ψ だけ回転したものを $x''y''z''$ 座標系とする（z'' 軸は z' 軸のまま）．

ると，外界が $\boldsymbol{R}_x(-\theta)$ $(= \boldsymbol{R}_x(\theta)^\top)$ だけ回転したように見える．さらに回転した $x''y''z''$ 座標系から見ると，点 P は z'' 軸（$= z'$ 軸）の周りに角度 $-\psi$ だけ回転したように見える．すなわち，式 (2.17) の行列を用いると，外界が $\boldsymbol{R}_z(-\psi)$ $(= \boldsymbol{R}_z(\psi)^\top)$ だけ回転したように見える．これらを合成すると，外界が全体で $\boldsymbol{R}_z(\psi)^\top \boldsymbol{R}_x(\theta)^\top \boldsymbol{R}_z(\phi)^\top$ だけ回転したように見える．これは座標系が回転したためであり，座標系の回転は固定した $\bar{x}\bar{y}\bar{z}$ 座標系に相対的に

$$\boldsymbol{R} = (\boldsymbol{R}_z(\psi)^\top \boldsymbol{R}_x(\theta)^\top \boldsymbol{R}_z(\phi)^\top)^\top = \boldsymbol{R}_z(\phi)\boldsymbol{R}_x(\theta)\boldsymbol{R}_z(\psi) \tag{3.8}$$

だけ回転していることになる．

この結果を見ると，$x''y''z''$ 座標系は次のようにしても得られることがわかる．

1. $\bar{x}\bar{y}\bar{z}$ 座標系を $\bar{z}$ 軸の周りに角度 ψ だけ回転する．
2. 回転したその座標系を（元の）$\bar{x}$ 軸の周りに角度 θ だけ回転する．
3. 回転したその座標系を（元の）$\bar{z}$ 軸の周りに角度 ϕ だけ回転する．

そして，x'' 軸が $\bar{z}$ 軸と成す角が θ であり，$x''y''$ 面と $\bar{x}\bar{y}$ 面の交線（節点線）l が $\bar{x}$ 軸と成す角が ϕ である．また，x'' 軸が l と成す角が ψ である．数学的にはこのほうが説明も単純である．しかし，伝統的にオイラー角は，前述のように回転する座標系に関して逐次的に，直前の状態に相対的に定義される．これは，車両や船舶や航空機の運転，操縦，ロボットアームの制御などの応用の便宜からである．

このように定義したオイラー角 θ, ϕ, ψ には解釈の曖昧さがないが，$\theta = 0$ のときに不定性が生じる．それは，$\theta = 0$ のとき図 3.2(c) の節点線の方向が不定になるからである．実際，式 (3.8) で $\theta = 0$ とすると，$\boldsymbol{R}_x(0) = \boldsymbol{I}$ であるから，

$$\boldsymbol{R} = \boldsymbol{R}_z(\phi)\boldsymbol{R}_z(\psi) = \boldsymbol{R}_z(\phi + \psi) \tag{3.9}$$

となり，一意に定まるのは和 $\phi + \psi$ のみである．この現象はジンバル（またはギンバル）ロック[6] (gimbal lock) と呼ばれている．オイラー角 θ, ϕ, ψ によって制御する装置では，$\theta = 0$ の瞬間に制御が不定になる．

---

[6]「ジンバル」（または「ギンバル」）とは船舶や航空機に用いられるジャイロスコープ

式(2.17), (2.18) を代入すると，式(3.8) の各要素は次のようになる．

$$\boldsymbol{R} = \begin{pmatrix} \cos\phi\cos\psi - \sin\phi\cos\theta\sin\psi & -\cos\phi\sin\psi - \sin\phi\cos\theta\cos\psi & \sin\phi\sin\theta \\ \sin\phi\cos\psi + \cos\phi\cos\theta\sin\psi & -\sin\phi\sin\psi + \cos\phi\cos\theta\cos\psi & -\cos\phi\sin\theta \\ \sin\theta\sin\psi & \sin\theta\cos\psi & \cos\theta \end{pmatrix} \tag{3.10}$$

これはオイラー角 θ, ϕ, ψ を回転行列 $\boldsymbol{R}$ に変換する式である．逆に，回転行列 $\boldsymbol{R} = \begin{pmatrix} r_{ij} \end{pmatrix}$（$(i, j)$ 要素が r_{ij} の行列の略記）からオイラー角 θ, ϕ, ψ が次のように定まる．まず，式(3.10) の (3, 3) 要素から

$$\theta = \cos^{-1} r_{33}, \quad 0 \leq \theta \leq \pi \tag{3.11}$$

である．$\theta \neq 0$ であれば，式(3.10) の第3列と第3行より，ϕ, ψ が次の関係から定まる．

$$\cos\phi = -\frac{r_{23}}{\sin\theta}, \quad \sin\phi = \frac{r_{13}}{\sin\theta}, \quad 0 \leq \phi < 2\pi \tag{3.12}$$

$$\cos\psi = \frac{r_{32}}{\sin\theta}, \quad \sin\psi = \frac{r_{31}}{\sin\theta}, \quad 0 \leq \psi < 2\pi \tag{3.13}$$

しかし，$\theta \approx 0$ のときは分子，分母が0に近くなり，数値計算が不安定になる．そして，$\theta = 0$ の瞬間に ϕ, ψ の値が不定になる（ジンバルロック）．このとき，式(3.10) は式(3.9) に示すように $\boldsymbol{R}_z(\phi + \psi)$ であるから，$\phi + \psi$ が次の関係から定まる．

$$\cos(\phi + \psi) = r_{11} (= r_{22}), \quad \sin(\phi + \psi) = r_{21} (= -r_{12}), \\ 0 \leq \phi + \psi < 2\pi \tag{3.14}$$

3.4　ロドリーグの式

3次元回転を各座標軸周りの回転の合成として表すことがよく行われるのは，実際問題では，物体の姿勢をその物体に固定した直交する3軸周りの回

の一種であり，自由に向きが変わる回転軸を持つ回転盤を備えた装置である．回転軸の方向の制御はそれを取り囲む3種類の輪（「ジンバルリング」（または「ギンバルリング」）(gimbal ring)）によって行う．二つの輪が同一平面上にそろうと，制御の不定性が生じる．

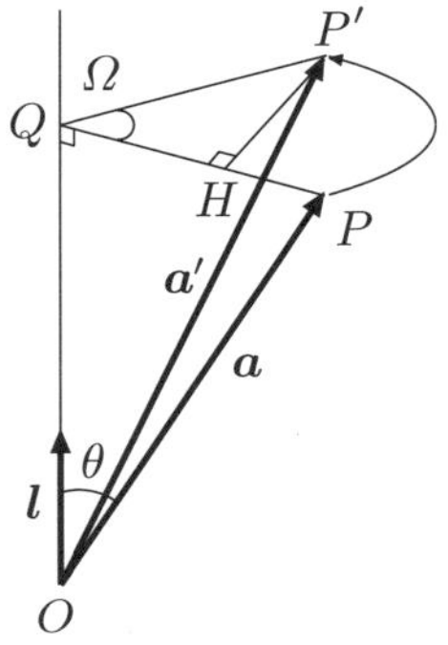

図 3.6 ベクトル $\boldsymbol{a}$ の軸 $\boldsymbol{l}$ の周りの角度 Ω の回転.

転で制御することが多いからである．一方，2.3 節で述べたように，3 次元空間の回転はある回転軸周りのある回転角の回転であるから，その回転軸と回転角で表すのも自然である．

原点 O を始点とするベクトル $\boldsymbol{a}$ を，単位ベクトル $\boldsymbol{l}$ 方向に伸びる回転軸 l の周りに回転角 Ω（右ネジ周りに正，左ネジ周りに負）だけ回転したものを $\boldsymbol{a}'$ とする（図 3.6）．ベクトル $\boldsymbol{a}$, $\boldsymbol{a}'$ の終点をそれぞれ P, P' とする．P' から回転軸 l に下ろした垂線の足を Q とし，P' から線分 QP に下ろした垂線の足を H とすると，図 3.6 より次の関係が成り立つ．

$$\boldsymbol{a}' = \overrightarrow{OQ} + \overrightarrow{QH} + \overrightarrow{HP'} \tag{3.15}$$

$\overrightarrow{OQ}$ は $\boldsymbol{a}$ の l 上への射影であるから，次のように書ける（↪ 問題 2.3）．

$$\overrightarrow{OQ} = \langle \boldsymbol{a}, \boldsymbol{l} \rangle \boldsymbol{l} \tag{3.16}$$

したがって，$\overrightarrow{QP} = \boldsymbol{a} - \langle \boldsymbol{a}, \boldsymbol{l} \rangle \boldsymbol{l}$ である．$\overrightarrow{QH}$ は $\overrightarrow{QP'}$ の $\overrightarrow{QP}$ 方向への射影であるから，次のように書ける．

$$\begin{aligned}\overrightarrow{QH} &= \left\langle \overrightarrow{QP'}, \frac{\overrightarrow{QP}}{\|\overrightarrow{QP}\|} \right\rangle \frac{\overrightarrow{QP}}{\|\overrightarrow{QP}\|} = \frac{\langle \overrightarrow{QP'}, \overrightarrow{QP} \rangle}{\|\overrightarrow{QP}\|^2} \overrightarrow{QP} \\ &= \frac{\|\overrightarrow{QP}\|^2 \cos \Omega}{\|\overrightarrow{QP}\|^2} \overrightarrow{QP} = (\boldsymbol{a} - \langle \boldsymbol{a}, \boldsymbol{l} \rangle \boldsymbol{l}) \cos \Omega \end{aligned} \tag{3.17}$$

$\|\overrightarrow{QP}'\| = \|\overrightarrow{QP}\|$ であるから，$\|\overrightarrow{HP}'\| = \|\overrightarrow{QP}'\| \sin \Omega = \|\overrightarrow{QP}\| \sin \Omega$ である．そして $0 < \Omega < \pi$ とすると，$\overrightarrow{HP}'$ の方向はベクトル積 $\boldsymbol{l} \times \boldsymbol{a}$ の方向に等しい．図3.6のように $\boldsymbol{l}$ と $\boldsymbol{a}$ の成す角を θ とすると，ベクトル積の定義より，$\|\boldsymbol{l} \times \boldsymbol{a}\|$ はベクトル $\boldsymbol{l}$ と $\boldsymbol{a}$ の作る平行四辺形の面積であるから，$\|\boldsymbol{l} \times \boldsymbol{a}\| = \|\boldsymbol{a}\| \sin \theta = \|\overrightarrow{QP}\|$ である．ゆえに，$\overrightarrow{HP}'$ は次のように書ける．

$$\overrightarrow{HP}' = \frac{\boldsymbol{l} \times \boldsymbol{a}}{\|\boldsymbol{l} \times \boldsymbol{a}\|} \|\overrightarrow{QP}\| \sin \Omega = \boldsymbol{l} \times \boldsymbol{a} \sin \Omega \tag{3.18}$$

式(3.16)–(3.18)を式(3.15)に代入すると，次のようになる．

$$\boldsymbol{a}' = \boldsymbol{a} \cos \Omega + \boldsymbol{l} \times \boldsymbol{a} \sin \Omega + \langle \boldsymbol{a}, \boldsymbol{l} \rangle \boldsymbol{l} (1 - \cos \Omega) \tag{3.19}$$

これをロドリーグの式 (Rodrigues formula) と呼ぶ[7]．

式(3.19)は，行列 $\boldsymbol{R}$ とベクトル $\boldsymbol{a}$ の積として $\boldsymbol{a}' = \boldsymbol{R}\boldsymbol{a}$ の形に書ける（$\hookrightarrow$ 問題3.2）．ただし，行列 $\boldsymbol{R}$ を次のように定義する．

$$\boldsymbol{R} = \begin{pmatrix} \cos \Omega + l_1^2(1 - \cos \Omega) & l_1 l_2 (1 - \cos \Omega) - l_3 \sin \Omega & l_1 l_3 (1 - \cos \Omega) + l_2 \sin \Omega \\ l_2 l_1 (1 - \cos \Omega) + l_3 \sin \Omega & \cos \Omega + l_2^2 (1 - \cos \Omega) & l_2 l_3 (1 - \cos \Omega) - l_1 \sin \Omega \\ l_3 l_1 (1 - \cos \Omega) - l_2 \sin \Omega & l_3 l_2 (1 - \cos \Omega) + l_1 \sin \Omega & \cos \Omega + l_3^2 (1 - \cos \Omega) \end{pmatrix} \tag{3.20}$$

この式において $\boldsymbol{l} = (1,0,0)^\top$, $(0,1,0)^\top$, $(0,0,1)^\top$ とすれば，式(2.17), (2.18)に定義した形の $\boldsymbol{R}_x(\Omega)$, $\boldsymbol{R}_y(\Omega)$, $\boldsymbol{R}_z(\Omega)$ となる．

式(3.20)は回転行列 $\boldsymbol{R}$ を回転軸 $\boldsymbol{l}$ と回転角 Ω で表す式である．逆に，$\boldsymbol{l}$, Ω を $\boldsymbol{R}$ によって表すこともできる．それには，$l_1^2 + l_2^2 + l_3^2 = 1$ より，式(3.20)のトレース $\mathrm{tr}\,\boldsymbol{R}$ と非対角要素が次の関係を満たすことに着目する．

$$\mathrm{tr}\,\boldsymbol{R} = 1 + 2\cos \Omega, \qquad \begin{pmatrix} r_{23} - r_{32} \\ r_{31} - r_{13} \\ r_{12} - r_{21} \end{pmatrix} = -2 \sin \Omega \begin{pmatrix} l_1 \\ l_2 \\ l_3 \end{pmatrix} \tag{3.21}$$

これから $0 \leqq \Omega < \pi$ のとき，Ω と $\boldsymbol{l}$ が次のように得られる．

$$\Omega = \cos^{-1} \frac{\mathrm{tr}\,\boldsymbol{R} - 1}{2}, \qquad \boldsymbol{l} = -\mathcal{N}\left[\begin{pmatrix} r_{23} - r_{32} \\ r_{31} - r_{13} \\ r_{12} - r_{21} \end{pmatrix} \right] \tag{3.22}$$

---

[7]「ロドリゲスの式」と書かれることも多い．

ただし，$\mathcal{N}[\cdot]$ は単位ベクトルへの正規化を表す ($\mathcal{N}[\boldsymbol{a}] = \boldsymbol{a}/\|\boldsymbol{a}\|$)．式の形から，$\Omega = 0$ が特異点であり，$\Omega \approx 0$ のとき，$\boldsymbol{l}$ の数値計算が不安定になることがわかる．これは幾何学的には．回転角 0 の回転（=恒等変換）は回転軸が不定であることに対応している．

3.5　四元数による表現

「四元数」とは複素数の拡張である．2 次元回転は複素数によって記述できることが古くから知られている．すなわち，2 次元ベクトル $\boldsymbol{v} = (v_1, v_2)^\top$ を複素数 $z = v_1 + v_2 i$ と同一視すれば，$\boldsymbol{v}$ を角度 θ だけ回転したベクトル $\boldsymbol{v}'$ は複素数

$$z' = wz, \quad w = \cos\theta + i\sin\theta \ (= e^{i\theta}) \tag{3.23}$$

に対応する．これを 3 次元回転に拡張するには，i とは異なる二つの虚数単位 j, k を導入し，複素数を次のように拡張する．

$$q = q_0 + q_1 i + q_2 j + q_3 k \tag{3.24}$$

ただし，q_0, q_1, q_2, q_3 は実数であり，三つの虚数単位 i, j, k は次の規則に従うとする．

$$i^2 = -1, \quad j^2 = -1, \quad k^2 = -1, \tag{3.25}$$

$$\begin{aligned} ij = k, \quad jk = i, \quad ki = j, \\ ji = -k, \quad kj = -i, \quad ik = -j \end{aligned} \tag{3.26}$$

式 (3.24) の形に表されるものを**四元数** (quaternion) と呼ぶ．そして，式 (3.24) の実数 q_0 を**スカラ部分** (scalar part) と呼ぶ．残りの $q_1 i + q_2 j + q_3 k$ を**ベクトル部分** (vector part) と呼び，ベクトル $(q_1, q_2, q_3)^\top$ と同一視する．これにより，四元数はスカラ（実数）とベクトルの和とみなせる．すなわち，式 (3.24) の四元数 q をスカラ α とベクトル $\boldsymbol{a} = (a_1, a_2, a_3)^\top$ の和

$$q = \alpha + \boldsymbol{a} \tag{3.27}$$

とみなす．ただし，$\boldsymbol{a}$ は $a_1 i + a_2 j + a_3 k$ と同一視する．このような + で結ばれた“和”は形式的な意味しかなく，**形式和** (formal sum) と呼ばれる．た

だし，演算 $+$ は実数の場合と同じ交換則や分配則を満たし，実数と同様の計算が行われるとする．

式 (3.25), (3.26) の規則を用いると，四元数 $q = \alpha + \boldsymbol{a}$ と四元数 $q' = \beta + \boldsymbol{b}$ の積は次のようになる（↪ 問題 3.3）．

$$qq' = \alpha\beta - \langle \boldsymbol{a}, \boldsymbol{b} \rangle + \alpha\boldsymbol{b} + \beta\boldsymbol{a} + \boldsymbol{a} \times \boldsymbol{b} \tag{3.28}$$

ただし，右辺の最後の項はベクトル $\boldsymbol{a}$, $\boldsymbol{b}$ のベクトル積 $\boldsymbol{a} \times \boldsymbol{b}$ を四元数と同一視したものである．上式より，特にベクトル部分 $\boldsymbol{a}$, $\boldsymbol{b}$ の積は次のような形式和に書ける．

$$\boldsymbol{ab} = -\langle \boldsymbol{a}, \boldsymbol{b} \rangle + \boldsymbol{a} \times \boldsymbol{b} \tag{3.29}$$

式 (3.24) の四元数 q の**共役四元数** (conjugate quaternion) $q^\dagger$ を次のように定義する（↪ 問題 3.4, 3.5）．

$$q^\dagger = q_0 - q_1 i - q_2 j - q_3 k \tag{3.30}$$

そして，四元数 q の**ノルム** (norm) $\|q\|$ を次のように定義する（↪ 問題 3.6, 3.7）．

$$\|q\| = \sqrt{q_0^2 + q_1^2 + q_2^2 + q_3^2} \tag{3.31}$$

この定義より，ベクトル $\boldsymbol{a}$ のノルム $\|\boldsymbol{a}\|$ は，$\boldsymbol{a}$ を四元数とみなしたときの四元数としてのノルムと一致する．

ノルムが 1 の四元数を**単位四元数** (unit quaterniton) と呼ぶ．q が単位四元数なら，$q_0^2 + q_1^2 + q_2^2 + q_3^2 = 1$ であるから，

$$q_0 = \cos\frac{\Omega}{2}, \quad \sqrt{q_1^2 + q_2^2 + q_3^2} = \sin\frac{\Omega}{2} \tag{3.32}$$

となる角度 Ω が存在する．したがって，q をスカラ部分とベクトル部分に分けて

$$q = \cos\frac{\Omega}{2} + \boldsymbol{l}\sin\frac{\Omega}{2} \tag{3.33}$$

と書けば，$\boldsymbol{l}$ は単位ベクトル（$\|\boldsymbol{l}\| = 1$）である．このとき，任意のベクトル $\boldsymbol{a}$ に対して，

$$\boldsymbol{a}' = q\boldsymbol{a}q^\dagger \tag{3.34}$$

はベクトルを表し，$\boldsymbol{a}$と同じノルムを持つ（$\hookrightarrow$ 問題3.8, 3.9）．実際，これは$\boldsymbol{a}$を$\boldsymbol{l}$の周りに角度Ωだけ回転したベクトルであることが次のように示せる．

$$\begin{aligned}\boldsymbol{a}' = q\boldsymbol{a}q^\dagger &= \left(\cos\frac{\Omega}{2} + \boldsymbol{l}\sin\frac{\Omega}{2}\right)\boldsymbol{a}\left(\cos\frac{\Omega}{2} - \boldsymbol{l}\sin\frac{\Omega}{2}\right) \\ &= \boldsymbol{a}\cos^2\frac{\Omega}{2} - \boldsymbol{a}\boldsymbol{l}\cos\frac{\Omega}{2}\sin\frac{\Omega}{2} + \boldsymbol{l}\boldsymbol{a}\sin\frac{\Omega}{2}\cos\frac{\Omega}{2} - \boldsymbol{l}\boldsymbol{a}\boldsymbol{l}\sin^2\frac{\Omega}{2} \\ &= \boldsymbol{a}\cos^2\frac{\Omega}{2} + (\boldsymbol{l}\boldsymbol{a} - \boldsymbol{a}\boldsymbol{l})\cos\frac{\Omega}{2}\sin\frac{\Omega}{2} - \boldsymbol{l}\boldsymbol{a}\boldsymbol{l}\sin^2\frac{\Omega}{2}\end{aligned} \tag{3.35}$$

ただし，ベクトルはすべて四元数と同一視している．式(3.29)より$\boldsymbol{l}\boldsymbol{a} - \boldsymbol{a}\boldsymbol{l} = 2\boldsymbol{l}\times\boldsymbol{a}$であり，

$$\begin{aligned}\boldsymbol{l}\boldsymbol{a}\boldsymbol{l} &= \boldsymbol{l}(-\langle\boldsymbol{a},\boldsymbol{l}\rangle + \boldsymbol{a}\times\boldsymbol{l}) = -\langle\boldsymbol{a},\boldsymbol{l}\rangle\boldsymbol{l} + \boldsymbol{l}(\boldsymbol{a}\times\boldsymbol{l}) \\ &= -\langle\boldsymbol{a},\boldsymbol{l}\rangle\boldsymbol{l} - \langle\boldsymbol{l},\boldsymbol{a}\times\boldsymbol{l}\rangle + \boldsymbol{l}\times(\boldsymbol{a}\times\boldsymbol{l}) \\ &= -\langle\boldsymbol{a},\boldsymbol{l}\rangle\boldsymbol{l} + \|\boldsymbol{l}\|^2\boldsymbol{a} - \langle\boldsymbol{l},\boldsymbol{a}\rangle\boldsymbol{l} = \boldsymbol{a} - 2\langle\boldsymbol{a},\boldsymbol{l}\rangle\boldsymbol{l}\end{aligned} \tag{3.36}$$

となる．ここに，$\langle\boldsymbol{l},\boldsymbol{a}\times\boldsymbol{l}\rangle = |\boldsymbol{l},\boldsymbol{a},\boldsymbol{l}| = 0$であることと，ベクトル三重積の公式（$\hookrightarrow$ 問題3.10）

$$\boldsymbol{a}\times(\boldsymbol{b}\times\boldsymbol{c}) = \langle\boldsymbol{a},\boldsymbol{c}\rangle\boldsymbol{b} - \langle\boldsymbol{a},\boldsymbol{b}\rangle\boldsymbol{c} \tag{3.37}$$

を用いた．ゆえに，式(3.35)は次のようになる．

$$\begin{aligned}\boldsymbol{a}' &= \boldsymbol{a}\cos^2\frac{\Omega}{2} + 2\boldsymbol{l}\times\boldsymbol{a}\cos\frac{\Omega}{2}\sin\frac{\Omega}{2} - (\boldsymbol{a} - 2\langle\boldsymbol{a},\boldsymbol{l}\rangle\boldsymbol{l})\sin^2\frac{\Omega}{2} \\ &= \boldsymbol{a}\left(\cos^2\frac{\Omega}{2} - \sin^2\frac{\Omega}{2}\right) + 2\boldsymbol{l}\times\boldsymbol{a}\cos\frac{\Omega}{2}\sin\frac{\Omega}{2} + 2\sin^2\frac{\Omega}{2}\langle\boldsymbol{a},\boldsymbol{l}\rangle\boldsymbol{l} \\ &= \boldsymbol{a}\cos\Omega + \boldsymbol{l}\times\boldsymbol{a}\sin\Omega + \langle\boldsymbol{a},\boldsymbol{l}\rangle\boldsymbol{l}(1 - \cos\Omega)\end{aligned} \tag{3.38}$$

これは式(3.19)のロドリーグの式に一致している．すなわち，式(3.33), (3.34)が2次元回転の式(3.23)の3次元回転への拡張になっている．

式(3.34)で，$\boldsymbol{a} = a_1 i + a_2 j + a_3 k$, $\boldsymbol{a}' = a'_1 i + a'_2 j + a'_3 k$とし，$q = q_0 + q_1 i + q_2 j + q_3 k$を代入すると，ある行列$\boldsymbol{R}$によって

$$\boldsymbol{a}' = \boldsymbol{R}\boldsymbol{a} \tag{3.39}$$

と表せて，行列 $\boldsymbol{R}$ は次の形になる（↪ 問題3.11）.

$$\boldsymbol{R} = \begin{pmatrix} q_0^2 + q_1^2 - q_2^2 - q_3^2 & 2(q_1q_2 - q_0q_3) & 2(q_1q_3 + q_0q_2) \\ 2(q_2q_1 + q_0q_3) & q_0^2 - q_1^2 + q_2^2 - q_3^2 & 2(q_2q_3 - q_0q_1) \\ 2(q_3q_1 - q_0q_2) & 2(q_3q_2 + q_0q_1) & q_0^2 - q_1^2 - q_2^2 + q_3^2 \end{pmatrix} \tag{3.40}$$

式(3.39)は3次元空間の回転を表すので，この $\boldsymbol{R}$ は式(3.20)の $\boldsymbol{R}$ と同じものでなければならない．すなわち，式(3.40)が回転行列 $\boldsymbol{R}$ を四元数 q によって表す式である．

逆に，$\boldsymbol{R} = \begin{pmatrix} r_{ij} \end{pmatrix}$ が与えられれば，それを式(3.40)のように表す四元数 q が次のように定まる．まず，$q_0^2 + q_1^2 + q_2^2 + q_3^2 = 1$ であるから，

$$\mathrm{tr}\,\boldsymbol{R} = 3q_0^2 - q_1^2 - q_2^2 - q_3^2 = 3q_0^2 - (1 - q_0^2) = 4q_0^2 - 1 \tag{3.41}$$

より，

$$q_0 = \frac{\pm\sqrt{1 + \mathrm{tr}\,\boldsymbol{R}}}{2} \tag{3.42}$$

である．そして，

$$r_{23} - r_{32} = -4q_0q_1, \quad r_{31} - r_{13} = -4q_0q_2, \tag{3.43}$$

$$r_{12} - r_{21} = -4q_0q_3 \tag{3.44}$$

より，q_1, q_2, q_3 が

$$\begin{pmatrix} q_1 \\ q_2 \\ q_3 \end{pmatrix} = -\frac{1}{q_0} \begin{pmatrix} r_{23} - r_{32} \\ r_{31} - r_{13} \\ r_{12} - r_{21} \end{pmatrix} \tag{3.45}$$

と定まる．この式は $q_0 = 0$ のときが特異点である．式(3.32)より，これは $\Omega = \pi$（半回転）に対応する．半回転はどちら向きの回転かがあいまいになることを反映している．式(3.42)の複号 $\pm$ は，式(3.34)からわかるように，q と $-q$ が同じ回転を表すことに対応している．実際，式(3.33)より，

$$-q = -\cos\frac{\Omega}{2} - \boldsymbol{l}\sin\frac{\Omega}{2} = \cos\frac{2\pi - \Omega}{2} - \boldsymbol{l}\sin\frac{2\pi - \Omega}{2} \tag{3.46}$$

と書けるので，$-q$ は $-\boldsymbol{l}$ の周りの角度 $2\pi - \Omega$ の回転を表す．これは $\boldsymbol{l}$ の周りの角度 Ω の回転と同じ回転である．

3.6　さらに勉強したい人へ

3.2 節で指摘したように，3 次元空間の回転は，それを物体の回転と考えるか，座標系の回転と考えるかの二通りの見方がある．例えばコンピュータビジョンによる動画像の 3 次元解析では，動画像をシーンに対してカメラを移動させながら撮影したと考えても，固定したカメラによって移動するシーンを撮影したと考えても，同じことである．そのため，解析に都合のよい解釈を用いたり，随時，解釈を切り替えたりしてよい．しかし，それによって混乱が生じたり，解析に誤りが生じたりしやすい．

固定した座標系に対して点が新しい座標の位置に移動するという考えはアリバイ (alibi)（"別の場所に"）の見方と呼ばれることがある．それに対して，固定した点に対して座標系が移動したために新しい座標が与えられるという考えはエイリアス (alias)（"別の名前に"）の見方とも呼ばれる．両者が互いに逆の関係にあることは，力学に関しても（例えば [10]），図形の処理に関しても（例えば [19]）強調されている．

3.3 節で述べたオイラー角はスイスの数学者，天文学者のオイラー (Leonhard Euler: 1707–1783) によって，剛体運動の解析のために考案された．3.4 節に示したロドリーグの式は，フランスの数学者のロドリーグ (Benjamin Olinde Rodrigues: 1795–1851) によるものである．我が国では「ロドリゲスの式」と呼ばれることが多い．

3.5 節に導入した四元数はアイルランドの数学者ハミルトン (Sir William Rowan Hamilton: 1805–1865) が，複素数による 2 次元回転を 3 次元回転に拡張するために導入したものである．そして，その四元数の演算規則から今日のベクトル解析が生まれた[8]．そのベクトル解析によって物理学のほとんどすべての現象が記述できるため，今日ほとんどの大学では，もはや四元数が教えられることはなくなった．しかし，式 (3.40) の回転行列 $\boldsymbol{R}$ を四元数

[8] 四元数を使わない今日のベクトル解析を定式化したのは，アメリカの物理学者ギブズ (Josiah Willard Gibbs: 1839–1903) である．しかし，ハミルトンとともに四元数の発展に貢献したスコットランドの数学者，物理学者テート (Peter Guthrie Tait: 1831–1901) がこれに猛烈に反対したといわれている [12].

q で表す式は，回転行列 $\boldsymbol{R}$ の最適化のために今日でも用いられている（これについては，次章以下で述べる）．四元数のように，記号に演算規則を定義した体系は代数系 (algebra) と呼ばれる．21 世紀に入って再注目されるようになった幾何学的代数 (geometric algebra)[23] は四元数が元になって発展したものである．

第3章の問題

3.1. (1) 任意の行列 $\boldsymbol{A}_1$, $\boldsymbol{A}_2, \ldots, \boldsymbol{A}_N$ に対して，次の恒等式が成り立つことを示せ．

$$(\boldsymbol{A}_1\boldsymbol{A}_2\cdots\boldsymbol{A}_N)^\top = \boldsymbol{A}_N^\top\cdots\boldsymbol{A}_2^\top\boldsymbol{A}_1^\top \tag{3.47}$$

(2) 任意の正則行列 $\boldsymbol{A}_1, \boldsymbol{A}_2, \ldots, \boldsymbol{A}_N$ に対して，次の恒等式が成り立つことを示せ．

$$(\boldsymbol{A}_1\boldsymbol{A}_2\cdots\boldsymbol{A}_N)^{-1} = \boldsymbol{A}_N^{-1}\cdots\boldsymbol{A}_2^{-1}\boldsymbol{A}_1^{-1} \tag{3.48}$$

3.2. 式 (3.19) から式 (3.20) の行列 $\boldsymbol{R}$ が得られることを示せ．

3.3. 式 (3.25), (3.26) の規則から式 (3.28) が得られることを示せ．

3.4. 四元数 q, q' について，次の関係式が成り立つことを示せ．

$$q^{\dagger\dagger} = q, \quad (qq')^\dagger = q'^\dagger q^\dagger \tag{3.49}$$

3.5. 四元数 q のベクトル部分が 0 である条件，およびスカラ部分が 0 である条件はそれぞれ次のように書けることを示せ．

$$q^\dagger = q, \quad q^\dagger = -q \tag{3.50}$$

3.6. 四元数 q に対して，次の関係が成り立つことを示せ．

$$qq^\dagger = q^\dagger q = q_0^2 + q_1^2 + q_2^2 + q_3^2 \ (= \|q\|^2) \tag{3.51}$$

3.7. $q \neq 0$ である四元数 q には「逆元」q^{-1} が存在して，

$$qq^{-1} = q^{-1}q = 1 \tag{3.52}$$

が成り立つことを示せ．

3.8. $\boldsymbol{a}$ がベクトルから作られた四元数であるとき，式 (3.34) で定義される $\boldsymbol{a}'$ もベクトルから作られること，すなわち，スカラ部分が 0 であることを示せ．

3.9. q が単位四元数であるとき，式 (3.34) の $\boldsymbol{a}'$ と $\boldsymbol{a}$ のノルムは等しいこと，すなわち，$\|\boldsymbol{a}'\| = \|\boldsymbol{a}\|$ であることを示せ．

3.10. 式 (3.37) のベクトル三重積の公式を示せ．

3.11. 式 (3.34) に $q = q_0 + q_1 i + q_2 j + q_3 k$ を代入すると，式 (3.40) の行列 $\boldsymbol{R}$ によって $\boldsymbol{a}' = \boldsymbol{R}\boldsymbol{a}$ と書けることを示せ．

第4章
回転の推定I：等方性誤差

ベクトルの回転の“逆問題”，すなわち，複数のベクトルとそれを回転したベクトルがデータとして与えられたとき，その回転を計算する問題を考える．まず，データに誤差がなければ，2組のベクトルの対応から回転が定まることを示す．次に，データの誤差が独立で等方かつ一様な正規分布に従う場合を考える．このときは，最小2乗解が統計学でいう「最尤推定」の解であることを指摘し，特異値分解を用いて解が計算できることを示す．さらに，前節の四元数表示を用いても解が求まることを示す．最後に，これを，センサーデータから計算した本来は回転行列となる行列が誤差のために厳密な回転行列になっていないとき，それを回転行列に最適に補正する問題に応用する．

4.1 回転の推定

N 本のベクトル $\boldsymbol{a}_1, \ldots, \boldsymbol{a}_N$ に回転 $\boldsymbol{R}$ を施すと，

$$\boldsymbol{a}'_\alpha = \boldsymbol{R}\boldsymbol{a}_\alpha, \quad \alpha = 1, \ldots, N \tag{4.1}$$

であるような $\boldsymbol{a}'_1, \ldots, \boldsymbol{a}'_N$ が得られる．ここではこの「逆問題」，すなわち，与えられた $2N$ 本のベクトル $\boldsymbol{a}_1, \ldots, \boldsymbol{a}_N, \boldsymbol{a}'_1, \ldots, \boldsymbol{a}'_N$ から，それらの間に式 (4.1) が成り立つような回転 $\boldsymbol{R}$ を計算する問題を考える．これはデータに誤差がなく，式 (4.1) が厳密に成り立っていれば解は直ちに求まる．しかし，実際の応用で重要となるのは測定装置やセンサーから定めた $\boldsymbol{a}_\alpha$, $\boldsymbol{a}'_\alpha$ が必ずしも厳密でないときである．すなわち，

$$\boldsymbol{a}'_\alpha \approx \boldsymbol{R}\boldsymbol{a}_\alpha, \quad \alpha = 1, \ldots, N \tag{4.2}$$

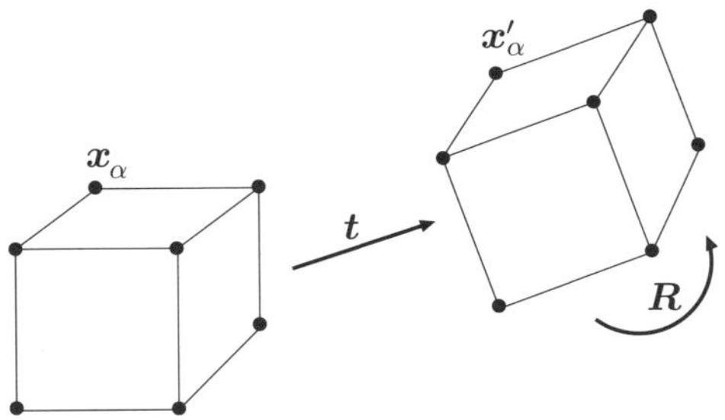

図 4.1 N 点 $\{\boldsymbol{x}_\alpha\}$ が $\{\boldsymbol{x}'_\alpha\}$ に移動したとき，その並進 $\boldsymbol{t}$ と回転 $\boldsymbol{R}$ を知りたい．

の場合である．

実際問題としては，これは二つの 3 次元物体間の運動を推定する問題として現れる．**運動** (motion)，正確には**剛体運動** (rigid motion)（ユークリッド運動 (Euclidean motion) とも呼ぶ）とは，並進と回転の合成のことである．運動の推定とは，ある 3 次元物体と，それが運動した後の位置が与えられたとき，その運動を計算することである．例えば，3 次元空間中にセンサー（画像計測やレーザーなど）によって N 点の位置 $\boldsymbol{x}_1, \ldots,$ $\boldsymbol{x}_N$ を定め，それらの点が移動した後の測定位置が $\boldsymbol{x}'_1, \ldots, \boldsymbol{x}'_N$ であったとする（図 4.1）．これが剛体運動だとして，その並進 $\boldsymbol{t}$ と回転 $\boldsymbol{R}$ を知りたい．まず，移動前後の N 点の重心

$$\boldsymbol{x}_C = \frac{1}{N}\sum_{\alpha=1}^{N}\boldsymbol{x}_\alpha, \quad \boldsymbol{x}'_C = \frac{1}{N}\sum_{\alpha=1}^{N}\boldsymbol{x}'_\alpha \tag{4.3}$$

を計算する．そして，各 $\boldsymbol{x}_\alpha, \boldsymbol{x}'_\alpha$ からのずれを $\boldsymbol{a}_\alpha, \boldsymbol{a}'_\alpha$ とする．

$$\boldsymbol{a}_\alpha = \boldsymbol{x}_\alpha - \boldsymbol{x}_C, \quad \boldsymbol{a}'_\alpha = \boldsymbol{x}'_\alpha - \boldsymbol{x}'_C \tag{4.4}$$

すると，並進は $\boldsymbol{t} = \boldsymbol{x}'_C - \boldsymbol{x}_C$ で与えられる，回転 $\boldsymbol{R}$ は式 (4.2) が満たされるように推定する．

この問題を解くには，(4.2) の "≈" の解釈と誤差のモデル化が必要となる．その前に，まず，データに誤差のない場合を考える．式 (4.1) が厳密であれば，データの個数は $N = 2$ で十分である．具体的には $\boldsymbol{a}_1, \boldsymbol{a}_2$ から正規直交系を構成する．ベクトル積 $\tilde{\boldsymbol{a}} = \boldsymbol{a}_1 \times \boldsymbol{a}_2$ は $\boldsymbol{a}_1$ に直交し，ベクトル積

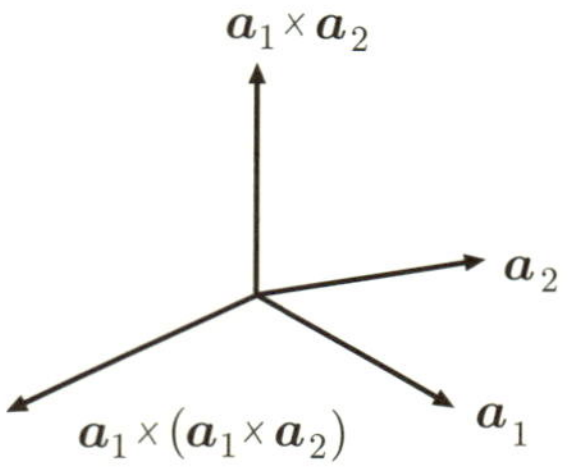

図 4.2　ベクトル $\boldsymbol{a}_1$, $\boldsymbol{a}_1 \times \boldsymbol{a}_2$, $\boldsymbol{a}_1 \times (\boldsymbol{a}_1 \times \boldsymbol{a}_2)$ は直交系を作る．

$\tilde{\boldsymbol{b}} = \boldsymbol{a}_1 \times \tilde{\boldsymbol{a}}$ は $\boldsymbol{a}_1$, $\tilde{\boldsymbol{a}}$ に直交するから，$\boldsymbol{a}_1$, $\tilde{\boldsymbol{a}}$, $\tilde{\boldsymbol{b}}$ は互いに直交する直交系である（図 4.2）．ゆえに，これらを単位ベクトルに正規化した

$$\boldsymbol{r}_1 = \mathcal{N}[\boldsymbol{a}_1], \quad \boldsymbol{r}_2 = \mathcal{N}[\boldsymbol{a}_1 \times \boldsymbol{a}_2], \quad \boldsymbol{r}_3 = \mathcal{N}[\boldsymbol{a}_1 \times (\boldsymbol{a}_1 \times \boldsymbol{a}_2)] \tag{4.5}$$

は正規直交系である（$\mathcal{N}[\,\cdot\,]$ は単位ベクトルへの正規化 $\hookrightarrow$ 式 (3.22)）．同様にして，$\boldsymbol{a}'_1$, $\boldsymbol{a}'_2$ から正規直交系 $\boldsymbol{r}'_1$, $\boldsymbol{r}'_2$, $\boldsymbol{r}'_3$ を構成する．すると，2.2 節で述べたように，これらを列とする行列

$$\boldsymbol{R}_1 = \begin{pmatrix} \boldsymbol{r}_1 & \boldsymbol{r}_2 & \boldsymbol{r}_3 \end{pmatrix}, \quad \boldsymbol{R}_2 = \begin{pmatrix} \boldsymbol{r}'_1 & \boldsymbol{r}'_2 & \boldsymbol{r}'_3 \end{pmatrix} \tag{4.6}$$

は直交行列であり，基底 $\{\boldsymbol{e}_1,\ \boldsymbol{e}_2,\ \boldsymbol{e}_3\}$ をそれぞれ $\{\boldsymbol{r}_1, \boldsymbol{r}_2, \boldsymbol{r}_3\}$, $\{\boldsymbol{r}'_1, \boldsymbol{r}'_2, \boldsymbol{r}'_3\}$ に写像する．したがって，

$$\boldsymbol{R} = \boldsymbol{R}_2 \boldsymbol{R}_1^\top \tag{4.7}$$

は $\{\boldsymbol{r}_1, \boldsymbol{r}_2, \boldsymbol{r}_3\}$ を $\{\boldsymbol{r}'_1, \boldsymbol{r}'_2, \boldsymbol{r}'_3\}$ に写像する（図 4.3）．これが求める回転 $\boldsymbol{R}$ である．

4.2　最小2乗解と最尤推定

以上はデータに誤差がない場合であるが，誤差があるときの標準的な手法は，誤差を**確率変数** (random variable) とみなすことである．確率変数とは，その値が確定的に定まるのではなく，ある定まった（あるいは仮定した）確率分布によって指定されるという意味である．現実の観測値は必ず確定値

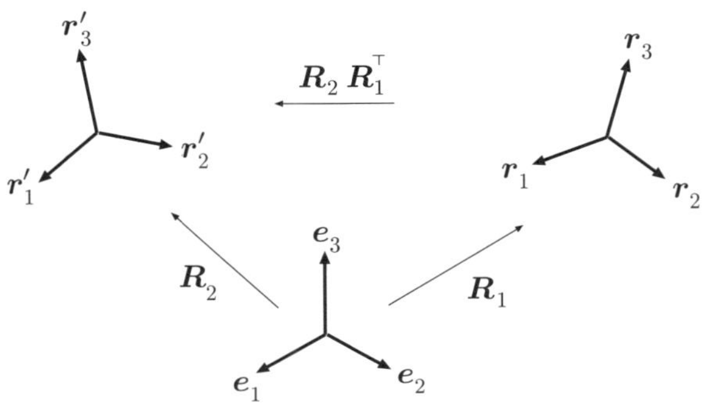

図4.3 基底 $\{\boldsymbol{e}_i\}$ が $\boldsymbol{R}_1$, $\boldsymbol{R}_2$ によってそれぞれ $\{\boldsymbol{r}_i\}$, $\{\boldsymbol{r}'_i\}$ に写像されるとき，$\{\boldsymbol{r}_i\}$ から $\{\boldsymbol{r}'_i\}$ への写像は $\boldsymbol{R}_2\boldsymbol{R}_1^\top$ によって与えられる.

であり，確率を導入して確率変数とみなすのは数学的な虚構（モデル）にすぎないが，センサーが用いられる多くの工学的な問題では，それによって解がよく近似できるので，非常に有用である.

誤差の確率分布に対する最も簡単で，かつ 実用的な仮定は，各データの誤差が独立で等方かつ一様な正規分布に従うと考えることである.「独立」とは異なるデータに対する誤差が独立であること，「等方」とは誤差の出方が空間の方向によらないこと，「一様」とは誤差の分布がデータによらないことを意味する.

ベクトル $\boldsymbol{x} = (x, y, z)^\top$ が期待値 $\boldsymbol{0}$，分散 σ^2 の等方的な正規分布に従うとは，その確率密度が

$$p(\boldsymbol{x}) = \frac{1}{\sqrt{(2\pi)^3}\sigma^3} e^{-\|\boldsymbol{x}\|^2/2\sigma^2} \tag{4.8}$$

と書けるということである. この式が示すように，$p(\boldsymbol{x})$ は2乗ノルム $\|\boldsymbol{x}\|^2$ の関数であり，確率密度が一定の曲面は球面である（図4.4に2次元の場合を示す）. 式(4.2)の左辺と右辺の食い違いがそのような独立，等方かつ一様な誤差に従うなら，望ましい解 $\boldsymbol{R}$ は左辺と右辺の差のノルムの2乗和

$$J = \frac{1}{2}\sum_{\alpha=1}^{N} \|\boldsymbol{a}'_\alpha - \boldsymbol{R}\boldsymbol{a}_\alpha\|^2 \tag{4.9}$$

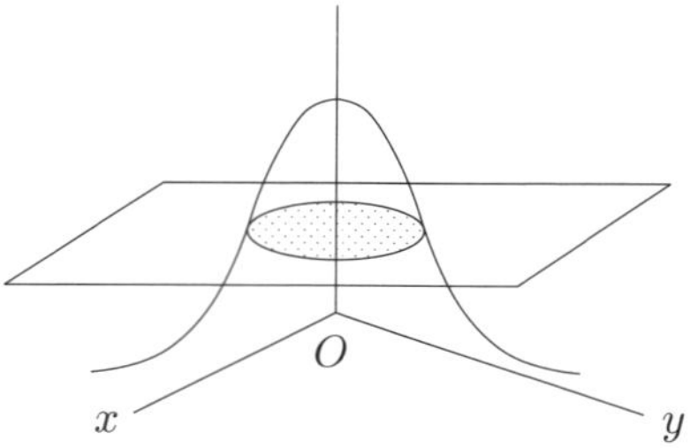

図4.4　2次元の等方な正規分布の確率密度．xy 面に平行な平面による切り口は円である．

を最小にする $\boldsymbol{R}$ であろう（係数の1/2は形式的なもので，特に意味はない）．これは2乗和を最小にするので，**最小2乗解** (least-squares solution) と呼ばれる．与えられた $\boldsymbol{a}_\alpha$, $\boldsymbol{a}'_\alpha$, $\alpha = 1, \ldots, N$ に対して式 (4.9) を最小にする回転行列 $\boldsymbol{R}$ を求めることは，**プロクルステス問題** (Procrustes problem) とも呼ばれる．

データの誤差が式 (4.8) のような正規分布に従うとき，式 (4.9) を最小にする最小2乗解が最適であることは，直観的には明らかであるが，確率論，統計学の立場からは，次のように定式化される．$\boldsymbol{a}_\alpha$ と $\boldsymbol{a}'_\alpha$ の真の値を $\bar{\boldsymbol{a}}_\alpha$, $\bar{\boldsymbol{a}}'_\alpha$ とし，それぞれに誤差 $\Delta\boldsymbol{a}_\alpha$, $\Delta\boldsymbol{a}'_\alpha$ が加わっているとみなす．各 $\Delta\boldsymbol{a}_\alpha$ と $\Delta\boldsymbol{a}'_\alpha$ が式 (4.8) の独立な正規分布に従うなら，それらの $\alpha = 1, \ldots, N$ にわたる確率密度は

$$
\begin{aligned}
p &= \prod_{\alpha=1}^{N} \frac{1}{\sqrt{(2\pi)^3}\sigma^3} e^{-\|\Delta\boldsymbol{a}_\alpha\|^2/2\sigma^2} \frac{1}{\sqrt{(2\pi)^3}\sigma^3} e^{-\|\Delta\boldsymbol{a}'_\alpha\|^2/2\sigma^2} \\
&= \left(\frac{1}{\sqrt{(2\pi)^3}\sigma^3}\right)^{2N} e^{-\sum_{\alpha=1}^{N}(\|\boldsymbol{a}_\alpha - \bar{\boldsymbol{a}}_\alpha\|^2 + \|\boldsymbol{a}'_\alpha - \bar{\boldsymbol{a}}'_\alpha\|^2)/2\sigma^2}
\end{aligned}
\tag{4.10}
$$

と書ける．この確率密度を観測値 $\boldsymbol{a}_\alpha$, $\boldsymbol{a}'_\alpha$, $\alpha = 1, \ldots, N$ の関数とみなすとき，これを**尤度** (likelihood) と呼ぶ．考えている問題のパラメータ[1]をこ

[1] 統計学では伝統的にパラメータを「母数」(parameter) と呼び，確率分布に従う個々の

の尤度が最大になるように定めることを，**最尤推定** (maximum likelihood estimation) と呼ぶ．これはまた，e のべき乗の肩の符号を変えて σ^2 を掛けた

$$J = \frac{1}{2}\sum_{\alpha=1}^{N}(\|\boldsymbol{a}_\alpha - \bar{\boldsymbol{a}}_\alpha\|^2 + \|\boldsymbol{a}'_\alpha - \bar{\boldsymbol{a}}'_\alpha\|^2) \tag{4.11}$$

を最小にすることでもある．この式を $\boldsymbol{a}_\alpha$, $\boldsymbol{a}'_\alpha$ の $\bar{\boldsymbol{a}}_\alpha$, $\bar{\boldsymbol{a}}'_\alpha$ からのマハラノビス距離 (Mahalanobis distance) と呼ぶ[2)]．統計学では，最尤推定は最も標準的な最適化の基準とみなされている．

以上より，最尤推定は条件 $\bar{\boldsymbol{a}}'_\alpha = \boldsymbol{R}_\alpha\bar{\boldsymbol{a}}_\alpha$ のもとで，式 (4.11) のマハラノビス距離を最小にする $\bar{\boldsymbol{a}}_\alpha$, $\bar{\boldsymbol{a}}'_\alpha$, および $\boldsymbol{R}$ を求めることである．そして，条件 $\bar{\boldsymbol{a}}'_\alpha = \boldsymbol{R}_\alpha\bar{\boldsymbol{a}}_\alpha$ にラグランジュ乗数を用いて，式 (4.11) から $\bar{\boldsymbol{a}}_\alpha$, $\bar{\boldsymbol{a}}'_\alpha$ を消去すると，式 (4.9) の最小化に帰着する（↪ 問題 4.1）．式 (4.9) の関数 J は**残差平方和** (residual sum of squares)，あるいは単に**残差** (residual) と呼ばれる．そして，これを最小にする $\boldsymbol{R}$ が最小2乗解である．

これは次のように考えることもできる．観測値 $\boldsymbol{a}_\alpha$, $\boldsymbol{a}'_\alpha$ の条件 $\bar{\boldsymbol{a}}'_\alpha = \boldsymbol{R}_\alpha\bar{\boldsymbol{a}}_\alpha$ からの食い違いを

$$\varepsilon_\alpha = \boldsymbol{a}'_\alpha - \boldsymbol{R}\boldsymbol{a}_\alpha, \quad \alpha = 1, \ldots, N \tag{4.12}$$

と置く．$\boldsymbol{a}_\alpha = \bar{\boldsymbol{a}}_\alpha + \Delta\boldsymbol{a}_\alpha$, $\boldsymbol{a}'_\alpha = \bar{\boldsymbol{a}}'_\alpha + \Delta\boldsymbol{a}'_\alpha$ を代入すると，$\bar{\boldsymbol{a}}'_\alpha = \boldsymbol{R}\bar{\boldsymbol{a}}_\alpha$ より，

$$\varepsilon_\alpha = \Delta\boldsymbol{a}'_\alpha - \boldsymbol{R}\Delta\boldsymbol{a}_\alpha \tag{4.13}$$

と書ける．$\Delta\boldsymbol{a}_\alpha$ と $\Delta\boldsymbol{a}'_\alpha$ が等方な正規分布に従うなら，分布の等方性により $\boldsymbol{R}\Delta\boldsymbol{a}_\alpha$ の確率密度は $\|\boldsymbol{R}\Delta\boldsymbol{a}_\alpha\|^2 = \|\Delta\boldsymbol{a}_\alpha\|^2$ のみに依存するので，その確率密度は $\Delta\boldsymbol{a}_\alpha$ の確率密度と同じである．同様に，分布の対称性により，$\Delta\boldsymbol{a}'_\alpha$ と $-\Delta\boldsymbol{a}'_\alpha$ の分布は同じである．そして，$\Delta\boldsymbol{a}_\alpha$ と $\Delta\boldsymbol{a}'_\alpha$ の分布が独立で分散が σ^2 であれば，正規分布の再生性 (reproductive property)（正規分布に従う変数の和も正規分布）により，ε_α の分布は期待値 $\boldsymbol{0}$，分散 $2\sigma^2$ の正規分布

値を「標本」(sample) と呼ぶ．

2) 本来は式 (4.10) の負の対数 $-\log p$ から付加定数を除いたもの（あるいはその平方根を）を「マハラノビス距離」と呼ぶが，本書では式を見やすくするために σ^2 を掛けている．

である（$\hookrightarrow$ 問題4.2）．ゆえに，ε_α のマハラノビス距離（分散の逆数で重み付けした2乗和を2で割って σ^2 を掛けたもの）は

$$\frac{\sigma^2}{2}\sum_{\alpha=1}^{N}\frac{\|\varepsilon_\alpha\|^2}{2\sigma^2}=\frac{1}{4}\sum_{\alpha=1}^{N}\|\boldsymbol{a}'_\alpha-\boldsymbol{R}\boldsymbol{a}_\alpha\|^2 \tag{4.14}$$

で与えられる．明らかに，これを最小にすることは，式(4.9)の残差 J の最小化と等価である．

4.3　特異値分解による解法

式(4.9)の右辺を展開すると，

$$\begin{aligned}J&=\frac{1}{2}\sum_{\alpha=1}^{N}\langle\boldsymbol{a}'_\alpha-\boldsymbol{R}\boldsymbol{a}_\alpha,\boldsymbol{a}'_\alpha-\boldsymbol{R}\boldsymbol{a}_\alpha\rangle\\&=\frac{1}{2}\sum_{\alpha=1}^{N}\Big(\langle\boldsymbol{a}'_\alpha,\boldsymbol{a}'_\alpha\rangle-2\langle\boldsymbol{R}\boldsymbol{a}_\alpha,\boldsymbol{a}'_\alpha\rangle+\langle\boldsymbol{R}\boldsymbol{a}_\alpha,\boldsymbol{R}\boldsymbol{a}_\alpha\rangle\Big)\\&=\frac{1}{2}\sum_{\alpha=1}^{N}\|\boldsymbol{a}'_\alpha\|^2-\sum_{\alpha=1}^{N}\langle\boldsymbol{R}\boldsymbol{a}_\alpha,\boldsymbol{a}'_\alpha\rangle+\frac{1}{2}\sum_{\alpha=1}^{N}\|\boldsymbol{a}_\alpha\|^2\end{aligned} \tag{4.15}$$

となる．したがって，これを最小にするには

$$K=\sum_{\alpha=1}^{N}\langle\boldsymbol{R}\boldsymbol{a}_\alpha,\boldsymbol{a}'_\alpha\rangle \tag{4.16}$$

を最大にする $\boldsymbol{R}$ を計算すればよい．任意のベクトル $\boldsymbol{a}$, $\boldsymbol{b}$ に対する恒等式 $\langle\boldsymbol{a},\boldsymbol{b}\rangle=\mathrm{tr}(\boldsymbol{a}\boldsymbol{b}^\top)$ を用いると（$\hookrightarrow$ 問題4.3），K は次のように書ける．

$$K=\mathrm{tr}\Big(\boldsymbol{R}\sum_{\alpha=1}^{N}\boldsymbol{a}_\alpha{\boldsymbol{a}'_\alpha}^\top\Big)=\mathrm{tr}(\boldsymbol{R}\boldsymbol{N}) \tag{4.17}$$

ただし，$\boldsymbol{a}_\alpha$, $\boldsymbol{a}'_\alpha$ の相関行列 (correlation matrix) $\boldsymbol{N}$ を

$$\boldsymbol{N}=\sum_{\alpha=1}^{N}\boldsymbol{a}_\alpha{\boldsymbol{a}'_\alpha}^\top \tag{4.18}$$

と定義した．式 (4.17) を最大にする回転 $\boldsymbol{R}$ は $\boldsymbol{N}$ の特異値分解によって求まることを示す．相関行列 $\boldsymbol{N}$ の特異値分解を

$$\boldsymbol{N} = \boldsymbol{U}\boldsymbol{\Sigma}\boldsymbol{V}^\top \tag{4.19}$$

とする．$\boldsymbol{U}$, $\boldsymbol{V}$ は直交行列であり，$\boldsymbol{\Sigma} = \mathrm{diag}(\sigma_1, \sigma_2, \sigma_3)$（= 特異値 σ_1, σ_2, σ_3 (≥ 0) をこの順に対角要素とする対角行列）である．式 (4.19) を代入すると，式 (4.17) は次のように書ける．

$$K = \mathrm{tr}(\boldsymbol{R}\boldsymbol{U}\boldsymbol{\Sigma}\boldsymbol{V}^\top) = \mathrm{tr}(\boldsymbol{V}^\top\boldsymbol{R}\boldsymbol{U}\boldsymbol{\Sigma}) = \mathrm{tr}(\boldsymbol{T}\boldsymbol{\Sigma}) \tag{4.20}$$

ただし，行列のトレースに関する恒等式 $\mathrm{tr}(\boldsymbol{A}\boldsymbol{B}) = \mathrm{tr}(\boldsymbol{B}\boldsymbol{A})$ を用いた（↪ 問題 4.4）．そして，

$$\boldsymbol{T} = \boldsymbol{V}^\top\boldsymbol{R}\boldsymbol{U} \tag{4.21}$$

と置いた．$\boldsymbol{U}$, $\boldsymbol{V}$ は直交行列であり，$\boldsymbol{R}$ は回転行列（したがって，直交行列）であるから，$\boldsymbol{T}$ も直交行列である．そして，$\boldsymbol{T} = \left(T_{ij}\right)$ とすると，

$$\begin{aligned}
\mathrm{tr}(\boldsymbol{T}\boldsymbol{\Sigma}) &= \mathrm{tr}\left(\begin{pmatrix} T_{11} & T_{12} & T_{13} \\ T_{21} & T_{22} & T_{23} \\ T_{31} & T_{32} & T_{33} \end{pmatrix}\begin{pmatrix} \sigma_1 & & \\ & \sigma_2 & \\ & & \sigma_3 \end{pmatrix}\right) \\
&= \mathrm{tr}\begin{pmatrix} \sigma_1 T_{11} & \sigma_2 T_{12} & \sigma_3 T_{13} \\ \sigma_1 T_{21} & \sigma_2 T_{22} & \sigma_3 T_{23} \\ \sigma_1 T_{31} & \sigma_2 T_{32} & \sigma_3 T_{33} \end{pmatrix} \\
&= \sigma_1 T_{11} + \sigma_2 T_{22} + \sigma_3 T_{33}
\end{aligned} \tag{4.22}$$

である．直交行列は直交する単位ベクトルを行と列とする行列であるから，どの要素も大きさが 1 を超えない（$|T_{ij}| \leq 1$）．そして，$\sigma_1, \sigma_2, \sigma_3 \geq 0$ であるから，

$$\mathrm{tr}(\boldsymbol{T}\boldsymbol{\Sigma}) \leq \sigma_1 + \sigma_2 + \sigma_3 \tag{4.23}$$

である．等号が成り立つのは $T_{11} = T_{22} = T_{33} = 1$ の場合であり，これは $\boldsymbol{T} = \boldsymbol{I}$ を意味する．ゆえに，式 (4.21) の $\boldsymbol{T}$ を $\boldsymbol{I}$ にする回転 $\boldsymbol{R}$ が存在すれば，それが K を最大にする回転である．

式 (4.21) の $\boldsymbol{T}$ を $\boldsymbol{I}$ と置いて，左から $\boldsymbol{V}$，右から $\boldsymbol{U}^\top$ を掛けると，そのような $\boldsymbol{R}$ は

$$\boldsymbol{R} = \boldsymbol{V}\boldsymbol{U}^\top \tag{4.24}$$

となる．もし，$|\boldsymbol{VU}|\ (=|\boldsymbol{V}|\cdot|\boldsymbol{U}|)=1$ であれば，$|\boldsymbol{R}|=1$ であり，$\boldsymbol{R}$ は回転行列である．しかし，$\boldsymbol{V},\boldsymbol{U}$ は直交行列であるから，行列式が $|\boldsymbol{V}|=\pm1$, $|\boldsymbol{U}|=\pm1$ ではあるが（↪2.2節），$|\boldsymbol{VU}|=1$ とは限らない．

一方，変分原理を用いれば，$\boldsymbol{R}$ があらゆる回転行列の集合内を連続的に変化するとき，式(4.21)が極値をとる $\boldsymbol{R}$ では，$|T_{11}|=|T_{22}|=|T_{33}|=1$ であることが示される（↪4.6節）．したがって，どう $\boldsymbol{R}$ を選んでも $T_{11}=T_{22}=T_{33}=1$ が達成できないときは，式(4.23)の $\sigma_1\geq\sigma_2\geq\sigma_3\ (\geq 0)$ の最小の σ_3 を"犠牲"にして，

$$
\mathrm{tr}(\boldsymbol{T\Sigma})\leq\sigma_1+\sigma_2-\sigma_3 \tag{4.25}
$$

が成り立つ．等号は $T_{11}=T_{22}=1$, $T_{33}=-1$ で成り立つ．$\boldsymbol{T}$ の行も列も正規直交系であるから，これは $\boldsymbol{T}=\mathrm{diag}(1,1,-1)$ を意味する．式(4.21)の $\boldsymbol{T}$ を $\mathrm{diag}(1,1,-1)$ と置いて，左から $\boldsymbol{V}$，右から $\boldsymbol{U}^\top$ を掛けると，そのような $\boldsymbol{R}$ は

$$
\boldsymbol{R}=\boldsymbol{V}\begin{pmatrix}1 & & \\ & 1 & \\ & & -1\end{pmatrix}\boldsymbol{U}^\top \tag{4.26}
$$

である．$|\boldsymbol{VU}|=1$ であれば $|\boldsymbol{R}|=-1$ であるが，$|\boldsymbol{VU}|=-1$ なら $|\boldsymbol{R}|=1$ であり，$\boldsymbol{R}$ は回転行列である．

以上より，K を最大にする回転行列 $\boldsymbol{R}$，すなわち，式(4.9)を最小にする最小2乗解 $\boldsymbol{R}$ は，式(4.24), (4.26)を合わせて，次のように与えられる．

$$
\boldsymbol{R}=\boldsymbol{V}\begin{pmatrix}1 & & \\ & 1 & \\ & & |\boldsymbol{VU}|\end{pmatrix}\boldsymbol{U}^\top \tag{4.27}
$$

これはデータ数 N が $N=1,2$ でも適用できる．$N=2$ なら，式(4.18)の相関行列 $\boldsymbol{N}$ はランク2であり，式(4.19)で $\boldsymbol{\Sigma}=\mathrm{diag}(\sigma_1,\sigma_2,0)$ となる．しかし，式(4.27)によって $\boldsymbol{R}$ が一意的に定まる．データに誤差がなければ，これは4.1節で定めた式(4.7)の $\boldsymbol{R}$ に一致する．$N=1$ なら，相関行列 $\boldsymbol{N}$ はランク1であり，式(4.19)で $\boldsymbol{\Sigma}=\mathrm{diag}(\sigma_1,0,0)$ となるが，それでも式(4.27)によって $\boldsymbol{R}$ が定まる．ただし，この場合は式(4.27)の特異値分解の $\boldsymbol{U}$, $\boldsymbol{V}$ の第2，第3列の方向に不定性が生じる．これは，$\boldsymbol{a}_1$ を $\boldsymbol{a}'_1$ に写像する回転

に対して，写像前に $\boldsymbol{a}_1$ の周りに任意の回転を加えて，写像後に $\boldsymbol{a}'_1$ の周りに任意の回転を加えてもよいことに対応する．

4.4　四元数表示による解法

3.5 節で導入した四元数による回転の表示を用いる別解を示す．式 (3.40) の $\boldsymbol{R}$ の四元数表示を用いると，$\boldsymbol{R}\boldsymbol{a}_\alpha$ は次のように書ける（$\boldsymbol{a}_\alpha$ の第 i 成分を $a_{\alpha(i)}$ と書く）．

$$\boldsymbol{R}\boldsymbol{a}_\alpha = \begin{pmatrix} (q_0^2+q_1^2-q_2^2-q_3^2)a_{\alpha(1)} + 2(q_1q_2-q_0q_3)a_{\alpha(2)} + 2(q_1q_3+q_0q_2)a_{\alpha(3)} \\ 2(q_2q_1+q_0q_3)a_{\alpha(1)} + (q_0^2-q_1^2+q_2^2-q_3^2)a_{\alpha(2)} + 2(q_2q_3-q_0q_1)a_{\alpha(3)} \\ 2(q_3q_1-q_0q_2)a_{\alpha(1)} + 2(q_3q_2+q_0q_1)a_{\alpha(2)} + (q_0^2-q_1^2-q_2^2+q_3^2)a_{\alpha(3)} \end{pmatrix} \tag{4.28}$$

ゆえに，式 (4.16) の K が次のように書ける．

$$\begin{aligned} K = \sum_{\alpha=1}^N \Big(&(q_0^2+q_1^2-q_2^2-q_3^2)a_{\alpha(1)}a'_{\alpha(1)} + 2(q_1q_2-q_0q_3)a_{\alpha(2)}a'_{\alpha(1)} \\ &+ 2(q_1q_3+q_0q_2)a_{\alpha(3)}a'_{\alpha(1)} + 2(q_2q_1+q_0q_3)a_{\alpha(1)}a'_{\alpha(2)} \\ &+ (q_0^2-q_1^2+q_2^2-q_3^2)a_{\alpha(2)}a'_{\alpha(2)} + 2(q_2q_3-q_0q_1)a_{\alpha(3)}a'_{\alpha(2)} \\ &+ 2(q_3q_1-q_0q_2)a_{\alpha(1)}a'_{\alpha(3)} + 2(q_3q_2+q_0q_1)a_{\alpha(2)}a'_{\alpha(3)} \\ &+ (q_0^2-q_1^2-q_2^2+q_3^2)a_{\alpha(3)}a_{\alpha(3)'} \Big) \\ = \sum_{\alpha=1}^N \Big(&q_0^2(a_{\alpha(1)}a'_{\alpha(1)}+a_{\alpha(2)}a'_{\alpha(2)}+a_{\alpha(3)}a'_{\alpha(3)}) \\ &+q_1^2(a_{\alpha(1)}a'_{\alpha(1)}-a_{\alpha(2)}a'_{\alpha(2)}-a_{\alpha(3)}a'_{\alpha(3)}) \\ &+q_2^2(-a_{\alpha(1)}a'_{\alpha(1)}+a_{\alpha(2)}a'_{\alpha(2)}-a_{\alpha(3)}a'_{\alpha(3)}) \\ &+q_3^2(-a_{\alpha(1)}a'_{\alpha(1)}-a_{\alpha(2)}a'_{\alpha(2)}+a_{\alpha(3)}a'_{\alpha(3)}) \\ &+2q_0q_1(-a_{\alpha(3)}a'_{\alpha(2)}+a_{\alpha(2)}a'_{\alpha(3)})+2q_0q_2(a_{\alpha(3)}a'_{\alpha(1)}-a_{\alpha(1)}a'_{\alpha(3)}) \\ &+2q_0q_3(-a_{\alpha(2)}a'_{\alpha(1)}+a_{\alpha(1)}a'_{\alpha(2)})+2q_2q_3(a_{\alpha(3)}a'_{\alpha(2)}+a_{\alpha(2)}a'_{\alpha(3)}) \\ &+2q_3q_1(a_{\alpha(3)}a'_{\alpha(1)}+a_{\alpha(1)}a'_{\alpha(3)})+2q_1q_2(a_{\alpha(2)}a'_{\alpha(1)}+a_{\alpha(1)}a'_{\alpha(2)})\Big) \end{aligned} \tag{4.29}$$

式 (4.18) の相関行列 $\boldsymbol{N}$ の (i,j) 要素が $N_{ij} = \sum_{\alpha=1}^N a_{\alpha(i)}a'_{\alpha(j)}$ と書けるこ

とを用いると（$\hookrightarrow$ 問題4.3），上式は次のように書ける．

$$
\begin{aligned}
K &= (q_0^2 + q_1^2 - q_2^2 - q_3^2)N_{11} + 2(q_1q_2 - q_0q_3)N_{21} + 2(q_1q_3 + q_0q_2)N_{31} \\
&\quad + 2(q_2q_1 + q_0q_3)N_{12} + (q_0^2 - q_1^2 + q_2^2 - q_3^2)N_{22} + 2(q_2q_3 - q_0q_1)N_{32} \\
&\quad + 2(q_3q_1 - q_0q_2)N_{13} + 2(q_3q_2 + q_0q_1)N_{23} + (q_0^2 - q_1^2 - q_2^2 + q_3^2)N_{33} \\
&= q_0^2(N_{11} + N_{22} + N_{33}) + q_1^2(N_{11} - N_{22} - N_{33}) \\
&\quad + q_2^2(-N_{11} + N_{22} - N_{33}) + q_3^2(-N_{11} - N_{22} + N_{33}) \\
&\quad + 2q_0q_1(-N_{32} + N_{23}) + 2q_0q_2(N_{31} - N_{13}) \\
&\quad + 2q_0q_3(-N_{21} + N_{12}) + 2q_2q_3(N_{32} + N_{23}) \\
&\quad + 2q_3q_1(N_{31} + N_{13}) + 2q_1q_2(N_{21} + N_{12}) \qquad (4.30)
\end{aligned}
$$

4×4 対称行列 $\tilde{\boldsymbol{N}}$ を

$$
\tilde{\boldsymbol{N}} = \begin{pmatrix} N_{11}+N_{22}+N_{33} & -N_{32}+N_{23} & N_{31} - N_{13} & -N_{21}+N_{12} \\ -N_{32}+N_{23} & N_{11} - N_{22} - N_{33} & N_{21}+N_{12} & N_{31}+N_{13} \\ N_{31} - N_{13} & N_{21}+N_{12} & -N_{11}+N_{22} - N_{33} & N_{32}+N_{23} \\ -N_{21}+N_{12} & N_{31}+N_{13} & N_{32}+N_{23} & -N_{11} - N_{22}+N_{33} \end{pmatrix} \qquad (4.31)
$$

と定義し，4次元ベクトル $\boldsymbol{q} = (q_0, q_1, q_2, q_3)^\top$ を用いると，式(4.30)は次のように書ける．

$$
K = \langle \boldsymbol{q}, \tilde{\boldsymbol{N}}\boldsymbol{q} \rangle \qquad (4.32)
$$

3.5節で述べたように，回転を表す四元数 $q = q_0 + q_1 i + q_2 j + q_3 k$ は単位四元数であるから，$\|\boldsymbol{q}\| = 1$ である．ゆえに，式(4.32)の2次形式を最大にする $\boldsymbol{q}$ は，行列 $\tilde{\boldsymbol{N}}$ の最大固有値に対する単位固有ベクトルである．その $\boldsymbol{q}$ を式(3.40)に代入すれば，K を最大にする $\boldsymbol{R}$ が定まる．

これも式(4.26)と同様に，$N = 1, 2$ でも適用できる．$N = 1$ であれば，$\tilde{\boldsymbol{N}}$ の最大固有値が重解となり，対応する単位固有ベクトルは一意的ではない．その意味は式(4.26)の場合と同じである．

4.5　回転行列の最適補正

画像データやセンサーデータから推定した $\hat{\boldsymbol{R}}$ は，データに誤差がなければ回転行列のはずであるが，誤差のために厳密な回転行列になっていないことがある．そこで，これを厳密な回転行列 $\boldsymbol{R}$ に補正する問題を考える．これは $\hat{\boldsymbol{R}}$ の3本の列を $\hat{\boldsymbol{r}}_1, \hat{\boldsymbol{r}}_2, \hat{\boldsymbol{r}}_3$ とするとき，これらが厳密に正規直交系を成すように補正する問題ともみなせる．

ここでは，その最適な補正を考える．その「最適性」は行列ノルムで評価する．具体的には，$\hat{\boldsymbol{R}}$ を $\|\boldsymbol{R}-\hat{\boldsymbol{R}}\|$ が最小となる回転行列 $\boldsymbol{R}$ で置き換える．ただし，$m \times n$ 行列 $\boldsymbol{A} = \Big(A_{ij}\Big)$ の行列ノルム (matrix norm) を

$$\|\boldsymbol{A}\| = \sqrt{\sum_{i=1}^{m}\sum_{j=1}^{n} A_{ij}^2} \tag{4.33}$$

と定義する．これはフロベニウスノルム (Frobenius norm)，あるいはユークリッドノルム (Euclid norm) とも呼ばれる（$\hookrightarrow$ 問題4.5）．

式 (4.33) の行列ノルムに対して次式が成り立つ（$\hookrightarrow$ 問題4.6）．

$$\|\boldsymbol{A}\|^2 = \mathrm{tr}(\boldsymbol{A}\boldsymbol{A}^\top) = \mathrm{tr}(\boldsymbol{A}^\top\boldsymbol{A}) \tag{4.34}$$

これから $\|\boldsymbol{R}-\hat{\boldsymbol{R}}\|^2$ が次のように書ける．

$$\begin{aligned}
\|\boldsymbol{R}-\hat{\boldsymbol{R}}\|^2 &= \mathrm{tr}((\boldsymbol{R}-\hat{\boldsymbol{R}})(\boldsymbol{R}-\hat{\boldsymbol{R}})^\top) \\
&= \mathrm{tr}(\boldsymbol{R}\boldsymbol{R}^\top - \boldsymbol{R}\hat{\boldsymbol{R}}^\top - \hat{\boldsymbol{R}}\boldsymbol{R}^\top + \hat{\boldsymbol{R}}\hat{\boldsymbol{R}}^\top) \\
&= \mathrm{tr}\,\boldsymbol{I} - \mathrm{tr}(\boldsymbol{R}\hat{\boldsymbol{R}}^\top) - \mathrm{tr}((\boldsymbol{R}\hat{\boldsymbol{R}}^\top)^\top) + \mathrm{tr}(\hat{\boldsymbol{R}}\hat{\boldsymbol{R}}^\top) \\
&= 3 - 2\,\mathrm{tr}(\boldsymbol{R}\hat{\boldsymbol{R}}^\top) + \|\hat{\boldsymbol{R}}\|^2
\end{aligned} \tag{4.35}$$

（行列は転置してもトレースが同じであることに注意．）したがって，$\|\boldsymbol{R}-\hat{\boldsymbol{R}}\|$ を最小にする $\boldsymbol{R}$ は $\mathrm{tr}(\boldsymbol{R}\hat{\boldsymbol{R}}^\top)$ を最大にする $\boldsymbol{R}$ である．これは式 (4.17) の最大化と同じ形である．ゆえに，$\hat{\boldsymbol{R}}$ の特異値分解によって解が定まる．$\hat{\boldsymbol{R}}$ の特異値分解を

$$\hat{\boldsymbol{R}} = \boldsymbol{U}\boldsymbol{\Sigma}\boldsymbol{V}^\top \tag{4.36}$$

とすれば，$\hat{\boldsymbol{R}}^\top = \boldsymbol{V}\boldsymbol{\Sigma}\boldsymbol{U}^\top$ であるから，式 (4.27) より解は

$$\boldsymbol{R} = \boldsymbol{U}\begin{pmatrix} 1 & & \\ & 1 & \\ & & |\boldsymbol{U}\boldsymbol{V}| \end{pmatrix}\boldsymbol{V}^\top \tag{4.37}$$

によって与えられる（$\boldsymbol{U}$, $\boldsymbol{V}$ の役割が入れ替わっていることに注意）．すなわち，$\boldsymbol{R}$ は，推定した回転行列 $\hat{\boldsymbol{R}}$ の特異値（理想的には $1,1,1$）を $1,1,|\boldsymbol{U}\boldsymbol{V}|$ で置き換えたものである．

推定が適切であれば $\hat{\boldsymbol{R}}$ の行列式は正 (≈ 1) のはずであり，この補正は単に，すべての特異値を **1** で置き換えることを意味する．しかし，データが同一平面上に近い配置では，計算した $\hat{\boldsymbol{R}}$ の行列式が誤差のために 0 または負になることがある．そのような場合でも式 (4.37) は最適に近似する回転行列 $\boldsymbol{R}$ を返す．

4.6　さらに勉強したい人へ

本章では特異値分解を用いているが，特異値分解に関しては教科書 [24] を推奨する．2 次形式の最大化，最小化はどの線形代数の教科書でも取り上げているが，教科書 [20] がわかりやすい．

4.3 節の特異値分解による解法は，$|\boldsymbol{V}\boldsymbol{U}| = 1$ の場合に対して，Arun ら [1] によって示された．$|\boldsymbol{V}\boldsymbol{U}| = -1$ の場合への拡張は Kanatani [16, 17] によって与えられた．4.3 節では省略した変分原理による解析は次のようになる．まず，$\sigma_3 = 0$ の場合を考える．このとき，式 (4.22), (4.23) から $\mathrm{tr}(\boldsymbol{T}\boldsymbol{\Sigma}) = \sigma_1 T_{11} + \sigma_2 T_{22} \leq \sigma_1 + \sigma_2$ となる．等号は $\boldsymbol{T} = \mathrm{diag}(1,1,\pm 1)$ で成り立つ．ゆえに，式 (4.21) より，$\boldsymbol{R} = \boldsymbol{V}\,\mathrm{diag}(1,1,\pm 1)\boldsymbol{U}^\top$ となり，式 (4.27) によって $|\boldsymbol{R}| = 1$ の回転行列 $\boldsymbol{R}$ が得られる．そこで，$\sigma_3 > 0$ の場合を考える．このとき $|T_{11}| = |T_{22}| = |T_{33}| = 1$ となる証明の概略は次のようになる．

式 (4.21) で定義される $\boldsymbol{T}$ は直交行列であるが，必ずしも行列式が 1 とは限らない．すなわち，2.1 節で述べた“広義回転”(rotation in a broad sense) である．それが変化するとき，$\mathrm{tr}(\boldsymbol{T}\boldsymbol{\Sigma})$ が極値をとるということは，$\boldsymbol{T}$ が微小に変化しても $\mathrm{tr}(\boldsymbol{T}\boldsymbol{\Sigma})$ が高次の微小量を除いて変化しないことである．このとき，$\boldsymbol{T}$ の行列式が 1 でも -1 でも，すなわち，$\boldsymbol{T}$ が回転であっても鏡映を含んでいても，その微小変化は微小回転である．このことから，広義回転 $\boldsymbol{T}$ の微小回転はある反対称行列 $\boldsymbol{A}$ によって $\boldsymbol{T} + \boldsymbol{A}\boldsymbol{T}\delta t + \cdots$ と書ける．ここに，$\boldsymbol{A}$ は微小変化の向きを指定し，δt は微小変化の大きさを指定するパラメータである．そして，$\cdots$ は微小量 δ の高次の項である（これらのことについては，第 6 章で詳しく述べる）．このことから，$\mathrm{tr}(\boldsymbol{T\Sigma})$ の微小変化は次のように書ける．

$$\mathrm{tr}((\boldsymbol{T}+\boldsymbol{AT}\delta t+\cdots)\boldsymbol{\Sigma}) = \mathrm{tr}(\boldsymbol{T\Sigma}) + \mathrm{tr}(\boldsymbol{AT\Sigma})\delta t + \cdots \tag{4.38}$$

これが任意の微小量 δt に対して 0 になるから，

$$\mathrm{tr}(\boldsymbol{AT\Sigma}) = 0 \tag{4.39}$$

である．これは任意の反対称行列 $\boldsymbol{A}$ に対して成り立つから，$\boldsymbol{T\Sigma}$ は対称行列でなければならない（$\hookrightarrow$ 問題 4.7(4)）．ゆえに，

$$\boldsymbol{T\Sigma} = (\boldsymbol{T\Sigma})^\top = \boldsymbol{\Sigma}^\top\boldsymbol{T}^\top = \boldsymbol{\Sigma T}^\top \tag{4.40}$$

であり，次の関係が成り立つ．

$$\mathrm{tr}(\boldsymbol{T}^2\boldsymbol{\Sigma}) = \mathrm{tr}(\boldsymbol{TT\Sigma}) = \mathrm{tr}(\boldsymbol{T\Sigma T}^\top) = \mathrm{tr}(\boldsymbol{T}^\top\boldsymbol{T\Sigma}) = \mathrm{tr}(\boldsymbol{\Sigma}) \tag{4.41}$$

ただし，下記の式 (4.47) の恒等式を用い，$\boldsymbol{T}$ が直交行列であって $\boldsymbol{T}^\top\boldsymbol{T}=\boldsymbol{I}$ であることを用いた．$\boldsymbol{T}$ は直交行列であるから，$\tilde{\boldsymbol{R}} = \boldsymbol{T}^2$ と置くと，これは回転行列であり ($|\tilde{\boldsymbol{R}}| = |\boldsymbol{T}|^2 = 1$)，式 (4.22) の関係から，

$$\mathrm{tr}(\tilde{\boldsymbol{R}}\boldsymbol{\Sigma}) = \sigma_1\tilde{R}_{11} + \sigma_2\tilde{R}_{22} + \sigma_3\tilde{R}_{33} \tag{4.42}$$

である．そして，式 (4.41) より，$\mathrm{tr}(\tilde{\boldsymbol{R}}\boldsymbol{\Sigma}) = \sigma_1+\sigma_2+\sigma_3$ である．辺々を引くと，

$$(1-\tilde{R}_{11})\sigma_1 + (1-\tilde{R}_{22})\sigma_2 + (1-\tilde{R}_{33})\sigma_3 = 0 \tag{4.43}$$

となる．$\tilde{\boldsymbol{R}} = \left(\tilde{R}_{ij}\right)$ は回転行列であるから $|\tilde{R}_{ij}| \leq 1$ である．仮定より σ_1, σ_2, σ_3 は正であるから，どの項も 0 である．ゆえに，$\tilde{R}_{11} = \tilde{R}_{22} = \tilde{R}_{33} = 1$ である．すなわち，$\tilde{\boldsymbol{R}}\ (=\boldsymbol{T}^2) = \boldsymbol{I}$ である．$\boldsymbol{T}^2 = \boldsymbol{TT} = \boldsymbol{I}$ は $\boldsymbol{T} = \boldsymbol{T}^{-1}$ を意味し，$\boldsymbol{T}$ は直交行列であるから，$\boldsymbol{T}^{-1} = \boldsymbol{T}^\top$ である．すなわち，$\boldsymbol{T} = \boldsymbol{T}^\top$ であり，$\boldsymbol{T}$ は対称行列である．したがって，式 (4.40) は $\boldsymbol{T\Sigma} = \boldsymbol{\Sigma T}$ となる．すなわち，$\boldsymbol{T}$ と $\boldsymbol{\Sigma}$ は“可換”（積が順序によらない）である．このため，σ_1, σ_2, σ_3 が相異なれば，$\boldsymbol{T}$ は $\boldsymbol{\Sigma}$ と同じ固有ベクトルを持つ（$\hookrightarrow$ 問題 4.8）．$\boldsymbol{\Sigma}$ は対角行列であるから，その固有ベクトルは基底ベクトル $\boldsymbol{e}_1$,

$\boldsymbol{e}_2$，$\boldsymbol{e}_3$ である．ゆえに，$\boldsymbol{T}$ もこれらを固有ベクトルに持つ．すなわち，$\boldsymbol{T}$ も対角行列である．そして，$\boldsymbol{T}^2 = \boldsymbol{I}$ であるから，$\boldsymbol{T} = \mathrm{diag}(\pm 1, \pm 1, \pm 1)$ であり，$|T_{11}| = |T_{22}| = |T_{33}| = 1$ である．σ_1, σ_2, σ_3 は相異なるとしたが，重根があれば，それを異なる根の極限と考えれば同じ結論が得られる．□

行列式が負，あるいは0（すなわち，列や行が同一平面上にある）の行列を最適に回転行列に補正する問題は，コンピュータビジョンによる画像からのシーンの3次元復元において，カメラの向きの推定によく現れる [32]．4.4節の四元数表示による解法は Horn [14] が示した．

第4章の問題

4.1. 条件 $\bar{\boldsymbol{a}}'_\alpha = \boldsymbol{R}\bar{\boldsymbol{a}}_\alpha$ に対するラグランジュ乗数を用いて，式 (4.11) のマハラノビス距離から $\bar{\boldsymbol{a}}_\alpha$, $\bar{\boldsymbol{a}}'_\alpha$ を消去すると，式 (4.11) が得られることを示せ．

4.2. (1) n 次元確率変数 $\boldsymbol{x}$ と $\boldsymbol{y}$ が独立で，それぞれ確率密度 $p_x(\boldsymbol{x})$, $p_y(\boldsymbol{y})$ を持つとき，和 $\boldsymbol{z} = \boldsymbol{x} + \boldsymbol{y}$ の確率密度が

$$p_z(\boldsymbol{z}) = \int_{-\infty}^{\infty} p_x(\boldsymbol{x}) p_y(\boldsymbol{z} - \boldsymbol{x})\, d\boldsymbol{x} \tag{4.44}$$

であることを示せ（$\int_{-\infty}^{\infty}(\cdots)\, d\boldsymbol{x}$ は $\int_{-\infty}^{\infty}\cdots\int_{-\infty}^{\infty}(\cdots)\, dx_1 \cdots dx_n$ の略記）．

(2) n 次元確率変数 $\boldsymbol{x}$, $\boldsymbol{y}$ が独立で，ともに期待値 $\boldsymbol{0}$，分散 σ^2 の正規分布に従うとき，和 $\boldsymbol{z} = \boldsymbol{x} + \boldsymbol{y}$ が期待値 $\boldsymbol{0}$，分散 $2\sigma^2$ の正規分布に従うことを示せ．

4.3. 任意の n 次元ベクトル $\boldsymbol{a} = \begin{pmatrix} a_i \end{pmatrix}$, $\boldsymbol{b} = \begin{pmatrix} b_i \end{pmatrix}$ に対して，$n \times n$ 行列 $\boldsymbol{a}\boldsymbol{b}^\top$ の (i, j) 要素は $a_i b_j$ であること，すなわち

$$\boldsymbol{a}\boldsymbol{b}^\top = \begin{pmatrix} a_i b_j \end{pmatrix} \tag{4.45}$$

であること，および

$$\mathrm{tr}(\boldsymbol{a}\boldsymbol{b}^\top) = \langle \boldsymbol{a}, \boldsymbol{b} \rangle \tag{4.46}$$

が成り立つことを示せ.

4.4. 任意の $n \times n$ 行列 $\boldsymbol{A}$, $\boldsymbol{B}$ に対して，恒等式

$$\mathrm{tr}(\boldsymbol{AB}) = \mathrm{tr}(\boldsymbol{BA}) \tag{4.47}$$

が成り立つことを示せ.

4.5. 式 (4.33) の行列ノルムを用いると，式 (4.9) は

$$J = \frac{1}{2}\|\boldsymbol{A}' - \boldsymbol{RA}\|^2 \tag{4.48}$$

と書けることを示せ．ただし，$\boldsymbol{A}$, $\boldsymbol{A}'$ はそれぞれ $\boldsymbol{a}_1, \ldots, \boldsymbol{a}_N$ および $\boldsymbol{a}'_1, \ldots, \boldsymbol{a}'_N$ を列とする $3 \times N$ 行列である.

4.6. 任意の $n \times m$ 行列 $\boldsymbol{A}$ に対して，式 (4.34) が成り立つことを示せ.

4.7. (1) 正方行列 $\boldsymbol{T}$ は次のように，一意的に対称行列 $\boldsymbol{T}^{(s)}$ と反対称行列 $\boldsymbol{T}^{(a)}$ の和

$$\boldsymbol{T} = \boldsymbol{T}^{(s)} + \boldsymbol{T}^{(a)} \tag{4.49}$$

に分解できることを示せ.

(2) 任意の対称行列 $\boldsymbol{S}$ と任意の反対称行列 $\boldsymbol{A}$ に対して $\mathrm{tr}(\boldsymbol{SA}) = 0$ であることを示せ.

(3) $\boldsymbol{T}$ が正方行列のとき，任意の対称行列 $\boldsymbol{S}$ に対して $\mathrm{tr}(\boldsymbol{ST}) = 0$ であれば，$\boldsymbol{T}$ は反対称行列であることを示せ.

(4) $\boldsymbol{T}$ が正方行列のとき，任意の反対称行列 $\boldsymbol{A}$ に対して $\mathrm{tr}(\boldsymbol{AT}) = 0$ であれば，$\boldsymbol{T}$ は対称行列であることを示せ.

4.8. 対称行列 $\boldsymbol{A}$ が相異なる固有値を持つとき，ある対称行列 $\boldsymbol{B}$ に対して $\boldsymbol{AB} = \boldsymbol{BA}$ が成り立てば，$\boldsymbol{B}$ は $\boldsymbol{A}$ と同じ固有ベクトルを持つことを示せ.

第5章
回転の推定II：異方性誤差

前章と同様に，複数のベクトルとそれらを回転したベクトルがデータとして与えられたとき，その回転を計算する問題を考える．このとき，各データは，その出方が方向に依存する異方性の誤差を含むとする．これはセンサーによる3次元計測では普通の状況である．誤差の方向依存性は「共分散行列」によって指定される．本章では，誤差が非等方な共分散行列を持つ正規分布であるときの最尤推定を一般的に定式化する．そして，3.5節の四元数を用いれば，回転が未知数について線形な式となり，「FNS法」と呼ばれる反復解法によって解が定まることを示す．また，パラメータを用いずに，回転行列 $\boldsymbol{R}$ の9個の要素を未知数とみなして，それらが回転を表すという拘束条件のもとで最尤推定を計算する「拡張FNS法」の概略を述べる．

5.1 異方性正規分布

前章ではデータの誤差が等方的な正規分布であると仮定して，最適に回転を推定する方法を論じた．しかし，実際の測定装置やセンサーの誤差には方向的な偏りがあることが多い．3次元位置の計測には画像を用いたり，レーザーや超音波を照射したり，補助カメラによる三角測量など，さまざまな方法があり，工業製品検査，人体測定，文化財計測，カメラのオートフォーカスなどにいろいろ応用されている．手軽に利用できるキネクトと呼ばれる装置も広く利用されている．しかし，どの装置でも，奥行き方向（カメラの光軸やレーザーの照射方向など）とそれに直交する方向とでは精度が異なる．例えば画像を用いれば，見えている上下左右の方向の精度は高いが，奥行き方向の精度は補助カメラの位置に依存する．レーザーや超音波を照射すれば，奥行きの精度は波長に依存するが，それに直交する方向の精度は照射方向の制御装置（サーボモータなど）に依存する．そこで，本章では，方向に依存する誤差の正規分布を考える．

ベクトル $\boldsymbol{x} = (x, y, z)^\top$ が期待値 $\mathbf{0}$ の一般の（等方性とは限らない）正規分布に従うとは，その確率密度が

$$p(\boldsymbol{x}) = \frac{e^{-\langle \boldsymbol{x}, \boldsymbol{\Sigma}^{-1}\boldsymbol{x}\rangle/2}}{\sqrt{(2\pi)^3|\boldsymbol{\Sigma}|}} \tag{5.1}$$

の形を持つということである．行列

$$\boldsymbol{\Sigma} = \begin{pmatrix} \sigma_1^2 & \gamma_{12} & \gamma_{31} \\ \gamma_{12} & \sigma_2^2 & \gamma_{23} \\ \gamma_{31} & \gamma_{23} & \sigma_3^2 \end{pmatrix} \tag{5.2}$$

は**共分散行列** (covariance matrix) と呼ばれ，

$$\boldsymbol{\Sigma} = E[\boldsymbol{x}\boldsymbol{x}^\top] \quad \left(= \int_{\boldsymbol{x}} \boldsymbol{x}\boldsymbol{x}^\top p(\boldsymbol{x})\, d\boldsymbol{x} \right) \tag{5.3}$$

で定義される．ただし，$E[\,\cdot\,]$ は確率密度 $p(\boldsymbol{x})$ に関する期待値を表す．x, y, z をそれぞれ x_1, x_2, x_3 と書くと，式 (5.2), (5.3) より，

$$\sigma_i^2 = E[x_i^2], \quad \gamma_{ij} = E[x_i x_j] \tag{5.4}$$

となる．すなわち，共分散行列 $\boldsymbol{\Sigma}$ の対角要素 σ_i^2 は x_i の分散であり，γ_{ij} は x_i と x_j の共分散を表す．共分散行列 $\boldsymbol{\Sigma}$ の各固有ベクトルの方向は**主軸** (principal axis) と呼ばれる．最大固有値に対する主軸が誤差の最も出やすい方向であり，対応する固有値がその方向の誤差の分散に等しい．反対に，最小固有値に対する主軸が誤差の最も出にくい方向であり，対応する固有値がその方向の誤差の分散である．

xyz 空間で式 (5.1) の $p(\boldsymbol{x})$ の値が一定の面（等確率面）は

$$\langle \boldsymbol{x}, \boldsymbol{\Sigma}^{-1}\boldsymbol{x}\rangle = \text{const.} \tag{5.5}$$

の形の楕円体面である（2 次元の場合には，図 4.4 の切り口の部分が楕円になる）．これを**誤差楕円体** (error ellipsoid) と呼ぶ（2 次元の場合は**誤差楕円**

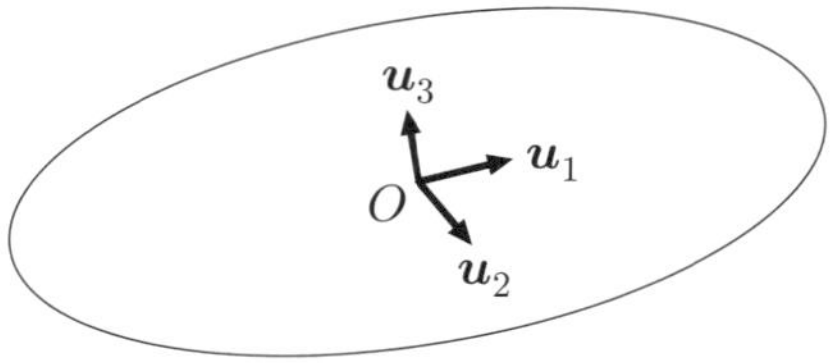

図 5.1　異方性正規分布の等確率面（誤差楕円体）．共分散行列 $\boldsymbol{\Sigma}$ の各主軸 $\boldsymbol{u}_i$ が対称軸であり，各主軸方向の半径がその方向の誤差の標準偏差 σ_i を表している．

(error ellipse)，1次元では**信頼区間** (confidence interval) ともいう）．その楕円体の3本の対称軸が共分散行列 $\boldsymbol{\Sigma}$ の主軸，すなわち，固有ベクトル $\boldsymbol{u}_i$, $i = 1, 2, 3$ の方向である．そして，楕円体の半径は，その方向への誤差の標準偏差に比例している（図 5.1）．

特に $\sigma_1^2 = \sigma_2^2 = \sigma_3^2\ (= \sigma^2)$ かつ $\gamma_{ij} = 0$, $i, j = 1, 2, 3$ であれば，分布は等方的であり，$\boldsymbol{\Sigma} = \sigma^2 \boldsymbol{I}$ と書ける．そして，式 (5.1) は式 (4.8) の形になり，式 (5.5) は球面の方程式になる．

5.2　最尤推定による回転の推定

与えられた2組のデータベクトル $\boldsymbol{a}_1, \ldots, \boldsymbol{a}_N$ および $\boldsymbol{a}'_1, \ldots, \boldsymbol{a}'_N$ は，それぞれが真の値 $\bar{\boldsymbol{a}}_1, \ldots, \bar{\boldsymbol{a}}_N$ および $\bar{\boldsymbol{a}}'_1, \ldots, \bar{\boldsymbol{a}}'_N$ から誤差によってずれたものであるとみなし，

$$\boldsymbol{a}_\alpha = \bar{\boldsymbol{a}}_\alpha + \Delta\boldsymbol{a}_\alpha, \quad \boldsymbol{a}'_\alpha = \bar{\boldsymbol{a}}'_\alpha + \Delta\boldsymbol{a}'_\alpha, \quad \alpha = 1, \ldots, N \tag{5.6}$$

と書けるとする．そして，誤差 $\Delta\boldsymbol{a}_\alpha$, $\Delta\boldsymbol{a}'_\alpha$ は期待値 $\boldsymbol{0}$，共分散行列 $V[\boldsymbol{a}_\alpha]$, $V[\boldsymbol{a}'_\alpha]$ の独立な（等方性とは限らない）正規分布に従うとする．本章で考える問題は，真の値 $\bar{\boldsymbol{a}}_\alpha$, $\bar{\boldsymbol{a}}'_\alpha$ がある回転 $\boldsymbol{R}$ に対して

$$\bar{\boldsymbol{a}}'_\alpha = \boldsymbol{R}\bar{\boldsymbol{a}}_\alpha, \quad \alpha = 1, \ldots, N \tag{5.7}$$

を満たすとき，誤差のあるデータ $\boldsymbol{a}_\alpha$, $\boldsymbol{a}'_\alpha$, $\alpha = 1, \ldots, N$ から $\boldsymbol{R}$ を推定することである．

2台のカメラによるステレオ視では，カメラの配置と画像処理の精度から，三角測量に基づく3次元復元の共分散行列が理論的に評価できる．GPSによる地表面の3次元計測では，計測結果とその共分散行列が国土交通省国土地理院のウェブサイト上で公開されている．商用の3次元計測装置では，測定値の共分散行列がメーカーから公表されていることが多い．以下の解析では，共分散行列 $V[\boldsymbol{a}_\alpha]$, $V[\boldsymbol{a}'_\alpha]$ を

$$V[\boldsymbol{a}_\alpha] = \sigma^2 V_0[\boldsymbol{a}_\alpha], \quad V[\boldsymbol{a}'_\alpha] = \sigma^2 V_0[\boldsymbol{a}'_\alpha] \tag{5.8}$$

と書いて，行列 $V_0[\boldsymbol{a}_\alpha]$, $V_0[\boldsymbol{a}'_\alpha]$ を**正規化共分散行列** (normalized covariance matrix) と呼ぶ．これは誤差の出方の方向性，すなわち，測定するセンサーの特性を表すものであり，既知とする．誤差の出方に方向性がなければ，すなわち，分布が等方性であれば，$V_0[\boldsymbol{a}_\alpha] = V_0[\boldsymbol{a}'_\alpha] = \boldsymbol{I}$ と書ける．一方，σ は誤差の絶対的な大きさを表す定数であり，**ノイズレベル** (noise level) と呼ぶ．これは未知とする．このとき，データの誤差 $\Delta\boldsymbol{a}_\alpha$, $\Delta\boldsymbol{a}'_\alpha$, $\alpha = 1, \ldots, N$ の確率密度は

$$\begin{aligned} p &= \prod_{\alpha=1}^{N} \frac{e^{-\langle \Delta\boldsymbol{a}_\alpha, V_0[\boldsymbol{a}_\alpha]^{-1}\Delta\boldsymbol{a}_\alpha\rangle/2\sigma^2}}{\sqrt{(2\pi)^3|V_0[\boldsymbol{a}_\alpha]|}\sigma^3} \frac{e^{-\langle \Delta\boldsymbol{a}'_\alpha, V_0[\boldsymbol{a}'_\alpha]^{-1}\Delta\boldsymbol{a}'_\alpha\rangle/2\sigma^2}}{\sqrt{(2\pi)^3|V_0[\boldsymbol{a}'_\alpha]|}\sigma^3} \\ &= \frac{e^{-\sum_{\alpha=1}^{N}(\langle \boldsymbol{a}_\alpha - \bar{\boldsymbol{a}}_\alpha, V_0[\boldsymbol{a}_\alpha]^{-1}(\boldsymbol{a}_\alpha - \bar{\boldsymbol{a}}_\alpha)\rangle + \langle \boldsymbol{a}'_\alpha - \bar{\boldsymbol{a}}'_\alpha, V_0[\boldsymbol{a}'_\alpha]^{-1}(\boldsymbol{a}'_\alpha - \bar{\boldsymbol{a}}'_\alpha)\rangle)/2\sigma^2}}{\prod_{\alpha=1}^{N}(2\pi)^3\sqrt{|V_0[\boldsymbol{a}_\alpha]||V_0[\boldsymbol{a}_\alpha]'|}\sigma^6} \end{aligned} \tag{5.9}$$

と書ける．これを観測値 $\boldsymbol{a}_\alpha$, $\boldsymbol{a}'_\alpha$, $\alpha = 1, \ldots, N$ の関数とみなしたものが尤度である．

4.2節で述べたように，最尤推定は，条件 $\bar{\boldsymbol{a}}'_\alpha = \boldsymbol{R}\bar{\boldsymbol{a}}_\alpha$ のもとで，式 (5.9) の尤度を最大にする $\bar{\boldsymbol{a}}_\alpha$, $\bar{\boldsymbol{a}}'_\alpha$, $\alpha = 1, \ldots, N$，および $\boldsymbol{R}$ を推定することである．これはまた，4.2節で述べたように，マハラノビス距離

$$J = \frac{1}{2}\sum_{\alpha=1}^{N}(\langle \boldsymbol{a}_\alpha - \bar{\boldsymbol{a}}_\alpha, V_0[\boldsymbol{a}_\alpha]^{-1}(\boldsymbol{a}_\alpha - \bar{\boldsymbol{a}}_\alpha)\rangle + \langle \boldsymbol{a}'_\alpha - \bar{\boldsymbol{a}}'_\alpha, V_0[\boldsymbol{a}'_\alpha]^{-1}(\boldsymbol{a}'_\alpha - \bar{\boldsymbol{a}}'_\alpha)\rangle) \tag{5.10}$$

を最小にすることでもある．式 (5.7) の条件に対するラグランジュ乗数を用いて，$\bar{\boldsymbol{a}}_\alpha$, $\bar{\boldsymbol{a}}'_\alpha$ を消去すると，式 (5.10) は次のように書ける（$\hookrightarrow$ 問題 5.1）．

$$J = \frac{1}{2}\sum_{\alpha=1}^{N}\langle \boldsymbol{a}'_\alpha - \boldsymbol{R}\boldsymbol{a}_\alpha, \boldsymbol{W}_\alpha(\boldsymbol{a}'_\alpha - \boldsymbol{R}\boldsymbol{a}_\alpha)\rangle \tag{5.11}$$

ただし，行列 $\boldsymbol{V}_\alpha$ を

$$\boldsymbol{V}_\alpha = \boldsymbol{R}V_0[\boldsymbol{a}_\alpha]\boldsymbol{R}^\top + V_0[\boldsymbol{a}'_\alpha] \tag{5.12}$$

と定義し，行列 $\boldsymbol{W}_\alpha$ を

$$\boldsymbol{W}_\alpha = \boldsymbol{V}_\alpha^{-1} \tag{5.13}$$

と置いた．式 (5.11) の残差 J を最小にする $\boldsymbol{R}$ が最尤推定解である．このことからわかるように，最尤推定を行うのに未知のノイズレベル σ を知る必要はない．すなわち，共分散行列は定数倍を除いて与えられればよい．誤差が等方性であれば，$V_0[\boldsymbol{a}_\alpha] = V_0[\boldsymbol{a}'_\alpha] = \boldsymbol{I}$ より $\boldsymbol{V}_\alpha = 2\boldsymbol{I}$, $\boldsymbol{W}_\alpha = \boldsymbol{I}/2$ であり，式 (5.11) は式 (4.9) と（定数倍を除いて）一致する．

以上のことは，次のように考えることもできる．観測データに対しては必ずしも式 (5.7) が成り立っていないから，4.2 節と同様に，その食い違いを

$$\boldsymbol{\varepsilon}_\alpha = \boldsymbol{a}'_\alpha - \boldsymbol{R}\boldsymbol{a}_\alpha, \quad \alpha = 1, \ldots, N \tag{5.14}$$

と置く．式 (5.6) を代入すると，真の値に対しては式 (5.7) が成り立っているから，

$$\boldsymbol{\varepsilon}_\alpha = \Delta\boldsymbol{a}'_\alpha - \boldsymbol{R}\Delta\boldsymbol{a}_\alpha \tag{5.15}$$

と書ける．$\Delta\boldsymbol{a}_\alpha$ と $\Delta\boldsymbol{a}'_\alpha$ が正規分布に従うなら，正規分布の再生性（↪4.2 節）より，$\boldsymbol{\varepsilon}_\alpha$ の分布も正規分布である．誤差 $\Delta\boldsymbol{a}_\alpha$ と $\Delta\boldsymbol{a}'_\alpha$ の期待値は $\boldsymbol{0}$ であるから，$E[\boldsymbol{\varepsilon}_\alpha] = \boldsymbol{0}$ である．$\boldsymbol{\varepsilon}_\alpha$ の共分散行列 $V[\boldsymbol{\varepsilon}_\alpha]$ は式 (5.3) より，次のようになる．

$$\begin{aligned} V[\boldsymbol{\varepsilon}_\alpha] &= E[\boldsymbol{\varepsilon}_\alpha\boldsymbol{\varepsilon}_\alpha^\top] = E[(\Delta\boldsymbol{a}'_\alpha - \boldsymbol{R}\Delta\boldsymbol{a}_\alpha)(\Delta\boldsymbol{a}'_\alpha - \boldsymbol{R}\Delta\boldsymbol{a}_\alpha)^\top] \\ &= E[\Delta\boldsymbol{a}'_\alpha\Delta\boldsymbol{a}'^\top_\alpha] - E[\Delta\boldsymbol{a}'_\alpha\Delta\boldsymbol{a}_\alpha^\top]\boldsymbol{R}^\top \\ &\quad - \boldsymbol{R}E[\Delta\boldsymbol{a}_\alpha\Delta\boldsymbol{a}'^\top_\alpha] + \boldsymbol{R}E[\Delta\boldsymbol{a}_\alpha\Delta\boldsymbol{a}_\alpha^\top]\boldsymbol{R}^\top \\ &= \sigma^2V_0[\boldsymbol{a}'_\alpha] + \sigma^2\boldsymbol{R}V_0[\boldsymbol{a}_\alpha]\boldsymbol{R}^\top = \sigma^2\boldsymbol{V}_\alpha \end{aligned} \tag{5.16}$$

$\Delta\boldsymbol{a}_\alpha$ と $\Delta\boldsymbol{a}'_\alpha$ は独立で，$E[\Delta\boldsymbol{a}'_\alpha\Delta\boldsymbol{a}'^\top_\alpha] = \boldsymbol{O}$ となることに注意．したがって，$\boldsymbol{\varepsilon}_\alpha$ のマハラノビス距離が

$$J = \frac{\sigma^2}{2}\sum_{\alpha=1}^{N}\langle\boldsymbol{\varepsilon}_\alpha, V[\boldsymbol{\varepsilon}_\alpha]^{-1}\boldsymbol{\varepsilon}_\alpha\rangle = \frac{1}{2}\sum_{\alpha=1}^{N}\langle\boldsymbol{a}'_\alpha - \boldsymbol{R}\boldsymbol{a}_\alpha, \boldsymbol{W}_\alpha(\boldsymbol{a}'_\alpha - \boldsymbol{R}\boldsymbol{a}_\alpha)\rangle \tag{5.17}$$

となり，式 (5.11) が得られる．

式 (5.11) を最小にする標準的な方法は，これを回転 $\boldsymbol{R}$ に関して微分することであるが，回転に関する微分については次章で述べることにして，ここでは $\boldsymbol{R}$ に関する微分を用いない方法を二つ紹介する．

(i) 回転 $\boldsymbol{R}$ をパラメータを用いて表す．これには，3.5 節で導入した四元数による表現が都合がよい．それは，式 (5.7) が未知数に関して線形な式に書き直せるためである．

(ii) 式 (5.11) を $\boldsymbol{R} = \left(R_{ij}\right)$ の 9 個の要素を未知数の関数とみなし，$\left\{R_{ij}\right\}$, $i, j = 1, 2, 3$ が回転行列であるという拘束条件のもとで最小化する．

5.3　四元数表現による回転の推定

3.5 節に示したように，回転 $\boldsymbol{R}$ を単位四元数 $q = q_0 + q_1 i + q_2 j + q_3 k$ で表すと，ベクトル $\boldsymbol{a}$ からベクトル $\boldsymbol{a}'$ への回転が式 (3.34) で表される．式 (3.34) の両辺に q を掛けると，$q^\dagger q = \|q\|^2 = 1$ であるから（$\hookrightarrow$ 問題 3.6），

$$\boldsymbol{a}' q = q \boldsymbol{a} \tag{5.18}$$

となる．これは q に関する線形な式である．$\boldsymbol{q_l} = q_1 i + q_2 j + q_3 k$ と置いて，これをベクトル $(q_1, q_2, q_3)^\top$ と同一視する．$q = q_0 + \boldsymbol{q_l}$ を式 (5.18) に代入すると，式 (3.28) より，

$$-\langle \boldsymbol{a}', \boldsymbol{q_l} \rangle + q_0 \boldsymbol{a}' + \boldsymbol{a} \times \boldsymbol{q_l} = -\langle \boldsymbol{q_l}, \boldsymbol{a} \rangle + q_0 \boldsymbol{a} + \boldsymbol{q_l} \times \boldsymbol{a} \tag{5.19}$$

となる．式 (3.33) より，$\boldsymbol{q_l}$ $(= \boldsymbol{l} \sin(\Omega/2))$ は回転軸方向のベクトルであるから，$\langle \boldsymbol{q_l}, \boldsymbol{a}' \rangle = \langle \boldsymbol{q_l}, \boldsymbol{a} \rangle$ である（$\hookrightarrow$ 式 (2.14)）．ゆえに，式 (5.19) は次のように書き直せる（$\hookrightarrow$ 問題 5.2）．

$$q_0(\boldsymbol{a}' - \boldsymbol{a}) + (\boldsymbol{a}' + \boldsymbol{a}) \times \boldsymbol{q_l} = \boldsymbol{0} \tag{5.20}$$

成分で書くと，次のようになる．

$$\begin{aligned}
&q_0(a_1' - a_1) + (a_2' + a_2)q_3 - (a_3' + a_3)q_2 = 0, \\
&q_0(a_2' - a_2) + (a_3' + a_3)q_1 - (a_1' + a_1)q_3 = 0, \\
&q_0(a_3' - a_3) + (a_1' + a_1)q_2 - (a_2' + a_2)q_1 = 0
\end{aligned} \tag{5.21}$$

次の4次元ベクトル $\boldsymbol{\xi}^{(1)}$, $\boldsymbol{\xi}^{(2)}$, $\boldsymbol{\xi}^{(3)}$ を定義する．

$$\boldsymbol{\xi}^{(1)} = \begin{pmatrix} a_1' - a_1 \\ 0 \\ -(a_3' + a_3) \\ a_2' + a_2 \end{pmatrix}, \quad \boldsymbol{\xi}^{(2)} = \begin{pmatrix} a_2' - a_2 \\ a_3' + a_3 \\ 0 \\ -(a_1' + a_1) \end{pmatrix},$$
$$\boldsymbol{\xi}^{(3)} = \begin{pmatrix} a_3' - a_3 \\ -(a_2' + a_2) \\ a_1' + a_1 \\ 0 \end{pmatrix} \tag{5.22}$$

四元数 q を4次元ベクトル $\boldsymbol{q} = (q_0, q_1, q_2, q_3)^\top$ $\left(= \begin{pmatrix} q_0 \\ \boldsymbol{q_l} \end{pmatrix}\right)$ で表すと，式 (5.21) は次のように書ける．

$$\langle \boldsymbol{\xi}^{(1)}, \boldsymbol{q} \rangle = 0, \quad \langle \boldsymbol{\xi}^{(2)}, \boldsymbol{q} \rangle = 0, \quad \langle \boldsymbol{\xi}^{(3)}, \boldsymbol{q} \rangle = 0 \tag{5.23}$$

データの真の値 $\bar{\boldsymbol{a}}_\alpha$, $\bar{\boldsymbol{a}}'_\alpha$ に対する式 (5.22) のベクトルを $\bar{\boldsymbol{\xi}}_\alpha^{(k)}$ と置くと，次式が成り立つ．

$$\langle \bar{\boldsymbol{\xi}}_\alpha^{(k)}, \boldsymbol{q} \rangle = 0, \quad k = 1, 2, 3, \quad \alpha = 1, \ldots, N \tag{5.24}$$

一方，誤差のあるデータ $\boldsymbol{a}_\alpha$, $\boldsymbol{a}'_\alpha$ に対する式 (5.22) のベクトルを $\boldsymbol{\xi}_\alpha^{(k)}$ と書くと，$\langle \boldsymbol{\xi}_\alpha^{(k)}, \boldsymbol{q} \rangle$ は必ずしも 0 ではない．しかし，真の値 $\bar{\boldsymbol{a}}_\alpha$, $\bar{\boldsymbol{a}}'_\alpha$ に対しては式 (5.24) が成り立っているから，$\boldsymbol{\xi}_\alpha^{(k)} = \bar{\boldsymbol{\xi}}_\alpha^{(k)} + \Delta\boldsymbol{\xi}_\alpha^{(k)}$ と書くと，$\langle \boldsymbol{\xi}_\alpha^{(k)}, \boldsymbol{q} \rangle = \langle \Delta\boldsymbol{\xi}_\alpha^{(k)}, \boldsymbol{q} \rangle$ である．そこで，

$$\boldsymbol{\varepsilon}_\alpha = \begin{pmatrix} \langle \boldsymbol{\xi}_\alpha^{(1)}, \boldsymbol{q} \rangle \\ \langle \boldsymbol{\xi}_\alpha^{(2)}, \boldsymbol{q} \rangle \\ \langle \boldsymbol{\xi}_\alpha^{(3)}, \boldsymbol{q} \rangle \end{pmatrix} = \begin{pmatrix} \langle \Delta\boldsymbol{\xi}_\alpha^{(1)}, \boldsymbol{q} \rangle \\ \langle \Delta\boldsymbol{\xi}_\alpha^{(2)}, \boldsymbol{q} \rangle \\ \langle \Delta\boldsymbol{\xi}_\alpha^{(3)}, \boldsymbol{q} \rangle \end{pmatrix} \tag{5.25}$$

と置く．明らかに $E[\boldsymbol{\varepsilon}_\alpha] = \boldsymbol{0}$ である．$\boldsymbol{\varepsilon}_\alpha$ の共分散行列は次のように書ける．

$$V[\boldsymbol{\varepsilon}_\alpha] = E[\boldsymbol{\varepsilon}_\alpha \boldsymbol{\varepsilon}_\alpha^\top]$$
$$= \begin{pmatrix} E[\langle \boldsymbol{q}, \Delta\boldsymbol{\xi}_\alpha^{(1)} \rangle \langle \Delta\boldsymbol{\xi}_\alpha^{(1)}, \boldsymbol{q} \rangle] & E[\langle \boldsymbol{q}, \Delta\boldsymbol{\xi}_\alpha^{(1)} \rangle \langle \Delta\boldsymbol{\xi}_\alpha^{(2)}, \boldsymbol{q} \rangle] & E[\langle \boldsymbol{q}, \Delta\boldsymbol{\xi}_\alpha^{(1)} \rangle \langle \Delta\boldsymbol{\xi}_\alpha^{(3)}, \boldsymbol{q} \rangle] \\ E[\langle \boldsymbol{q}, \Delta\boldsymbol{\xi}_\alpha^{(2)} \rangle \langle \Delta\boldsymbol{\xi}_\alpha^{(1)}, \boldsymbol{q} \rangle] & E[\langle \boldsymbol{q}, \Delta\boldsymbol{\xi}_\alpha^{(2)} \rangle \langle \Delta\boldsymbol{\xi}_\alpha^{(2)}, \boldsymbol{q} \rangle] & E[\langle \boldsymbol{q}, \Delta\boldsymbol{\xi}_\alpha^{(2)} \rangle \langle \Delta\boldsymbol{\xi}_\alpha^{(3)}, \boldsymbol{q} \rangle] \\ E[\langle \boldsymbol{q}, \Delta\boldsymbol{\xi}_\alpha^{(3)} \rangle \langle \Delta\boldsymbol{\xi}_\alpha^{(1)}, \boldsymbol{q} \rangle] & E[\langle \boldsymbol{q}, \Delta\boldsymbol{\xi}_\alpha^{(3)} \rangle \langle \Delta\boldsymbol{\xi}_\alpha^{(2)}, \boldsymbol{q} \rangle] & E[\langle \boldsymbol{q}, \Delta\boldsymbol{\xi}_\alpha^{(3)} \rangle \langle \Delta\boldsymbol{\xi}_\alpha^{(3)}, \boldsymbol{q} \rangle] \end{pmatrix}$$

$$
= \begin{pmatrix} \boldsymbol{q}^\top E[\Delta\boldsymbol{\xi}_\alpha^{(1)}\Delta\boldsymbol{\xi}_\alpha^{(1)\top}]\boldsymbol{q} & \boldsymbol{q}^\top E[\Delta\boldsymbol{\xi}_\alpha^{(1)}\Delta\boldsymbol{\xi}_\alpha^{(2)\top}]\boldsymbol{q} & \boldsymbol{q}^\top E[\Delta\boldsymbol{\xi}_\alpha^{(1)}\Delta\boldsymbol{\xi}_\alpha^{(3)\top}]\boldsymbol{q} \\ \boldsymbol{q}^\top E[\Delta\boldsymbol{\xi}_\alpha^{(2)}\Delta\boldsymbol{\xi}_\alpha^{(1)\top}]\boldsymbol{q} & \boldsymbol{q}^\top E[\Delta\boldsymbol{\xi}_\alpha^{(2)}\Delta\boldsymbol{\xi}_\alpha^{(2)\top}]\boldsymbol{q} & \boldsymbol{q}^\top E[\Delta\boldsymbol{\xi}_\alpha^{(2)}\Delta\boldsymbol{\xi}_\alpha^{(3)\top}]\boldsymbol{q} \\ \boldsymbol{q}^\top E[\Delta\boldsymbol{\xi}_\alpha^{(3)}\Delta\boldsymbol{\xi}_\alpha^{(1)\top}]\boldsymbol{q} & \boldsymbol{q}^\top E[\Delta\boldsymbol{\xi}_\alpha^{(3)}\Delta\boldsymbol{\xi}_\alpha^{(2)\top}]\boldsymbol{q} & \boldsymbol{q}^\top E[\Delta\boldsymbol{\xi}_\alpha^{(3)}\Delta\boldsymbol{\xi}_\alpha^{(3)\top}]\boldsymbol{q} \end{pmatrix} \tag{5.26}
$$

式 (5.22) より，$\boldsymbol{\xi}_\alpha^{(k)}$ の誤差項 $\Delta\boldsymbol{\xi}_\alpha^{(k)}$ は次のようになる．

$$
\Delta\boldsymbol{\xi}_\alpha^{(1)} = \begin{pmatrix} \Delta a'_{\alpha(1)} - \Delta a_{\alpha(1)} \\ 0 \\ -(\Delta a'_{\alpha(3)} + \Delta a_{\alpha(3)}) \\ \Delta a'_{\alpha(2)} + \Delta a_{\alpha(2)} \end{pmatrix}, \quad \Delta\boldsymbol{\xi}_\alpha^{(2)} = \begin{pmatrix} \Delta a'_{\alpha(2)} - \Delta a_{\alpha(2)} \\ \Delta a'_{\alpha(3)} + \Delta a_{\alpha(3)} \\ 0 \\ -(\Delta a'_{\alpha(1)} + \Delta a_{\alpha(1)}) \end{pmatrix},
$$

$$
\Delta\boldsymbol{\xi}_\alpha^{(3)} = \begin{pmatrix} \Delta a'_{\alpha(3)} - \Delta a_{\alpha(3)} \\ -(\Delta a'_{\alpha(2)} + \Delta a_{\alpha(2)}) \\ \Delta a'_{\alpha(1)} + \Delta a_{\alpha(1)} \\ 0 \end{pmatrix} \tag{5.27}
$$

ただし，$\Delta\boldsymbol{a}_\alpha$, $\Delta\boldsymbol{a}'_\alpha$ の第 i 成分をそれぞれ $\Delta a_{\alpha(i)}$, $\Delta a'_{\alpha(i)}$ と書く．4×6 行列 $\boldsymbol{T}^{(1)}$, $\boldsymbol{T}^{(2)}$, $\boldsymbol{T}^{(3)}$ を

$$
\boldsymbol{T}^{(1)} = \begin{pmatrix} -1 & 0 & 0 & 1 & 0 & 0 \\ 0 & 0 & 0 & 0 & 0 & 0 \\ 0 & 0 & -1 & 0 & 0 & -1 \\ 0 & 1 & 0 & 0 & 1 & 0 \end{pmatrix}, \quad \boldsymbol{T}^{(2)} = \begin{pmatrix} 0 & -1 & 0 & 0 & 1 & 0 \\ 0 & 0 & 1 & 0 & 0 & 1 \\ 0 & 0 & 0 & 0 & 0 & 0 \\ -1 & 0 & 0 & -1 & 0 & 0 \end{pmatrix},
$$

$$
\boldsymbol{T}^{(3)} = \begin{pmatrix} 0 & 0 & -1 & 0 & 0 & 1 \\ 0 & -1 & 0 & -1 & 0 & 1 \\ 1 & 0 & 0 & 1 & 0 & 0 \\ 0 & 0 & 0 & 0 & 0 & 0 \end{pmatrix} \tag{5.28}
$$

と定義すると，式 (5.27) は次のように書き直せる．

$$
\Delta\boldsymbol{\xi}_\alpha^{(k)} = \boldsymbol{T}^{(k)} \begin{pmatrix} \Delta\boldsymbol{a}_\alpha \\ \Delta\boldsymbol{a}'_\alpha \end{pmatrix} \tag{5.29}
$$

$\Delta\boldsymbol{\xi}_\alpha^{(k)}$ と $\Delta\boldsymbol{\xi}_\alpha^{(l)}$ の共分散行列を $V^{(kl)}[\boldsymbol{\xi}_\alpha]$ と書くと，次のようになる．

$$
\begin{aligned}
V^{(kl)}[\boldsymbol{\xi}_\alpha] &= E[\Delta\boldsymbol{\xi}_\alpha^{(k)}\Delta\boldsymbol{\xi}_\alpha^{(l)\top}] \\
&= \boldsymbol{T}^{(k)} \begin{pmatrix} E[\Delta\boldsymbol{a}_\alpha\Delta\boldsymbol{a}_\alpha^\top] & E[\Delta\boldsymbol{a}_\alpha\Delta\boldsymbol{a}'^\top_\alpha] \\ E[\Delta\boldsymbol{a}'_\alpha\Delta\boldsymbol{a}_\alpha^\top] & E[\Delta\boldsymbol{a}'_\alpha\Delta\boldsymbol{a}'^\top_\alpha] \end{pmatrix} \boldsymbol{T}^{(l)\top}
\end{aligned}
$$

$$= \sigma^2 \boldsymbol{T}^{(k)} \begin{pmatrix} V_0[\boldsymbol{a}_\alpha] & \boldsymbol{O} \\ \boldsymbol{O} & V_0[\boldsymbol{a}'_\alpha] \end{pmatrix} \boldsymbol{T}^{(l)\top} \tag{5.30}$$

以下，これを次のように書く．

$$V^{(kl)}[\boldsymbol{\xi}_\alpha] = \sigma^2 V_0^{(kl)}[\boldsymbol{\xi}_\alpha],$$
$$V_0^{(kl)}[\boldsymbol{\xi}_\alpha] \equiv \boldsymbol{T}^{(k)} \begin{pmatrix} V_0[\boldsymbol{a}_\alpha] & \boldsymbol{O} \\ \boldsymbol{O} & V_0[\boldsymbol{a}'_\alpha] \end{pmatrix} \boldsymbol{T}^{(l)\top} \tag{5.31}$$

これを用いると，式 (5.26) の共分散行列 $V[\boldsymbol{\varepsilon}_\alpha]$ が次のように書ける．

$$V[\boldsymbol{\varepsilon}_\alpha] = \sigma^2 \boldsymbol{V}_\alpha,$$
$$\boldsymbol{V}_\alpha \equiv \begin{pmatrix} \langle \boldsymbol{q}, V_0^{(11)}[\boldsymbol{\xi}_\alpha]\boldsymbol{q}\rangle & \langle \boldsymbol{q}, V_0^{(12)}[\boldsymbol{\xi}_\alpha]\boldsymbol{q}\rangle & \langle \boldsymbol{q}, V_0^{(13)}[\boldsymbol{\xi}_\alpha]\boldsymbol{q}\rangle \\ \langle \boldsymbol{q}, V_0^{(21)}[\boldsymbol{\xi}_\alpha]\boldsymbol{q}\rangle & \langle \boldsymbol{q}, V_0^{(22)}[\boldsymbol{\xi}_\alpha]\boldsymbol{q}\rangle & \langle \boldsymbol{q}, V_0^{(23)}[\boldsymbol{\xi}_\alpha]\boldsymbol{q}\rangle \\ \langle \boldsymbol{q}, V_0^{(31)}[\boldsymbol{\xi}_\alpha]\boldsymbol{q}\rangle & \langle \boldsymbol{q}, V_0^{(32)}[\boldsymbol{\xi}_\alpha]\boldsymbol{q}\rangle & \langle \boldsymbol{q}, V_0^{(33)}[\boldsymbol{\xi}_\alpha]\boldsymbol{q}\rangle \end{pmatrix} \tag{5.32}$$

したがって，$\boldsymbol{\varepsilon}_\alpha$, $\alpha = 1, \ldots, N$ のマハラノビス距離が次のように書ける．

$$J = \frac{\sigma^2}{2} \sum_{\alpha=1}^{N} \langle \boldsymbol{\varepsilon}_\alpha, V[\boldsymbol{\varepsilon}_\alpha]^{-1} \boldsymbol{\varepsilon}_\alpha \rangle = \frac{1}{2} \sum_{\alpha=1}^{N} \langle \boldsymbol{\varepsilon}_\alpha, \boldsymbol{W}_\alpha \boldsymbol{\varepsilon}_\alpha \rangle \tag{5.33}$$

ただし，行列 $\boldsymbol{W}_\alpha$ を

$$\boldsymbol{W}_\alpha = \boldsymbol{V}_\alpha^{-1} \tag{5.34}$$

と定義した．前節で指摘したように，ノイズレベル σ は知る必要がない．行列 $\boldsymbol{W}_\alpha$ の (kl) 要素を $W_\alpha^{(kl)}$ と書き，式 (5.25) を代入すると，式の (5.33) の残差 J が次のように書ける．

$$J = \frac{1}{2} \sum_{\alpha=1}^{N} \sum_{k,l=1}^{3} W_\alpha^{(kl)} \langle \boldsymbol{\xi}_\alpha^{(k)}, \boldsymbol{q} \rangle \langle \boldsymbol{\xi}_\alpha^{(l)}, \boldsymbol{q} \rangle \tag{5.35}$$

5.4　FNS 法による最適化

式 (5.35) を最小化するために，これを $\boldsymbol{q}$ で微分する．そのために，まず次の式が成り立つことに注意する（$\hookrightarrow$ 問題 5.3）．

$$\nabla_{\boldsymbol{q}} W_\alpha^{(kl)} = -2 \sum_{m,n=1}^{3} W_\alpha^{(km)} W_\alpha^{(ln)} V_0^{(mn)}[\boldsymbol{\xi}_\alpha] \boldsymbol{q} \tag{5.36}$$

これを用いると，式 (5.35) の微分が次のように書ける．

$$
\begin{aligned}
\nabla_{\boldsymbol{q}} J &= \sum_{\alpha=1}^{N} \sum_{k,l=1}^{3} W_\alpha^{(kl)} \langle \boldsymbol{\xi}_\alpha^{(l)}, \boldsymbol{q} \rangle \boldsymbol{\xi}_\alpha^{(k)} + \frac{1}{2} \sum_{\alpha=1}^{N} \sum_{k,l=1}^{3} \nabla_{\boldsymbol{q}} W_\alpha^{(kl)} \langle \boldsymbol{\xi}_\alpha^{(k)}, \boldsymbol{q} \rangle \langle \boldsymbol{\xi}_\alpha^{(l)}, \boldsymbol{q} \rangle \\
&= \sum_{\alpha=1}^{N} \sum_{k,l=1}^{3} W_\alpha^{(kl)} \boldsymbol{\xi}_\alpha^{(k)} \boldsymbol{\xi}_\alpha^{(l)\top} \boldsymbol{q} \\
&\quad - \sum_{\alpha=1}^{N} \sum_{k,l,m,n=1}^{3} W_\alpha^{(km)} W_\alpha^{(ln)} V_0^{(mn)}[\boldsymbol{\xi}_\alpha] \langle \boldsymbol{\xi}_\alpha^{(k)}, \boldsymbol{q} \rangle \langle \boldsymbol{\xi}_\alpha^{(l)}, \boldsymbol{q} \rangle \boldsymbol{q} \\
&= \sum_{\alpha=1}^{N} \sum_{k,l=1}^{3} W_\alpha^{(kl)} \boldsymbol{\xi}_\alpha^{(k)} \boldsymbol{\xi}_\alpha^{(l)\top} \boldsymbol{q} - \sum_{\alpha=1}^{N} \sum_{,m,n=1}^{3} v_\alpha^{(m)} v_\alpha^{(n)} V_0^{(mn)}[\boldsymbol{\xi}_\alpha] \boldsymbol{q}
\end{aligned}
\tag{5.37}
$$

ただし，$v_\alpha^{(k)}$ を次のように置いた．

$$
v_\alpha^{(k)} = \sum_{l=1}^{3} W_\alpha^{(kl)} \langle \boldsymbol{\xi}_\alpha^{(l)}, \boldsymbol{q} \rangle \tag{5.38}
$$

ここで，次の 4×4 行列 $\boldsymbol{M}$, $\boldsymbol{L}$ を定義する．

$$
\boldsymbol{M} = \sum_{\alpha=1}^{N} \sum_{k,l=1}^{3} W_\alpha^{(kl)} \boldsymbol{\xi}_\alpha^{(k)} \boldsymbol{\xi}_\alpha^{(l)\top}, \quad \boldsymbol{L} = \sum_{\alpha=1}^{N} \sum_{k,l=1}^{3} v_\alpha^{(kl)} v_\alpha^{(l)} V_0^{(kl)}[\boldsymbol{\xi}_\alpha] \tag{5.39}
$$

すると，式 (5.37) は次のように書ける．

$$
\nabla_{\boldsymbol{q}} J = (\boldsymbol{M} - \boldsymbol{L}) \boldsymbol{q} \tag{5.40}
$$

これを $\boldsymbol{0}$ とする $\boldsymbol{q}$ を計算する **FNS 法** (FNS: Fundamental Numerical Scheme) は次のようになる．

1. $\boldsymbol{q} = \boldsymbol{q}_0 = \boldsymbol{0}$ とし，$W_\alpha^{(kl)} = \delta_{kl}$（クロネッカのデルタ）と置く ($\alpha = 1, \ldots, N$, $k, l = 1, 2, 3$)．
2. 式 (5.39) の行列 $\boldsymbol{M}$, $\boldsymbol{L}$ を計算し，4×4 対称行列 $\boldsymbol{X}$ を次のように置く．

$$
\boldsymbol{X} = \boldsymbol{M} - \boldsymbol{L} \tag{5.41}
$$

3. 固有値問題

$$\boldsymbol{X}\boldsymbol{q} = \lambda\boldsymbol{q} \tag{5.42}$$

を解き，最小固有値[1] λ に対する単位固有ベクトル $\boldsymbol{q}$ を計算する．

4. 符号を除いて $\boldsymbol{q} \approx \boldsymbol{q}_0$ なら $\boldsymbol{q}$ を返して終了する．そうでなければ，次のように更新してステップ2に戻る．

$$W_\alpha^{(kl)} \leftarrow \Big(\langle \boldsymbol{q}, V_0^{(kl)}[\boldsymbol{\xi}_\alpha]\boldsymbol{q}\rangle\Big)^{-1}, \quad \boldsymbol{q}_0 \leftarrow \boldsymbol{q} \tag{5.43}$$

ただし，式 (5.43) の第1式の右辺は $\langle \boldsymbol{q}, V_0^{(kl)}[\boldsymbol{\xi}_\alpha]\boldsymbol{q}\rangle$ を (kl) 要素とする 3×3 行列の逆行列の (kl) 要素の略記である．ステップ4の“符号を除いて”は，固有ベクトルの符号が未定であるためである．このため，まず $\langle \boldsymbol{q}, \boldsymbol{q}_0\rangle \geq 0$ となるように $\boldsymbol{q}$ の符号をそろえてから $\boldsymbol{q}$ と $\boldsymbol{q}_0$ を比較する．

上記の反復が収束した時点では式 (5.42) の λ は0であることが示されるので（$\hookrightarrow$ 問題 5.4），$\nabla_{\boldsymbol{q}} J = \boldsymbol{0}$ である $\boldsymbol{q}$ が計算される．

5.5 同次拘束条件による解法

本節では，回転行列 $\boldsymbol{R}$ の9個の要素 $\{R_{ij}\}$, $i, j = 1, 2, 3$ を未知数とみなして最適化する定式化を示す．すなわち，$\boldsymbol{R}$ の9個の要素

$$\theta_1 = R_{11}, \quad \theta_2 = R_{12}, \quad \ldots, \quad \theta_9 = R_{33} \tag{5.44}$$

を未知数とみなす．すると，$\boldsymbol{a}' = \boldsymbol{R}\boldsymbol{a}$ は次のように書ける．

$$\begin{aligned} \theta_0 a_1' &= \theta_1 a_1 + \theta_2 a_2 + \theta_3 a_3, \\ \theta_0 a_2' &= \theta_4 a_1 + \theta_5 a_2 + \theta_6 a_3, \\ \theta_0 a_3' &= \theta_7 a_1 + \theta_8 a_2 + \theta_9 a_3 \end{aligned} \tag{5.45}$$

ただし，$\theta_0 = 1$ である．10次元ベクトル $\boldsymbol{\xi}^{(1)}, \boldsymbol{\xi}^{(2)}, \boldsymbol{\xi}^{(3)}$ を

$$\boldsymbol{\xi}^{(1)} = (a_1, a_2, a_3, 0, 0, 0, 0, 0, 0, -a_1')^\top,$$

---

[1] “絶対値最小”ではない．λ は正とは限らないが，単に“最小”固有値を選ぶほうが収束が速いことが実験的に確かめられている．

$$\boldsymbol{\xi}^{(2)} = (0,0,0,a_1,a_2,a_3,0,0,0,-a_2')^\top,$$
$$\boldsymbol{\xi}^{(3)} = (0,0,0,0,0,0,a_1,a_2,a_3,-a_3')^\top \tag{5.46}$$

と定義すると，式 (5.45) は次のように書ける．

$$\langle \boldsymbol{\xi}^{(1)}, \boldsymbol{\theta} \rangle = 0, \quad \langle \boldsymbol{\xi}^{(2)}, \boldsymbol{\theta} \rangle = 0, \quad \langle \boldsymbol{\xi}^{(3)}, \boldsymbol{\theta} \rangle = 0 \tag{5.47}$$

ただし，10 次元ベクトル $\boldsymbol{\theta}$ を次のように置いた．

$$\boldsymbol{\theta} = (\theta_1, \theta_2, \theta_3, \theta_4, \theta_5, \theta_6, \theta_7, \theta_8, \theta_9, \theta_0)^\top \tag{5.48}$$

誤差のあるデータ $\boldsymbol{a}_\alpha$，$\boldsymbol{a}'_\alpha$ に対する式 (5.46) のベクトルをそれぞれ $\boldsymbol{\xi}_\alpha^{(1)}$, $\boldsymbol{\xi}_\alpha^{(2)}$, $\boldsymbol{\xi}_\alpha^{(3)}$ と書くと，問題は

$$\langle \boldsymbol{\xi}_\alpha^{(k)}, \boldsymbol{\theta} \rangle \approx 0, \quad k = 1,2,3, \quad \alpha = 1, \ldots, N \tag{5.49}$$

となる $\boldsymbol{\theta}$ を求めることである．ただし，$\theta_1, \ldots, \theta_9$ が回転行列 $\boldsymbol{R}$ の要素であるという拘束条件が必要である．2.3 節で述べたように，$\boldsymbol{R}$ の各列は単位ベクトルであり，互いに直交する（その結果，各行も正規直交系となる）．これは

$$\phi_1(\boldsymbol{\theta}) = \theta_1\theta_2 + \theta_4\theta_5 + \theta_7\theta_8, \quad \phi_4(\boldsymbol{\theta}) = \theta_1^2 + \theta_4^2 + \theta_7^2 - \theta_0^2,$$
$$\phi_2(\boldsymbol{\theta}) = \theta_2\theta_3 + \theta_5\theta_6 + \theta_8\theta_9, \quad \phi_5(\boldsymbol{\theta}) = \theta_2^2 + \theta_5^2 + \theta_8^2 - \theta_0^2,$$
$$\phi_3(\boldsymbol{\theta}) = \theta_3\theta_1 + \theta_6\theta_4 + \theta_9\theta_7, \quad \phi_6(\boldsymbol{\theta}) = \theta_3^2 + \theta_6^2 + \theta_9^2 - \theta_0^2 \tag{5.50}$$

と定義すると，

$$\phi_i(\boldsymbol{\theta}) = 0, \quad i = 1, \ldots, 6 \tag{5.51}$$

と書ける．これは $\boldsymbol{R}$ が直交行列であるという条件であり，2.2 節で述べたように，回転行列であるためには行列式が正という条件が必要である．しかし，反復解法を用いれば，反復は微小変化の積み重ねであり，初期値の行列式が正であれば，反復過程では行列式を考慮する必要はない．

ここで重要なことは，$\theta_0 = 1$ としたが，この条件は考える必要はないことである．それは，式 (5.47), (5.51) が $\boldsymbol{\theta}$ の同次式であるためである．このため，$\boldsymbol{\theta}$ を定数倍しても式 (5.47), (5.51) は影響されない．したがって，式 (5.48) の $\boldsymbol{\theta}$ を未知数とみなして問題を解けば，θ_i，$i = 0, 1, \ldots,$

9の比のみが定まる．ゆえに，最終的に解$\boldsymbol{\theta}$を定数倍して$\theta_0 = 1$となるように正規化すればよく，計算の途中では$\boldsymbol{\theta}$を任意に正規化してよい．以下では計算の便宜上

$$\|\boldsymbol{\theta}\| = 1 \tag{5.52}$$

と正規化する．

式(5.49)の左辺の$\boldsymbol{\xi}_\alpha^{(k)}$の真の値を$\bar{\boldsymbol{\xi}}_\alpha^{(k)}$とし，$\boldsymbol{\xi}_\alpha^{(k)} = \bar{\boldsymbol{\xi}}_\alpha^{(k)} + \Delta\boldsymbol{\xi}_\alpha^{(k)}$と書くと，$\langle\bar{\boldsymbol{\xi}}_\alpha^{(k)}, \boldsymbol{\theta}\rangle = 0$である．式(5.49)の左辺を並べたベクトルを

$$\boldsymbol{\varepsilon}_\alpha = \begin{pmatrix} \langle\boldsymbol{\xi}_\alpha^{(1)}, \boldsymbol{\theta}\rangle \\ \langle\boldsymbol{\xi}_\alpha^{(2)}, \boldsymbol{\theta}\rangle \\ \langle\boldsymbol{\xi}_\alpha^{(3)}, \boldsymbol{\theta}\rangle \end{pmatrix} = \begin{pmatrix} \langle\Delta\boldsymbol{\xi}_\alpha^{(1)}, \boldsymbol{\theta}\rangle \\ \langle\Delta\boldsymbol{\xi}_\alpha^{(2)}, \boldsymbol{\theta}\rangle \\ \langle\Delta\boldsymbol{\xi}_\alpha^{(3)}, \boldsymbol{\theta}\rangle \end{pmatrix} \tag{5.53}$$

と置く．式(5.46)より，$\boldsymbol{\xi}_\alpha^{(k)}$の誤差項$\Delta\boldsymbol{\xi}_\alpha^{(k)}$は次のようになる．

$$\Delta\boldsymbol{\xi}_\alpha^{(1)} = \begin{pmatrix} \Delta a_{\alpha(1)} \\ \Delta a_{\alpha(2)} \\ \Delta a_{\alpha(3)} \\ 0 \\ 0 \\ 0 \\ 0 \\ 0 \\ 0 \\ -\Delta a_{\alpha(1)} \end{pmatrix}, \quad \Delta\boldsymbol{\xi}_\alpha^{(2)} = \begin{pmatrix} 0 \\ 0 \\ 0 \\ \Delta a_{\alpha(1)} \\ \Delta a_{\alpha(2)} \\ \Delta a_{\alpha(3)} \\ 0 \\ 0 \\ 0 \\ -\Delta a'_{\alpha(2)} \end{pmatrix}, \quad \Delta\boldsymbol{\xi}_\alpha^{(3)} = \begin{pmatrix} 0 \\ 0 \\ 0 \\ 0 \\ 0 \\ 0 \\ \Delta a_{\alpha(1)} \\ \Delta a_{\alpha(2)} \\ \Delta a_{\alpha(3)} \\ -\Delta a'_{\alpha(3)} \end{pmatrix} \tag{5.54}$$

ただし，$\Delta a_{\alpha(i)}, \Delta a'_{\alpha(i)}$はそれぞれ，$\Delta\boldsymbol{a}_\alpha, \Delta\boldsymbol{a}'_\alpha$の第$i$成分である．$10 \times 6$行列$\boldsymbol{T}^{(1)}, \boldsymbol{T}^{(2)}, \boldsymbol{T}^{(3)}$を

$$\boldsymbol{T}^{(1)} = \begin{pmatrix} 1 & 0 & 0 & 0 & 0 & 0 \\ 0 & 1 & 0 & 0 & 0 & 0 \\ 0 & 0 & 1 & 0 & 0 & 0 \\ 0 & 0 & 0 & 0 & 0 & 0 \\ 0 & 0 & 0 & 0 & 0 & 0 \\ 0 & 0 & 0 & 0 & 0 & 0 \\ 0 & 0 & 0 & 0 & 0 & 0 \\ 0 & 0 & 0 & 0 & 0 & 0 \\ 0 & 0 & 0 & 0 & 0 & 0 \\ 0 & 0 & 0 & -1 & 0 & 0 \end{pmatrix}, \quad \boldsymbol{T}^{(2)} = \begin{pmatrix} 0 & 0 & 0 & 0 & 0 & 0 \\ 0 & 0 & 0 & 0 & 0 & 0 \\ 0 & 0 & 0 & 0 & 0 & 0 \\ 1 & 0 & 0 & 0 & 0 & 0 \\ 0 & 1 & 0 & 0 & 0 & 0 \\ 0 & 0 & 1 & 0 & 0 & 0 \\ 0 & 0 & 0 & 0 & 0 & 0 \\ 0 & 0 & 0 & 0 & 0 & 0 \\ 0 & 0 & 0 & 0 & 0 & 0 \\ 0 & 0 & 0 & 0 & -1 & 0 \end{pmatrix},$$

$$\boldsymbol{T}^{(3)} = \begin{pmatrix} 0 & 0 & 0 & 0 & 0 & 0 \\ 0 & 0 & 0 & 0 & 0 & 0 \\ 0 & 0 & 0 & 0 & 0 & 0 \\ 0 & 0 & 0 & 0 & 0 & 0 \\ 0 & 0 & 0 & 0 & 0 & 0 \\ 0 & 0 & 0 & 0 & 0 & 0 \\ 1 & 0 & 0 & 0 & 0 & 0 \\ 0 & 1 & 0 & 0 & 0 & 0 \\ 0 & 0 & 1 & 0 & 0 & 0 \\ 0 & 0 & 0 & 0 & 0 & -1 \end{pmatrix} \tag{5.55}$$

と定義すると，式 (5.54) は次のように書き直せる.

$$\Delta\boldsymbol{\xi}_\alpha^{(k)} = \boldsymbol{T}^{(k)} \begin{pmatrix} \Delta\boldsymbol{a}_\alpha \\ \Delta\boldsymbol{a}'_\alpha \end{pmatrix} \tag{5.56}$$

$\Delta\boldsymbol{\xi}_\alpha^{(k)}$ と $\Delta\boldsymbol{\xi}_\alpha^{(l)}$ の共分散行列を $V^{(kl)}[\boldsymbol{\xi}_\alpha]$ と書くと，次のようになる.

$$\begin{aligned} V^{(kl)}[\boldsymbol{\xi}_\alpha] &= E[\Delta\boldsymbol{\xi}_\alpha^{(k)} \Delta\boldsymbol{\xi}_\alpha^{(l)\top}] \\ &= \boldsymbol{T}^{(k)} \begin{pmatrix} E[\Delta\boldsymbol{a}_\alpha \Delta\boldsymbol{a}_\alpha^\top] & E[\Delta\boldsymbol{a}_\alpha \Delta\boldsymbol{a}'^\top_\alpha] \\ E[\Delta\boldsymbol{a}'_\alpha \Delta\boldsymbol{a}_\alpha^\top] & E[\Delta\boldsymbol{a}'_\alpha \Delta\boldsymbol{a}'^\top_\alpha] \end{pmatrix} \boldsymbol{T}^{(l)\top} \\ &= \sigma^2 \boldsymbol{T}^{(k)} \begin{pmatrix} V_0[\boldsymbol{a}_\alpha] & \boldsymbol{O} \\ \boldsymbol{O} & V_0[\boldsymbol{a}'_\alpha] \end{pmatrix} \boldsymbol{T}^{(l)\top} \end{aligned} \tag{5.57}$$

以下，これを次のように書く.

$$V^{(kl)}[\boldsymbol{\xi}_\alpha] = \sigma^2 V_0^{(kl)}[\boldsymbol{\xi}_\alpha],$$

$$V_0^{(kl)}[\boldsymbol{\xi}_\alpha] \equiv \boldsymbol{T}^{(k)} \begin{pmatrix} V_0[\boldsymbol{a}_\alpha] & \boldsymbol{O} \\ \boldsymbol{O} & V_0[\boldsymbol{a}'_\alpha] \end{pmatrix} \boldsymbol{T}^{(l)\top} \tag{5.58}$$

式 (5.53) の $\boldsymbol{\varepsilon}_\alpha$ の共分散行列 $V[\boldsymbol{\varepsilon}_\alpha]$ は次のように書ける．

$$\begin{aligned} V[\boldsymbol{\varepsilon}_\alpha] &= E[\boldsymbol{\varepsilon}_\alpha \boldsymbol{\varepsilon}_\alpha^\top] \\ &= \begin{pmatrix} E[\langle\boldsymbol{\theta}, \Delta\boldsymbol{\xi}_\alpha^{(1)}\rangle\langle\Delta\boldsymbol{\xi}_\alpha^{(1)}, \boldsymbol{\theta}\rangle] & E[\langle\boldsymbol{\theta}, \Delta\boldsymbol{\xi}_\alpha^{(1)}\rangle\langle\Delta\boldsymbol{\xi}_\alpha^{(2)}, \boldsymbol{\theta}\rangle] & E[\langle\boldsymbol{\theta}, \Delta\boldsymbol{\xi}_\alpha^{(1)}\rangle\langle\Delta\boldsymbol{\xi}_\alpha^{(3)}, \boldsymbol{\theta}\rangle] \\ E[\langle\boldsymbol{\theta}, \Delta\boldsymbol{\xi}_\alpha^{(2)}\rangle\langle\Delta\boldsymbol{\xi}_\alpha^{(1)}, \boldsymbol{\theta}\rangle] & E[\langle\boldsymbol{\theta}, \Delta\boldsymbol{\xi}_\alpha^{(2)}\rangle\langle\Delta\boldsymbol{\xi}_\alpha^{(2)}, \boldsymbol{\theta}\rangle] & E[\langle\boldsymbol{\theta}, \Delta\boldsymbol{\xi}_\alpha^{(2)}\rangle\langle\Delta\boldsymbol{\xi}_\alpha^{(3)}, \boldsymbol{\theta}\rangle] \\ E[\langle\boldsymbol{\theta}, \Delta\boldsymbol{\xi}_\alpha^{(3)}\rangle\langle\Delta\boldsymbol{\xi}_\alpha^{(1)}, \boldsymbol{\theta}\rangle] & E[\langle\boldsymbol{\theta}, \Delta\boldsymbol{\xi}_\alpha^{(3)}\rangle\langle\Delta\boldsymbol{\xi}_\alpha^{(2)}, \boldsymbol{\theta}\rangle] & E[\langle\boldsymbol{\theta}, \Delta\boldsymbol{\xi}_\alpha^{(3)}\rangle\langle\Delta\boldsymbol{\xi}_\alpha^{(3)}, \boldsymbol{\theta}\rangle] \end{pmatrix} \\ &= \begin{pmatrix} \boldsymbol{\theta}^\top E[\Delta\boldsymbol{\xi}_\alpha^{(1)}\Delta\boldsymbol{\xi}_\alpha^{(1)\top}]\boldsymbol{\theta} & \boldsymbol{\theta}^\top E[\Delta\boldsymbol{\xi}_\alpha^{(1)}\Delta\boldsymbol{\xi}_\alpha^{(2)\top}]\boldsymbol{\theta} & \boldsymbol{\theta}^\top E[\Delta\boldsymbol{\xi}_\alpha^{(1)}\Delta\boldsymbol{\xi}_\alpha^{(3)\top}]\boldsymbol{\theta} \\ \boldsymbol{\theta}^\top E[\Delta\boldsymbol{\xi}_\alpha^{(2)}\Delta\boldsymbol{\xi}_\alpha^{(1)\top}]\boldsymbol{\theta} & \boldsymbol{\theta}^\top E[\Delta\boldsymbol{\xi}_\alpha^{(2)}\Delta\boldsymbol{\xi}_\alpha^{(2)\top}]\boldsymbol{\theta} & \boldsymbol{\theta}^\top E[\Delta\boldsymbol{\xi}_\alpha^{(2)}\Delta\boldsymbol{\xi}_\alpha^{(3)\top}]\boldsymbol{\theta} \\ \boldsymbol{\theta}^\top E[\Delta\boldsymbol{\xi}_\alpha^{(3)}\Delta\boldsymbol{\xi}_\alpha^{(1)\top}]\boldsymbol{\theta} & \boldsymbol{\theta}^\top E[\Delta\boldsymbol{\xi}_\alpha^{(3)}\Delta\boldsymbol{\xi}_\alpha^{(2)\top}]\boldsymbol{\theta} & \boldsymbol{\theta}^\top E[\Delta\boldsymbol{\xi}_\alpha^{(3)}\Delta\boldsymbol{\xi}_\alpha^{(3)\top}]\boldsymbol{\theta} \end{pmatrix} \\ &= \sigma^2 \boldsymbol{V}_\alpha \end{aligned} \tag{5.59}$$

ただし，次のように置いた．

$$\boldsymbol{V}_\alpha \equiv \begin{pmatrix} \langle\boldsymbol{\theta}, V_0^{(11)}[\boldsymbol{\xi}_\alpha]\boldsymbol{\theta}\rangle & \langle\boldsymbol{\theta}, V_0^{(12)}[\boldsymbol{\xi}_\alpha]\boldsymbol{\theta}\rangle & \langle\boldsymbol{\theta}, V_0^{(13)}[\boldsymbol{\xi}_\alpha]\boldsymbol{\theta}\rangle \\ \langle\boldsymbol{\theta}, V_0^{(21)}[\boldsymbol{\xi}_\alpha]\boldsymbol{\theta}\rangle & \langle\boldsymbol{\theta}, V_0^{(22)}[\boldsymbol{\xi}_\alpha]\boldsymbol{\theta}\rangle & \langle\boldsymbol{\theta}, V_0^{(23)}[\boldsymbol{\xi}_\alpha]\boldsymbol{\theta}\rangle \\ \langle\boldsymbol{\theta}, V_0^{(31)}[\boldsymbol{\xi}_\alpha]\boldsymbol{\theta}\rangle & \langle\boldsymbol{\theta}, V_0^{(32)}[\boldsymbol{\xi}_\alpha]\boldsymbol{\theta}\rangle & \langle\boldsymbol{\theta}, V_0^{(33)}[\boldsymbol{\xi}_\alpha]\boldsymbol{\theta}\rangle \end{pmatrix} \tag{5.60}$$

したがって，$\boldsymbol{\varepsilon}_\alpha$, $\alpha = 1, \ldots, N$ のマハラノビス距離が次のように書ける．

$$J = \frac{\sigma^2}{2} \sum_{\alpha=1}^N \langle\boldsymbol{\varepsilon}_\alpha, V[\boldsymbol{\varepsilon}_\alpha]^{-1}\boldsymbol{\varepsilon}_\alpha\rangle = \frac{1}{2} \sum_{\alpha=1}^N \langle\boldsymbol{\varepsilon}_\alpha, \boldsymbol{W}_\alpha\boldsymbol{\varepsilon}_\alpha\rangle \tag{5.61}$$

ただし，行列 $\boldsymbol{W}_\alpha$ を

$$\boldsymbol{W}_\alpha = \boldsymbol{V}_\alpha^{-1} \tag{5.62}$$

と定義した．やはり，ノイズレベル σ は知る必要がない．行列 $\boldsymbol{W}_\alpha$ の (k, l) 要素を $W_\alpha^{(kl)}$ と書き，式 (5.53) を代入すると，式 (5.61) の残差 J は次のように書ける．

$$J = \frac{1}{2} \sum_{\alpha=1}^N \sum_{k,l=1}^3 W_\alpha^{(kl)} \langle\boldsymbol{\xi}_\alpha^{(k)}, \boldsymbol{\theta}\rangle\langle\boldsymbol{\xi}_\alpha^{(l)}, \boldsymbol{\theta}\rangle \tag{5.63}$$

これは式 (5.35) と同じ形をしているので，これを最小にする 10 次元単位ベクトル $\boldsymbol{\theta}$ が前節の FNS 法によって求まるように思える．ただし，大きな違いは，式 (5.51) の拘束条件の存在である．しかし，FNS 法を修正して，反

復が終了した時点で式 (5.51) が満たされるようにすることができる．そのポイントは，式 (5.51) が

$$\langle \nabla_{\boldsymbol{\theta}} \phi_i, \boldsymbol{\theta} \rangle = 0, \quad i = 1, \ldots, 6 \tag{5.64}$$

と書けることである．$\phi_i(\boldsymbol{\theta})$, $i = 1, \ldots, 6$ はすべて $\boldsymbol{\theta}$ の同次 2 次式であるから，任意の実数 t に対して，恒等的に $\phi_i(t\boldsymbol{\theta}) = t^2\phi_i(\boldsymbol{\theta})$ が成り立つ．両辺を t で微分すると，$\langle \nabla_{\boldsymbol{\theta}}(t\boldsymbol{\theta}), \boldsymbol{\theta} \rangle = 2t\phi_i(\boldsymbol{\theta})$ となり，$t = 1$ と置くと，

$$\langle \nabla_{\boldsymbol{\theta}} \phi_i, \boldsymbol{\theta} \rangle = 2\phi_i(\boldsymbol{\theta}) \tag{5.65}$$

となる．ゆえに，式 (5.51) と式 (5.64) は等価である．

$\nabla_{\boldsymbol{\theta}} \phi_i$ は，$\boldsymbol{\theta}$ の 10 次元空間における曲面 $\phi_i(\boldsymbol{\theta}) = 0$ の法線ベクトルである．式 (5.51) は，$\boldsymbol{\theta}$ がこれら 10 個の式の定義する 10 枚の曲面上にあることを述べている．これは，式 (5.64) より，$\boldsymbol{\theta}$ がそれら 10 枚の曲面に直交することと同値である．この事実を用いて，FNS 法の各反復ステップで，$\boldsymbol{\theta}$ の 10 次元空間において，解 $\boldsymbol{\theta}$ を $\nabla_{\boldsymbol{\theta}} \phi_i$, $i = 1, \ldots, 6$ に直交する 4 次元部分空間に射影する．このように修正したものは**拡張 FNS 法** (EFNS: Extended Fundamental Numerical Scheme) と呼ばれる．これに対しても，問題 5.4 と同様の議論により，反復が収束した時点では $\nabla_{\boldsymbol{\theta}} J = \mathbf{0}$，かつ式 (5.64) を満たす $\boldsymbol{\theta}$ が計算されることが示される．

5.6 さらに勉強したい人へ

本章で考えた問題は，次のように一般化できる．誤差のないデータ $\bar{\boldsymbol{a}}_\alpha$, $\bar{\boldsymbol{a}}'_\alpha$, $\alpha = 1, \ldots, N$ が,

$$F^{(k)}(\bar{\boldsymbol{a}}_\alpha, \bar{\boldsymbol{a}}'_\alpha, \boldsymbol{\theta}) = 0, \quad k = 1, \ldots, L, \quad \alpha = 1, \ldots, N \tag{5.66}$$

の形の式を満たすとする．ここに $\boldsymbol{\theta}$ は $\bar{\boldsymbol{a}}_\alpha$ と $\bar{\boldsymbol{a}}'_\alpha$ を結びつける関係を指定するパラメータである．例えば $\bar{\boldsymbol{a}}_\alpha$ と $\bar{\boldsymbol{a}}'_\alpha$ の関係が剛体回転であるという条件は式 (5.7), (5.24), (5.49) のように書ける．そして，$\boldsymbol{\theta}$ が回転を指定するパラメータ（回転行列 $\boldsymbol{R}$，四元数 q，あるいは式 (5.48) のベクトル $\boldsymbol{\theta}$）である．しかし，$\bar{\boldsymbol{a}}_\alpha$ と $\bar{\boldsymbol{a}}'_\alpha$ は直接には観測できず，観測できるのは，それに誤差が

加わった $\boldsymbol{a}_\alpha$, $\boldsymbol{a}'_\alpha$, $\alpha = 1, \ldots, N$ であるとする．これから $\boldsymbol{\theta}$ を推定したいとする．

この問題を解くには，誤差のモデルを導入し，$\bar{\boldsymbol{a}}_\alpha$, $\bar{\boldsymbol{a}}'_\alpha$ が式 (5.66) を満たすという条件のもとで，真の値 $\bar{\boldsymbol{a}}_\alpha$, $\bar{\boldsymbol{a}}'_\alpha$ が観測値 $\boldsymbol{a}_\alpha$, $\boldsymbol{a}'_\alpha$ になるべく近くなるように $\boldsymbol{\theta}$ を推定する．$\boldsymbol{a}_\alpha$, $\boldsymbol{a}'_\alpha$, $\alpha = 1, \ldots, N$ の誤差が，期待値 $\boldsymbol{0}$ で式 (5.8) の共分散行列を持つ正規分布に従うなら，これは，式 (5.66) のもとで，式 (5.10) のマハラノビス距離を最小化する問題となる．画像からデータを得るコンピュータビジョンでは，式 (5.10) は伝統的に「再投影誤差」(reprojection error) と呼ばれている．

式 (5.66) の拘束条件としては，回転だけでなく，並進，剛体運動，相似変換，アフィン変換，射影変換などいろいろなものが考えられる．さらには，カメラの撮像の幾何学的関係から得られる「基礎行列」(fundamental matrix)（これについては6.7節で述べる）や「射影変換行列」(homography matrix) と呼ばれる量の計算もこの形となる．このように指定された拘束条件のもとで，式 (5.10) のマハラノビス距離，あるいは再投影誤差を最小にすることが，$\boldsymbol{\theta}$ の最尤推定である．

この問題が統計学における通常の最尤推定と異なるのは，最小にすべき式 (5.10) の目的関数に求めたい未知数 $\boldsymbol{\theta}$ が含まれず，式 (5.66) の拘束条件のほうに含まれていることである．このため，一般には $\bar{\boldsymbol{a}}_\alpha$, $\bar{\boldsymbol{a}}'_\alpha$, $\alpha = 1, \ldots, N$ と $\boldsymbol{\theta}$ をすべて未知数とみなして，高次元空間で探索を行わなければならない．このとき，求めたい $\boldsymbol{\theta}$ は「構造パラメータ」(structural parameter)，付随的な $\bar{\boldsymbol{a}}_\alpha$, $\bar{\boldsymbol{a}}'_\alpha$, $\alpha = 1, \ldots, N$ は「撹乱パラメータ[2)]」(nuisance parameter) と呼ばれる．

しかし，式 (5.66) の拘束条件が，$\bar{\boldsymbol{a}}_\alpha$, $\bar{\boldsymbol{a}}'_\alpha$ および $\boldsymbol{\theta}$ に関して線形であれば，ラグランジュ乗数を用いて撹乱パラメータを消去して，式 (5.11), (5.35) のような，構造パラメータ $\boldsymbol{\theta}$ のみの関数として書き直すことができる．あるいは，式 (5.14), (5.25), (5.53) のような，誤差がなければ $\boldsymbol{0}$ となる量 $\boldsymbol{\varepsilon}_\alpha$ を定義して，その共分散行列 $V[\boldsymbol{\varepsilon}_\alpha]$ を計算し，$\boldsymbol{\varepsilon}_\alpha$ のマハラノビス距離から残差

---

2) 統計学では「撹乱母数」(nuisance parameter) と呼ばれている．

J の式を導いても，同じ結果が得られる．

しかし，式 (5.66) が $\bar{\boldsymbol{a}}_\alpha$, $\bar{\boldsymbol{a}}'_\alpha$ に関して線形でなくても，テイラー展開して $\boldsymbol{a}_\alpha$, $\boldsymbol{a}'_\alpha$ の高次の誤差項を無視すれば，やはり，式 (5.11), (5.35) のような $\boldsymbol{\theta}$ のみの関数として書き直せる．具体的には，$\bar{\boldsymbol{a}}_\alpha$, $\bar{\boldsymbol{a}}'_\alpha$ をそれぞれ式 (5.6) より $\boldsymbol{a}_\alpha - \Delta\boldsymbol{a}_\alpha$, $\boldsymbol{a}'_\alpha - \Delta\boldsymbol{a}'_\alpha$ に置き換え，テイラー展開により $\Delta\boldsymbol{a}_\alpha$, $\Delta\boldsymbol{a}'_\alpha$ の 2 次以上の項を無視して，ラグランジュ乗数を用いる．あるいは，ε_α の共分散行列の評価の過程で，$\Delta\boldsymbol{a}_\alpha$, $\Delta\boldsymbol{a}'_\alpha$ の期待値が $\boldsymbol{0}$ であることを用い，2 次の項の期待値を共分散行列に置き換え，4 次以上の項を無視する（3 次の項の期待値は，確率分布の対称性より $\boldsymbol{0}$）．いずれも同じ結果となるが，得られる関数は再投影誤差の近似であり，楕円当てはめにおいてこの近似を用いた P. D. Sampson にちなんで，「サンプソン誤差」(Sampson error) と呼ばれている．

本章で用いた FNS 法は，楕円当てはめや基礎行列の計算に関連して，サンプソン誤差を最小化するために Chojnacki ら [6] によって導入された．これは式 (5.66) の拘束条件が単独の式，すなわち $L = 1$ の場合に当たる．$L > 1$ の場合の FNS 法の拡張は，射影変換行列の計算に関連して，Kanatani ら [26] によって与えられた．サンプソン誤差は再投影誤差の近似であるが，FNS 法によってサンプソン誤差を最小化する値を計算し，それを用いてサンプソン誤差を修正し，これを数回反復するとサンプソン誤差が再投影誤差に収束することが示される [27, 29]．

しかし，いろいろな実験によると，サンプソン誤差は再投影誤差の非常によい近似であり，サンプソン誤差を最小にする $\boldsymbol{\theta}$ と真の最尤推定値はほぼ一致することが知られている（先頭の有効数字が 3, 4 桁一致する）．すなわち，サンプソン誤差最小化と再投影誤差最小化は実質的に同等である．本章で扱う回転の場合は，拘束条件が初めから $\bar{\boldsymbol{a}}_\alpha$, $\bar{\boldsymbol{a}}'_\alpha$ に関して線形であるため，サンプソン誤差と再投影誤差は一致し，FNS 法によって厳密な最尤推定解が得られる．

四元数を用いれば，回転の拘束が線形な式で書けることに着目して，異方性誤差のもとで最尤推定が計算できることを指摘したのは，Ohta ら [36] である．ただし，彼らは FNS 法ではなく，FNS 法と似た，やはり固有値問題の反復に帰着させる「くりこみ法」(renormalization) と呼ばれる手法を用いている．これによっても，統計的に最尤推定と同等な解が得られる．彼らは2台のカメラによるステレオ視による三角測量の共分散行列を評価して，剛体回転を計算し，その計算の信頼性評価を行っている（信頼性評価については第7章で述べる）．くりこみ法は「代数的方法」(algebraic method) と呼ばれる範疇に属し，それに対してFNS法は「幾何学的方法」(geometric method) の範疇に属している．両者の関係は文献 [30, 32] に詳しい．

5.5節の同次拘束条件による拡張FNS法は，基本的な考え方をサンプソン誤差の最小化に対してChojnackiら [7] が提案し，「拘束FNS法」(CFNS: Constrained Fundamental Numerical Scheme) として示した．しかし，Kanataniら [28] は，これによって正しい解が得られるとは限らないことを指摘し，常に正しい解が得られるように修正して，「拡張FNS法」(EFNS: Extended Fundamental Numerical Scheme) と呼んだ．そして，それを2画像からの基礎行列の計算に適用した [28]．また，地盤のGPS計測データを用いて，回転を含んだ剛体運動やアフィン変換を計算した [25]．この方法は異なる運動を統一的に推定できるという利点があるが，解から離れた値から反復を開始すると反復が必ずしも収束しない．そのため，よい初期値が必要である．回転の場合は，まず前章で述べた等方性誤差に対する方法（特異値分解による方法，四元数による方法）によって近似解を計算し，それを初期値として拡張FNS法を開始する．

第5章の問題

5.1. 式 (5.7) の条件に対するラグランジュ乗数を用いて，式 (5.10) のマハラノビス距離から $\bar{\boldsymbol{a}}_\alpha$, $\bar{\boldsymbol{a}}'_\alpha$ を消去すると，式 (5.11) が得られることを示せ．

5.2. (1) ベクトル $\boldsymbol{a}$ が回転軸 $\boldsymbol{l}$（単位ベクトル）の周りに角度 Ω だけ回転して $\boldsymbol{a}'$ に移動するとき（図5.2），次の関係が成り立つことを示せ．

$$\boldsymbol{a}' - \boldsymbol{a} = 2\tan\frac{\Omega}{2}\boldsymbol{l} \times \frac{\boldsymbol{a}' + \boldsymbol{a}}{2} \tag{5.67}$$

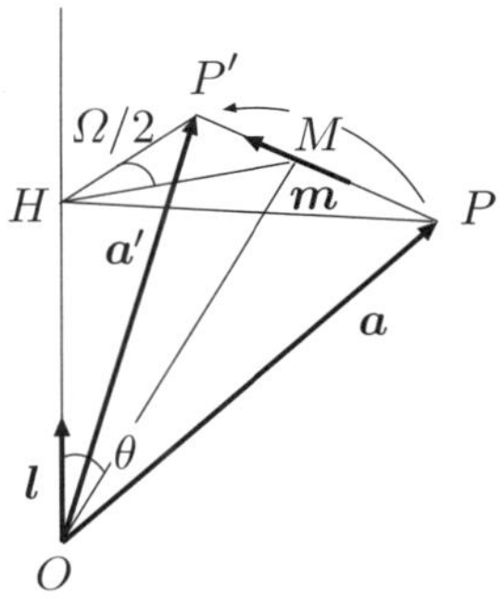

図5.2　ベクトル $\boldsymbol{a}$ が軸 $\boldsymbol{l}$ の周りに角度 Ω だけ回転して $\boldsymbol{a}'$ に移る.

(2) これから式 (5.20) が得られることを示せ.

5.3. 式 (5.36) を導け.

ヒント：式 (5.34) より，$\boldsymbol{V}_\alpha \boldsymbol{W}_\alpha = \boldsymbol{I}$ である．これを $\boldsymbol{q}$ で微分する.

5.4. FNS 法の反復が収束した時点では，式 (5.42) の λ は 0 であることを示せ.

第6章
微分による最適化：リー代数の方法

第 4, 5 章では，最尤推定を表す特別な形の関数 $J(\boldsymbol{R})$ を最小化した．そして，その形の特殊性を利用して，特異値分解や四元数表示により直接的に解を求めたり，FNS 法のように固有値計算を反復した．本章では $J(\boldsymbol{R})$ が一般の関数の場合を考える．まず，微小回転を考えれば，回転行列 $\boldsymbol{R}$ をパラメータ化する必要がないことを指摘し，「リー代数」と呼ぶ各座標軸周りの無限小回転が生成する線形空間を定義する．また，微小回転と角速度の関係を調べ，回転の指数関数表示を導く．そして，これを利用した「リー代数の方法」と呼ぶ方法によって関数 $J(\boldsymbol{R})$ を最小化する手順を述べる．最後にこれを，回転の最尤推定に適用するとともに，コンピュータビジョンの中心テーマのある「基礎行列」の計算，および「バンドル調整」による 3 次元復元手法に応用する．

6.1 微分による回転の最適化

第 4, 5 章ではデータの回転を推定するのに，回転行列 $\boldsymbol{R}$ のある関数 $J(\boldsymbol{R})$ を最小化した．そして，$J(\boldsymbol{R})$ が最尤推定を表す特別な形をしていることを利用して，特異値分解や四元数表示により直接的に解を求めたり，回転を線形な拘束条件に置き換えて，FNS 法のような固有値計算の反復に帰着させた．本章では $J(\boldsymbol{R})$ が一般の形の関数の場合を考える．

すぐに考えられるのは，回転行列をパラメータ（例えば回転軸と回転角，オイラー角，四元数など）で表し，関数 J をそのパラメータに関して微分し，J の値が減少するように各パラメータを微小変化させ，これを反復することである．このような方法は一般に「勾配法」と呼ばれ，収束を速めるさまざまな工夫が考えられている．よく知られているものに「最急降下法（山登り法）」，「共役勾配法」，「ニュートン法」，「ガウス・ニュートン法」，「レーベンバーグ・マーカート法」がある．

しかし，このような勾配法を用いるのであれば，回転行列 $\boldsymbol{R}$ のパラメータ化は必要ない．そもそも，「微分」とは変数の微小変化に対する関数値の変化の割合のことである．したがって，回転 $\boldsymbol{R}$ に関する微分とは，微小回転を加えたときの関数値の変化の計算である．このため，微小回転さえパラメータ化できればよい．そのパラメータを用いて，$J(\boldsymbol{R})$ が最も減少するような微小回転を計算し，現在の回転 $\boldsymbol{R}$ にその微小回転を加えた回転を改めて現在の回転 $\boldsymbol{R}$ とみなす．そして，またその周りの微小回転を計算し，これを反復する．こうすると，計算機内部では各ステップごとに $\boldsymbol{R}$ が更新されるので，$\boldsymbol{R}$ をパラメータで表す必要がない．この方法を「リー代数の方法」と呼び，本章でその手順を示す．

この方法の利点の一つは，回転のパラメータの特異点を気にする必要がないことである．どういうパラメータ化を用いても，パラメータが特殊な値をとるとき（パラメータ化によるが，$\boldsymbol{R}$ が恒等変換や半回転や 360 度回転に一致するとき起こりやすい），パラメータが一意的に定まらなかったり，パラメータを微小変化させても回転の変化が生じない（生じても高次の無限小）などの特異性を持つことがある（3.3 節で述べた，オイラー角を用いるときの「ジンバルロック」はその典型例である）．このような特異点において，数値計算では数値的な不安定が生じやすい．理論的に特異点のないパラメータ化（3 次元空間全体への滑らかな写像）は存在しないことが知られている．ただし，このような特異点が生じるのはごくまれであり，実際問題ではほとんど考えなくてよい．しかし，「リー代数の方法」ではそれを全く考慮する必要がない．

「リー代数」とは各座標軸周りの無限小回転が生成する線形空間のことである．これを説明するために，まず微小回転と角速度の関係を調べる．そして，回転の指数関数表示を導き，無限小回転の生成するリー代数を定式化する．次にそれを利用した $J(\boldsymbol{R})$ の最小化の手順を示し，いくつかの問題への応用を述べる．

6.2　微小回転と角速度

回転行列 $\boldsymbol{R}$ がある軸の周りの微小な角度 $\Delta\Omega$ の回転を表すとすると，次の形にテイラー展開できる．

$$\boldsymbol{R} = \boldsymbol{I} + \boldsymbol{A}\Delta\Omega + O(\Delta\Omega)^2 \tag{6.1}$$

$\boldsymbol{A}$ は何らかの行列であり，$O(\Delta\Omega)^2$ は $\Delta\Omega$ の2次以上の項を表す．$\boldsymbol{R}$ は回転行列であるから，

$$\begin{aligned}\boldsymbol{R}\boldsymbol{R}^\top &= (\boldsymbol{I} + \boldsymbol{A}\Delta\Omega + O(\Delta\Omega)^2)(\boldsymbol{I} + \boldsymbol{A}\Delta\Omega + O(\Delta\Omega)^2)^\top \\ &= \boldsymbol{I} + (\boldsymbol{A} + \boldsymbol{A}^\top)\Delta\Omega + O(\Delta\Omega)^2\end{aligned} \tag{6.2}$$

が任意の $\Delta\Omega$ に対して恒等的に $\boldsymbol{I}$ でなければならない．ゆえに $\boldsymbol{A} + \boldsymbol{A}^\top = \boldsymbol{O}$，すなわち

$$\boldsymbol{A}^\top = -\boldsymbol{A} \tag{6.3}$$

である．これは $\boldsymbol{A}$ が反対称行列であることを意味する．したがって，ある l_1, l_2, l_3 によって，

$$\boldsymbol{A} = \begin{pmatrix} 0 & -l_3 & l_2 \\ l_3 & 0 & -l_1 \\ -l_2 & l_1 & 0 \end{pmatrix} \tag{6.4}$$

と書ける．ベクトル $\boldsymbol{a} = \begin{pmatrix} a_i \end{pmatrix}$ がこの微小回転によって $\boldsymbol{a}'$ に移るとすると，次のように書ける．

$$\begin{aligned}\boldsymbol{a}' &= (\boldsymbol{I} + \boldsymbol{A}\Delta\Omega + O(\Delta\Omega)^2)\boldsymbol{a} \\ &= \boldsymbol{a} + \begin{pmatrix} 0 & -l_3 & l_2 \\ l_3 & 0 & -l_1 \\ -l_2 & l_1 & 0 \end{pmatrix}\begin{pmatrix} a_1 \\ a_2 \\ a_3 \end{pmatrix}\Delta\Omega + O(\Delta\Omega)^2 \\ &= \boldsymbol{a} + \begin{pmatrix} l_2a_3 - l_3a_2 \\ l_3a_1 - l_1a_3 \\ l_1a_2 - l_2a_1 \end{pmatrix}\Delta\Omega + O(\Delta\Omega)^2 \\ &= \boldsymbol{a} + \boldsymbol{l} \times \boldsymbol{a}\Delta\Omega + O(\Delta\Omega)^2\end{aligned} \tag{6.5}$$

ただし，$\boldsymbol{l} = \begin{pmatrix} l_i \end{pmatrix}$ と置いた．これが連続的な回転であり，微小時間 Δt の間の変化であるとすると，$\boldsymbol{a}$ の変化速度が次のようになる．

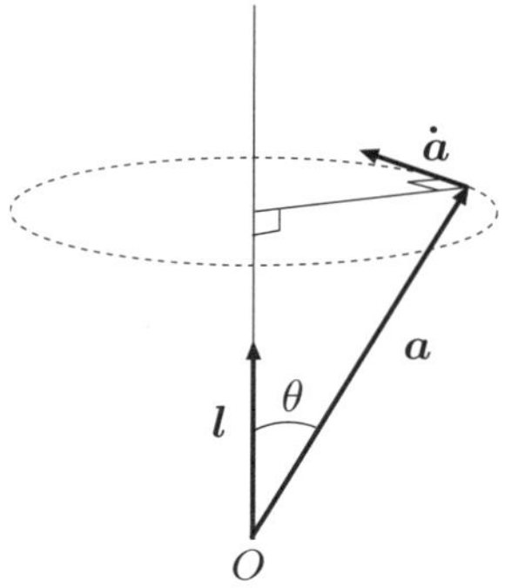

図 6.1 単位ベクトル $\boldsymbol{l}$ 方向の回転軸の周りに角速度 ω で回転するベクトル $\boldsymbol{a}$ とその速度ベクトル $\dot{\boldsymbol{a}}$.

$$\dot{\boldsymbol{a}} = \lim_{\Delta t \to 0} \frac{\boldsymbol{a}' - \boldsymbol{a}}{\Delta t} = \omega \boldsymbol{l} \times \boldsymbol{a} \tag{6.6}$$

ただし，**角速度** (angular velocity) ω を

$$\omega = \lim_{\Delta t \to 0} \frac{\Delta \Omega}{\Delta t} \tag{6.7}$$

と置いた．式 (6.6) は速度ベクトル $\dot{\boldsymbol{a}}$ が $\boldsymbol{l}$ と $\boldsymbol{a}$ に直交し，その大きさが $\boldsymbol{l}$ と $\boldsymbol{a}$ の作る平行四辺形の面積の ω 倍であることを意味する．一方，回転速度 $\dot{\boldsymbol{a}}$ は $\boldsymbol{a}$ および回転軸に直交する．そして，$\boldsymbol{a}$ と回転軸の成す角を θ とすると，$\boldsymbol{a}$ の先端と回転軸との距離は $\|\boldsymbol{a}\| \sin\theta$ である（図 6.1）．したがって，$\|\dot{\boldsymbol{a}}\| = \omega \|\boldsymbol{a}\| \sin\theta$ である．$\dot{\boldsymbol{a}}$ が $\boldsymbol{l}$ と $\boldsymbol{a}$ に直交し，$\|\dot{\boldsymbol{a}}\| = \omega \|\boldsymbol{a}\| \sin\theta$ が $\boldsymbol{l}$ と $\boldsymbol{a}$ の作る平行四辺形の面積であるということは，$\boldsymbol{l}$ が**回転軸方向の単位ベクトル**であることを意味する．

式 (6.5) は，回転行列 $\boldsymbol{R}$ を回転角 Ω と回転軸 $\boldsymbol{l}$（単位ベクトル）で表す式 (3.20) のロドリーグの式からも得られる（↪ 問題 6.1）．物理学においては，角速度 ω と回転軸 $\boldsymbol{l}$ を合わせて $\boldsymbol{\omega} = \omega \boldsymbol{l}$ と置いて，**角速度ベクトル** (angular velocity vector) と呼ぶ．これを用いると，式 (6.6) は次のように書ける．

$$\dot{\boldsymbol{a}} = \boldsymbol{\omega} \times \boldsymbol{a} \tag{6.8}$$

6.3 回転の指数関数表示

回転軸 $\boldsymbol{l}$（単位ベクトル）の周りの角度 Ω の回転を $\boldsymbol{R_l}(\Omega)$ と書けば，式(6.1) は $\boldsymbol{R_l}(\Delta\Omega)$ と書ける．回転 $\boldsymbol{R_l}(\Omega)$ に微小回転 $\boldsymbol{R_l}(\Delta\Omega)$ を合成すれば，$\boldsymbol{R_l}(\Delta\Omega)\boldsymbol{R_l}(\Omega) = \boldsymbol{R_l}(\Omega+\Delta\Omega)$ が得られるから，$\boldsymbol{R_l}(\Omega)$ の Ω に関する微分が次のように書ける．

$$\begin{aligned}\frac{d\boldsymbol{R_l}(\Omega)}{d\Omega} &= \lim_{\Delta\Omega\to 0}\frac{\boldsymbol{R_l}(\Omega+\Delta\Omega)-\boldsymbol{R_l}(\Omega)}{\Delta\Omega}\\ &= \lim_{\Delta\Omega\to 0}\frac{\boldsymbol{R_l}(\Delta\Omega)\boldsymbol{R_l}(\Omega)-\boldsymbol{R_l}(\Omega)}{\Delta\Omega}\\ &= \lim_{\Delta\Omega\to 0}\frac{\boldsymbol{R_l}(\Delta\Omega)-\boldsymbol{I}}{\Delta\Omega}\boldsymbol{R_l}(\Omega) = \boldsymbol{A}\boldsymbol{R_l}(\Omega)\end{aligned} \tag{6.9}$$

これを何度も微分すると，次のようになる（引数 (Ω) は省略）．

$$\frac{d^2\boldsymbol{R_l}}{d\Omega^2} = \boldsymbol{A}\frac{d\boldsymbol{R_l}}{d\Omega} = \boldsymbol{A}^2\boldsymbol{R_l}, \quad \frac{d^3\boldsymbol{R_l}}{d\Omega^2} = \boldsymbol{A}^2\frac{d\boldsymbol{R_l}}{d\Omega} = \boldsymbol{A}^3\boldsymbol{R_l}, \ \ldots \tag{6.10}$$

$\boldsymbol{R_l}(0) = \boldsymbol{I}$ であるから，$\boldsymbol{R_l}(\Omega)$ の $\Omega = 0$ の周りのテイラー展開が次のように書ける．

$$\begin{aligned}\boldsymbol{R_l}(\Omega) &= \boldsymbol{I} + \left.\frac{d\boldsymbol{R}}{d\Omega}\right|_{\Omega=0}\Omega + \frac{1}{2}\left.\frac{d^2\boldsymbol{R}}{d\Omega^2}\right|_{\Omega=0}\Omega^2 + \frac{1}{3!}\left.\frac{d^3\boldsymbol{R}}{d\Omega^3}\right|_{\Omega=0}\Omega^3 + \cdots\\ &= \boldsymbol{I} + \Omega\boldsymbol{A} + \frac{\Omega}{2}\boldsymbol{A}^2 + \frac{\Omega}{3!}\boldsymbol{A}^3 + \cdots = e^{\Omega\boldsymbol{A}}\end{aligned} \tag{6.11}$$

ただし，行列の指数関数は級数展開によって，次のように定義する．

$$e^{\boldsymbol{X}} = \sum_{k=0}^{\infty}\frac{\boldsymbol{X}^k}{k!} \tag{6.12}$$

行列 $\boldsymbol{A}$ は式(6.4) で与えられ，式(6.11) は $\boldsymbol{R_l}(\Omega)$ を回転軸 $\boldsymbol{l}$ と回転角 Ω で表す式である．ゆえに，これは式(3.20) のロドリーグの式に一致しているはずである．

角速度ベクトルと同様にして，回転軸 $\boldsymbol{l}$ と回転角 Ω を合わせて，一つのベクトル

$$\boldsymbol{\Omega} = \Omega\boldsymbol{l} \tag{6.13}$$

で表し，便宜上，これを回転ベクトル (rotation vector) と呼ぶ．そして，これを表す回転行列を $\boldsymbol{R}(\boldsymbol{\Omega})$ と書く．$\Omega_1 = \Omega l_1$，$\Omega_2 = \Omega l_2$，$\Omega_3 = \Omega l_3$ であ

るから，行列 $\boldsymbol{A}_1$, $\boldsymbol{A}_2$, $\boldsymbol{A}_3$ を

$$\boldsymbol{A}_1 = \begin{pmatrix} 0 & 0 & 0 \\ 0 & 0 & -1 \\ 0 & 1 & 0 \end{pmatrix}, \quad \boldsymbol{A}_2 = \begin{pmatrix} 0 & 0 & 1 \\ 0 & 0 & 0 \\ -1 & 0 & 0 \end{pmatrix}, \quad \boldsymbol{A}_3 = \begin{pmatrix} 0 & -1 & 0 \\ 1 & 0 & 0 \\ 0 & 0 & 0 \end{pmatrix} \tag{6.14}$$

と定義すると，式 (6.4) は次のように書ける．

$$\Omega\boldsymbol{A} = \Omega_1\boldsymbol{A}_1 + \Omega_2\boldsymbol{A}_2 + \Omega_3\boldsymbol{A}_3 \tag{6.15}$$

したがって，式 (6.11) が次のように書ける．

$$\boldsymbol{R}(\boldsymbol{\Omega}) = e^{\Omega_1\boldsymbol{A}_1+\Omega_2\boldsymbol{A}_2+\Omega_3\boldsymbol{A}_3} \tag{6.16}$$

これは式 (3.20) と同じ行列を表す．

6.4 無限小回転のリー代数

回転 $\boldsymbol{R}$ があるパラメータ t とともに連続的に変化し，$t = 0$ が単位行列 $\boldsymbol{I}$ に対応するとする．t は回転角と考えてもよいし，時刻と考えてもよい．このとき，$t \approx 0$ に対する $\boldsymbol{R}(t)$ の“線形な変化”を，すなわち，t の微小変化 δt に関して展開して，δt の 2 次以上の項を無視するとき，これを**無限小回転** (infinitesimal rotation) と呼ぶ．式 (6.1) からわかるように，無限小回転はある反対称行列 $\boldsymbol{A}$ によって

$$\boldsymbol{I} + \boldsymbol{A}\delta t \tag{6.17}$$

と表せる．この反対称行列 $\boldsymbol{A}$ を無限小回転の**生成子** (generator) と呼ぶ．前節に示したように，この無限小回転をそのまま続けると有限回転 $e^{t\boldsymbol{A}}$ が得られる．無限小回転は何倍しても，生成子が定数倍されるだけで，依然として無限小回転である．一見矛盾するように思えるが，これは無限小回転を“線形な変化”と定義しているためである．t を時刻と考えれば，瞬間的な回転速度が大きくなるだけである．

無限小回転の合成も無限小回転である．実際，二つの無限小回転 $\boldsymbol{I} + \boldsymbol{A}\delta t$, $\boldsymbol{I} + \boldsymbol{A}'\delta t$ を合成すると

$$(\boldsymbol{I} + \boldsymbol{A}'\delta t)(\boldsymbol{I} + \boldsymbol{A}\delta t) = \boldsymbol{I} + (\boldsymbol{A} + \boldsymbol{A}')\delta t \\ (= (\boldsymbol{I} + \boldsymbol{A}\delta t)(\boldsymbol{I} + \boldsymbol{A}'\delta t)) \tag{6.18}$$

である（δt の2次以上の項は常に無視することに注意）．これからわかるように，有限回転と異なり，無限小回転の合成は**可換** (commutative) である（合成の順序によらない ↪3.1節）．そして，生成子はそれぞれの生成子の和である．このように，各々の無限小回転をその生成子と同一視すれば，**無限小回転の全体はベクトル空間を作る**．

ベクトル空間に積を定義したものを**代数系** (algebra)，あるいは単に**代数** (algebra) と呼ぶ．無限小回転の集合は，生成子 $\boldsymbol{A}$, $\boldsymbol{B}$ の間に次の積を定義して代数系とみなすことができる．

$$[\boldsymbol{A}, \boldsymbol{B}] = \boldsymbol{A}\boldsymbol{B} - \boldsymbol{B}\boldsymbol{A} \tag{6.19}$$

これを**交換子積** (commutator) と呼ぶ．定義より，これは**反可換** (anticommutative)，すなわち，

$$[\boldsymbol{A}, \boldsymbol{B}] = -[\boldsymbol{B}, \boldsymbol{A}] \tag{6.20}$$

である．また，**双線形** (bilinear)（各変数について線形）であり，

$$[\boldsymbol{A}+\boldsymbol{B}, \boldsymbol{C}] = [\boldsymbol{A}, \boldsymbol{C}] + [\boldsymbol{B}, \boldsymbol{C}], \quad [c\boldsymbol{A}, \boldsymbol{B}] = c[\boldsymbol{A}, \boldsymbol{B}], \quad c \in \mathcal{R} \tag{6.21}$$

が成り立つ．さらに，次の**ヤコビの恒等式** (Jacobi identity) が成り立つ（↪問題6.2）．

$$[\boldsymbol{A}, [\boldsymbol{B}, \boldsymbol{C}]] + [\boldsymbol{B}, [\boldsymbol{C}, \boldsymbol{A}]] + [\boldsymbol{C}, [\boldsymbol{A}, \boldsymbol{B}]] = \boldsymbol{O} \tag{6.22}$$

一般に，集合の二つの元を他の元に写像する演算 $[\cdot\,,\cdot]$ は，式 (6.20)–(6.22) の関係を満たすとき，**リー括弧積** (Lie bracket) と呼ばれる．特に，式 (6.19) の交換子積はリー括弧積である．リー括弧積を積とする代数系を**リー代数** (Lie algebra) と呼ぶ[1)]．ゆえに，無限小回転の集合はリー代数である．

無限小回転の生成子 $\boldsymbol{A}$ は反対称行列であるから，自由度は3しかない．したがって，無限小回転のリー代数は3次元である．そして，式 (6.14) の $\boldsymbol{A}_1$,

---

1)「リー環」(Lie algebra) と呼ばれることもある．これは「代数系」(algebra) が「多元環」(algebra) とも呼ばれるためである．

$\boldsymbol{A}_2$, $\boldsymbol{A}_3$ がその基底となる．このため，任意の生成子 $\boldsymbol{A}$ はある実数 ω_1, ω_2, ω_3 によって

$$\boldsymbol{A} = \omega_1 \boldsymbol{A}_1 + \omega_2 \boldsymbol{A}_2 + \omega_3 \boldsymbol{A}_3 \tag{6.23}$$

と表せる．基底 $\boldsymbol{A}_1$, $\boldsymbol{A}_2$, $\boldsymbol{A}_3$ は次の関係を満たすことが確かめられる（$\hookrightarrow$ 問題 6.3）．

$$[\boldsymbol{A}_2, \boldsymbol{A}_3] = \boldsymbol{A}_1, \quad [\boldsymbol{A}_3, \boldsymbol{A}_1] = \boldsymbol{A}_2, \quad [\boldsymbol{A}_1, \boldsymbol{A}_2] = \boldsymbol{A}_3 \tag{6.24}$$

式 (6.14) の $\boldsymbol{A}_1$, $\boldsymbol{A}_2$, $\boldsymbol{A}_3$ の定義より，式 (6.23) は次のように書ける．

$$\boldsymbol{A} = \begin{pmatrix} 0 & -\omega_3 & \omega_2 \\ \omega_3 & 0 & -\omega_1 \\ -\omega_2 & \omega_1 & 0 \end{pmatrix} \tag{6.25}$$

これによって，各生成子 $\boldsymbol{A}$ にはベクトル $\boldsymbol{\omega} = \begin{pmatrix} \omega_i \end{pmatrix}$ が対応する．生成子 $\boldsymbol{A}'$ に対応するベクトルを $\boldsymbol{\omega}' = \begin{pmatrix} \omega'_i \end{pmatrix}$ とすると，$\boldsymbol{A}$ と $\boldsymbol{A}'$ の交換子積は

$$\begin{aligned}
[\boldsymbol{A}, \boldsymbol{A}'] &= \begin{pmatrix} 0 & -\omega_3 & \omega_2 \\ \omega_3 & 0 & -\omega_1 \\ -\omega_2 & \omega_1 & 0 \end{pmatrix} \begin{pmatrix} 0 & -\omega'_3 & \omega'_2 \\ \omega'_3 & 0 & -\omega'_1 \\ -\omega'_2 & \omega'_1 & 0 \end{pmatrix} \\
&\quad - \begin{pmatrix} 0 & -\omega'_3 & \omega'_2 \\ \omega'_3 & 0 & -\omega'_1 \\ -\omega'_2 & \omega'_1 & 0 \end{pmatrix} \begin{pmatrix} 0 & -\omega_3 & \omega_2 \\ \omega_3 & 0 & -\omega_1 \\ -\omega_2 & \omega_1 & 0 \end{pmatrix} \\
&= \begin{pmatrix} 0 & -(\omega_1\omega'_2 - \omega_2\omega'_1) & \omega_3\omega'_1 - \omega_1\omega'_3 \\ \omega_1\omega'_2 - \omega_2\omega'_1 & 0 & -(\omega_2\omega'_3 - \omega_3\omega'_2) \\ -(\omega_3\omega'_1 - \omega_1\omega'_3) & \omega_2\omega'_3 - \omega_3\omega'_2 & 0 \end{pmatrix}
\end{aligned} \tag{6.26}$$

となる．すなわち，交換子積 $[\boldsymbol{A}, \boldsymbol{A}']$ にベクトル積 $\boldsymbol{\omega} \times \boldsymbol{\omega}'$ が対応する．明らかに，式 (6.20)–(6.22) は，交換子積 $[\boldsymbol{A}, \boldsymbol{B}]$ をベクトル積 $\boldsymbol{a} \times \boldsymbol{b}$ に置き換えても成立する（$\hookrightarrow$ 問題 6.5）．すなわち，ベクトル積はリー括弧積であり，ベクトル全体はリー括弧積 $[\boldsymbol{a}, \boldsymbol{b}] = \boldsymbol{a} \times \boldsymbol{b}$ に対してリー代数となる．このリー代数は上記の議論により，無限小回転のリー代数と同じ，正確には同型 (isomorphic) である．実際，式 (6.14) の $\boldsymbol{A}_1$, $\boldsymbol{A}_2$, $\boldsymbol{A}_3$ はそれぞれ，x, y, z 軸周りの無限小回転を表し，式 (6.24) は，対応する基底ベクトル

$\boldsymbol{e}_1 = (1,0,0)^\top$, $\boldsymbol{e}_2 = (0,1,0)^\top$, $\boldsymbol{e}_3 = (0,0,1)^\top$ の間の関係 $\boldsymbol{e}_2 \times \boldsymbol{e}_3 = \boldsymbol{e}_1$, $\boldsymbol{e}_3 \times \boldsymbol{e}_1 = \boldsymbol{e}_2$, $\boldsymbol{e}_1 \times \boldsymbol{e}_2 = \boldsymbol{e}_3$ を表している．また，6.2 節の議論からわかるように，式 (6.25) の生成子 $\boldsymbol{A}$ をベクトル $\boldsymbol{\omega} = \begin{pmatrix} \omega_i \end{pmatrix}$ とみなすことは，無限小回転を瞬間的な角速度ベクトルに対応させることに他ならない．したがって，無限小回転のリー代数とは，対応する角速度ベクトルの全体の作るベクトル空間にベクトル積を考えた代数系であるといえる．

6.5　回転の最適化

回転 $\boldsymbol{R}$ の関数 $J(\boldsymbol{R})$ が与えられたとき，これを最小にする $\boldsymbol{R}$ を計算する問題を考える．ただし，最小値の存在はわかっているとする．解は，関数 $J(\boldsymbol{R})$ を $\boldsymbol{R}$ で微分し，それが $\boldsymbol{0}$ となる $\boldsymbol{R}$ として得られる．このとき "$\boldsymbol{R}$ で微分する" をどう解釈したらよいであろうか．

関数 $f(x)$ の微分とは，引数 x を $x + \delta x$ と無限小に変化させたときの関数値 $f(x)$ の変化率のことである．この "無限小に" というのは，変化の 2 次以上の項を無視した "線形な変化" を考えるという意味である．すなわち，その変化が $f(x + \delta x) = f(x) + a\delta x + \cdots$ と書けるとき，δx の係数 a を "微分"（または "微分係数"）と呼び，$a = f'(x)$ と書く．これは $a = \lim_{\delta x \to 0}(f(x + \delta x) - f(x))/\delta x$ とも書ける．関数が極値をとる値では，引数を無限小に変化させても関数値は変化しない（変化は高次の無限小である）．これが，微分を 0 と置いて最大値や最小値が求まる原理である．したがって，$J(\boldsymbol{R})$ の最小値を求めるには，$\boldsymbol{R}$ を無限小に変化させても $J(\boldsymbol{R})$ の値が（高次の項を除いて）変化しない $\boldsymbol{R}$ を計算すればよい．

このように考えると，関数 $J(\boldsymbol{R})$ を $\boldsymbol{R}$ に関して "微分" するには，$\boldsymbol{R}$ を無限小に変化させたときの $J(\boldsymbol{R})$ の変化率を計算すればよい．回転 $\boldsymbol{R}$ を無限小に変化させると，式 (6.17) のような無限小回転と合成した

$$(\boldsymbol{I} + \boldsymbol{A}\delta t)\boldsymbol{R} = \boldsymbol{R} + \boldsymbol{A}\boldsymbol{R}\delta t \tag{6.27}$$

となる．生成子 $\boldsymbol{A}$ は式 (6.25) によって定義したベクトル $\boldsymbol{\omega}$ を使って表せる．以下，微小変化を表すパラメータ δt と合わせて，

$$\Delta\boldsymbol{\omega} = \boldsymbol{\omega}\delta t \tag{6.28}$$

と置き，これを式 (6.13) の回転ベクトル $\boldsymbol{\Omega}$ に対比させて，**微小回転ベクトル** (small rotation vector) と呼ぶ．そして，ベクトル $\boldsymbol{\omega} = (\omega_1, \omega_2, \omega_3)^\top$ に対して，式 (6.25) の行列 $\boldsymbol{A}$ を $\boldsymbol{A}(\boldsymbol{\omega})$ と書く[2)]．すると，式 (6.5) の計算で示したように，任意のベクトル $\boldsymbol{a}$ に対して次の恒等式が成り立つ．

$$\boldsymbol{A}(\boldsymbol{\omega})\boldsymbol{a} = \boldsymbol{\omega} \times \boldsymbol{a} \tag{6.29}$$

この記法を用いると，式 (6.27) は微小回転ベクトル $\Delta\boldsymbol{w}$ を用いて $\boldsymbol{R} + \boldsymbol{A}(\Delta\boldsymbol{\omega})\boldsymbol{R}$ と書ける．これを $J(\boldsymbol{R})$ に代入した $J(\boldsymbol{R} + \boldsymbol{A}(\Delta\boldsymbol{\omega})\boldsymbol{R})$ が，微小回転ベクトル $\Delta\boldsymbol{\omega}$ の 2 次以上の項を無視して，あるベクトル $\boldsymbol{g}$ によって

$$J(\boldsymbol{R} + \boldsymbol{A}(\Delta\boldsymbol{\omega})\boldsymbol{R}) = J(\boldsymbol{R}) + \langle \boldsymbol{g}, \Delta\boldsymbol{\omega} \rangle \tag{6.30}$$

と書けるとき，その $\boldsymbol{g}$ を $\boldsymbol{R}$ に関する**勾配** (gradient)（あるいは（**1 階**）**微分** ((first) derivative)）と呼ぶ．

$J(\boldsymbol{R})$ が最小値をとる $\boldsymbol{R}$ では $\boldsymbol{g} = \boldsymbol{0}$ でなければならないから，これを解けば原理的には $\boldsymbol{R}$ が求まる．しかし，これは一般には困難である．そこで，$\boldsymbol{R}$ の初期値を与えて，$J(\boldsymbol{R})$ が減少する方向に $\boldsymbol{R}$ を変化させながら $\boldsymbol{g} = \boldsymbol{0}$ となる $\boldsymbol{R}$ に到達させる逐次解法を考える．

勾配 $\boldsymbol{g}$ の値は $\boldsymbol{R}$ に依存するので，$\boldsymbol{g}$ は $\boldsymbol{R}$ の関数である．$\boldsymbol{g}$ に含まれる $\boldsymbol{R}$ を $\boldsymbol{R} + \boldsymbol{A}(\Delta\boldsymbol{\omega})\boldsymbol{R}$ で置き換えて変形し，微小回転ベクトル $\Delta\boldsymbol{\omega}$ の 2 次以上の項を無視したとき，ある対称行列 $\boldsymbol{H}$ によって

$$\boldsymbol{g}(\boldsymbol{R} + \boldsymbol{A}(\Delta\boldsymbol{\omega})\boldsymbol{R}) = \boldsymbol{g}(\boldsymbol{R}) + \boldsymbol{H}\Delta\boldsymbol{\omega} \tag{6.31}$$

と書けるなら，その $\boldsymbol{H}$ を $\boldsymbol{R}$ に関する**ヘッセ行列** (Hessian)（あるいは **2 階微分** (second derivative)）と呼ぶ．

勾配 $\boldsymbol{g}$ とヘッセ行列 $\boldsymbol{H}$ が与えられれば，$J(\boldsymbol{R} + \boldsymbol{A}(\Delta\boldsymbol{\omega})\boldsymbol{R})$ の値は，$\Delta\boldsymbol{\omega}$ の高次の項を無視して

$$J(\boldsymbol{R}) = J(\boldsymbol{R}_0) + \langle \boldsymbol{g}, \Delta\boldsymbol{\omega} \rangle + \frac{1}{2}\langle \Delta\boldsymbol{\omega}, \boldsymbol{H}\Delta\boldsymbol{\omega} \rangle \tag{6.32}$$

と近似できる．これを $\Delta\boldsymbol{\omega}$ で微分すると，$\boldsymbol{g} + \boldsymbol{H}\Delta\boldsymbol{\omega}$ となるから，この最小値を与える微小回転ベクトル $\Delta\boldsymbol{\omega}$ は

$$\Delta\boldsymbol{\omega} = -\boldsymbol{H}^{-1}\boldsymbol{g} \tag{6.33}$$

[2)] これを $[\boldsymbol{\omega}]_\times$，あるいは $(\boldsymbol{\omega}\times)$ と書いている書物も多い．

である．すなわち，式 (6.32) を最小にする回転は，この $\Delta\boldsymbol{\omega}$ による $(\boldsymbol{I}+\boldsymbol{A}(\Delta\boldsymbol{\omega}))\boldsymbol{R}$ で近似できる．しかし，$\boldsymbol{I}+\boldsymbol{A}(\Delta\boldsymbol{\omega})$ は厳密な回転行列ではない（δt の高次の項の食い違いがある）．これを厳密な回転行列にするには，式 (6.11) のように高次の項を追加する必要がある．ゆえに，式 (6.32) を最小にする回転は $e^{\boldsymbol{A}(\Delta\boldsymbol{\omega})}\boldsymbol{R}$ で近似できる．これを新たに現在の値 $\boldsymbol{R}$ とみなして，この操作を繰り返す．以上をまとめると，次のように書ける．

1. 初期値 $\boldsymbol{R}$ を与える．
2. $J(\boldsymbol{R})$ の勾配 $\boldsymbol{g}$ とヘッセ行列 $\boldsymbol{H}$ を計算する．
3. 未知数 $\Delta\boldsymbol{\omega}$ に関する次の連立1次方程式を解く．

$$\boldsymbol{H}\Delta\boldsymbol{\omega} = -\boldsymbol{g} \tag{6.34}$$

4. $\boldsymbol{R}$ を次のように更新する．

$$\boldsymbol{R} \leftarrow e^{\boldsymbol{A}(\Delta\boldsymbol{\omega})}\boldsymbol{R} \tag{6.35}$$

5. $\|\Delta\boldsymbol{\omega}\| \approx 0$ であれば，$\boldsymbol{R}$ を返して終了する．そうでなければ，ステップ2に戻る．

この原理はよく知られたニュートン法に他ならない．ニュートン法では，現在の引数値の近傍で関数を2次式で近似し，その最小値を与える引数値に進み，これを反復する．上の手順が通常のニュートン法と異なるのは，2次近似の最小値を与える引数値を計算するのが，回転 $\boldsymbol{R}$ の空間ではなく，**無限小回転の生成子が張るリー代数の空間**で行っていることである．すでに述べたように，回転 $\boldsymbol{R}$ の空間と無限小回転の張るリー代数は同じではなく，高次の食い違いがある．

この状況は次のように考えることができる．すべての回転行列の集合は 3×3 行列の要素の9次元空間で，“非線形”な拘束 $\boldsymbol{R}^\top\boldsymbol{R}=\boldsymbol{I}$, $|\boldsymbol{R}|=1$ が定義する3次元“曲面”とみなせる．これを**3次元特殊直交群**[3)](special orthogonal group of dimension 3)，あるいは単に**回転群** (group of rotations) と呼んで，$SO(3)$ と書く．回転行列の集合は，要素の間の積や逆行列が定

[3)]「特殊」(special) というのは行列式が1に制約されていることをいう．

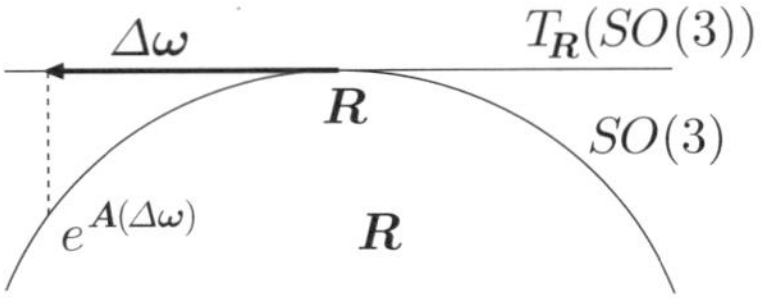

図6.2 無限小回転のリー代数は回転群 $SO(3)$ の $\boldsymbol{R}$ における接空間 $T_{\boldsymbol{R}}(SO(3))$ とみなせる．リー代数において計算した増分 $\Delta\boldsymbol{\omega}$ を指数関数 $e^{\boldsymbol{A}(\Delta\boldsymbol{\omega})}\boldsymbol{R}$ によって，近接する回転群 $SO(3)$ の点に射影する．

義されるという代数的な側面（このような性質を持つ集合を**群** (group) と呼ぶ）と，それが高次元空間内の曲面（正確には**多様体** (manifold) と呼ぶ）であるという（位相）幾何学的な側面を持っている．この二つの側面を持つ集合を**リー群** (Lie group) と呼ぶ．$SO(3)$ は最も典型的なリー群である．

一方，無限小回転の生成子が張るリー代数は，“線形”な拘束 $\boldsymbol{A}+\boldsymbol{A}^\top=\boldsymbol{O}$ が定義する“平坦”な空間（イメージ的には“平面”）と考えることができる．そして，$\boldsymbol{R}$ において $SO(3)$ に“接している”と解釈できる．これは $\boldsymbol{R}$ を原点 (0, 0, 0) とし，座標 $(\Delta\omega_1, \Delta\omega_2, \Delta\omega_3)$ を持つ線形空間である．これを $SO(3)$ の**接空間** (tangent space) と呼び，$T_{\boldsymbol{R}}(SO(3))$ と書く．これは $\boldsymbol{R}$ において $SO(3)$ と一致しているが，$\boldsymbol{R}$ から離れるに従ってずれが生じる．そこで，$T_{\boldsymbol{R}}(SO(3))$ の点をそれに近接した $SO(3)$ の点に“射影”する．これを行うのが式 (6.11) の指数関数 $e^{\boldsymbol{A}(\Delta\omega)}$ である（図 6.2）．以下，このようなリー代数において更新の計算を行い，それを $SO(3)$ に射影する方法を**リー代数の方法** (Lie algebra method) と呼ぶ．

6.3 節で指摘したように，微小回転ベクトル $\Delta\boldsymbol{\omega}$ の方向（単位ベクトル）を $\boldsymbol{l}=\mathcal{N}[\Delta\boldsymbol{\omega}]$（単位ベクトルへの正規化）とし，その大きさを $\Delta\Omega=\|\Delta\boldsymbol{\omega}\|$ とすると，行列 $e^{\boldsymbol{A}(\Delta\boldsymbol{\omega})}$ は回転軸 $\boldsymbol{l}$，回転角 $\Delta\Omega$ の回転であり，具体的には式 (3.20) のロドリーグの式によって計算される．

収束判定 $\|\Delta\boldsymbol{\omega}\|\approx 0$ は事前に与えたしきい値によって行う．$\Delta\boldsymbol{\omega}$ が $\boldsymbol{0}$ であれば，式 (6.33) より $\boldsymbol{g}=\boldsymbol{0}$ となり，$J(\boldsymbol{R})$ の極値が計算される．このような反復解法は，一般に任意の初期値からの収束が保証されているわけではない（保証されている場合もある）．したがって，収束すべき解に近い初期値から反復を開始する必要がある．

6.6　最尤推定による回転の最適化

上記のリー代数の方法を，前章の式 (5.11) を最小化する最尤推定に適用する．式中の $\boldsymbol{R}$ を $\boldsymbol{R}+\boldsymbol{A}(\Delta\boldsymbol{\omega})\boldsymbol{R}$ に置き換えたときの J の線形な増分は，次のように書ける．

$$\Delta J = -\sum_{\alpha=1}^{N}\langle \boldsymbol{A}(\Delta\boldsymbol{\omega})\boldsymbol{R}\boldsymbol{a}_\alpha, \boldsymbol{W}_\alpha(\boldsymbol{a}'_\alpha - \boldsymbol{R}\boldsymbol{a}_\alpha)\rangle + \frac{1}{2}\sum_{\alpha=1}^{N}\langle \boldsymbol{a}'_\alpha - \boldsymbol{R}\boldsymbol{a}_\alpha, \Delta\boldsymbol{W}_\alpha(\boldsymbol{a}'_\alpha - \boldsymbol{R}\boldsymbol{a}_\alpha)\rangle \tag{6.36}$$

ただし，式 (5.11) の右辺は式中の二つの $\boldsymbol{R}$ に関して対称な式であり，線形な増分を考えるときは，一方の $\boldsymbol{R}$ の変化だけ考えて全体を 2 倍すればよいことを用いた．式 (6.29) の関係を用いると，式 (6.36) の第 1 項は次のように変形できる．

$$-\sum_{\alpha=1}^{N}\langle \Delta\boldsymbol{\omega}\times\boldsymbol{R}\boldsymbol{a}_\alpha, \boldsymbol{W}_\alpha(\boldsymbol{a}'_\alpha - \boldsymbol{R}\boldsymbol{a}_\alpha)\rangle = -\sum_{\alpha=1}^{N}\langle \Delta\boldsymbol{\omega}, (\boldsymbol{R}\boldsymbol{a}_\alpha)\times\boldsymbol{W}_\alpha(\boldsymbol{a}'_\alpha - \boldsymbol{R}\boldsymbol{a}_\alpha)\rangle \tag{6.37}$$

ただし，ベクトル積と内積（とスカラ三重積）の関係 $\langle\boldsymbol{a}\times\boldsymbol{b},\boldsymbol{c}\rangle=\langle\boldsymbol{a},\boldsymbol{b}\times\boldsymbol{c}\rangle$ $(=|\boldsymbol{a},\boldsymbol{b},\boldsymbol{c}|)$ を用いた（$\hookrightarrow$ 問題 6.6）．式 (6.36) の第 2 項の $\Delta\boldsymbol{W}_\alpha$ を評価するために，式 (5.13) を書き換えた $\boldsymbol{W}_\alpha\boldsymbol{V}_\alpha=\boldsymbol{I}$ の両辺の線形な増分をとると，$\Delta\boldsymbol{W}_\alpha\boldsymbol{V}_\alpha+\boldsymbol{W}_\alpha\Delta\boldsymbol{V}_\alpha=\boldsymbol{O}$ となる．これと式 (5.13) より，$\Delta\boldsymbol{W}_\alpha$ は次のように書ける．

$$\Delta\boldsymbol{W}_\alpha = -\boldsymbol{W}_\alpha\Delta\boldsymbol{V}_\alpha\boldsymbol{W}_\alpha \tag{6.38}$$

式 (5.12) より，これは次のようになる．

$$\Delta\boldsymbol{W}_\alpha = -\boldsymbol{W}_\alpha(\boldsymbol{A}(\Delta\boldsymbol{\omega})\boldsymbol{R}V[\boldsymbol{a}_\alpha]\boldsymbol{R}^\top + \boldsymbol{R}V[\boldsymbol{a}_\alpha](\boldsymbol{A}(\Delta\boldsymbol{\omega})\boldsymbol{R})^\top)\boldsymbol{W}_\alpha \tag{6.39}$$

これを式 (6.36) の第 2 項に代入する．このとき，上式の右辺の二つの項は互いに転置の関係にあり，式 (6.36) の第 2 項は $\boldsymbol{a}'_\alpha-\boldsymbol{R}\boldsymbol{a}_\alpha$ の 2 次形式であるから，一つの項のみを代入して 2 倍すればよい（$\hookrightarrow$ 問題 6.7）．したがって，

式 (6.36) の第 2 項は次のようになる.

$$
\begin{aligned}
&-\sum_{\alpha=1}^{N}\langle \boldsymbol{a}'_\alpha - \boldsymbol{R}\boldsymbol{a}_\alpha, \boldsymbol{W}_\alpha \boldsymbol{A}(\Delta\boldsymbol{\omega})\boldsymbol{R}V[\boldsymbol{a}_\alpha]\boldsymbol{R}^\top \boldsymbol{W}_\alpha(\boldsymbol{a}'_\alpha - \boldsymbol{R}\boldsymbol{a}_\alpha)\rangle \\
&\quad = -\sum_{\alpha=1}^{N}\langle \boldsymbol{W}_\alpha(\boldsymbol{a}'_\alpha - \boldsymbol{R}\boldsymbol{a}_\alpha), \Delta\boldsymbol{\omega} \times \boldsymbol{R}V[\boldsymbol{a}_\alpha]\boldsymbol{R}^\top \boldsymbol{W}_\alpha(\boldsymbol{a}'_\alpha - \boldsymbol{R}\boldsymbol{a}_\alpha)\rangle \\
&\quad = \sum_{\alpha=1}^{N}\langle \Delta\boldsymbol{\omega}, (\boldsymbol{W}_\alpha(\boldsymbol{a}'_\alpha - \boldsymbol{R}\boldsymbol{a}_\alpha)) \times \boldsymbol{R}V[\boldsymbol{a}_\alpha]\boldsymbol{R}^\top \boldsymbol{W}_\alpha(\boldsymbol{a}'_\alpha - \boldsymbol{R}\boldsymbol{a}_\alpha)\rangle
\end{aligned}
\tag{6.40}
$$

これと式 (6.37) を合わせると，式 (6.36) は次のようになる.

$$
\begin{aligned}
\Delta J = -\sum_{\alpha=1}^{N}\langle \Delta\boldsymbol{\omega}, &(\boldsymbol{R}\boldsymbol{a}_\alpha) \times \boldsymbol{W}_\alpha(\boldsymbol{a}'_\alpha - \boldsymbol{R}\boldsymbol{a}_\alpha) \\
&- (\boldsymbol{W}_\alpha(\boldsymbol{a}'_\alpha - \boldsymbol{R}\boldsymbol{a}_\alpha)) \times \boldsymbol{R}V[\boldsymbol{a}_\alpha]\boldsymbol{R}^\top \boldsymbol{W}_\alpha(\boldsymbol{a}'_\alpha - \boldsymbol{R}\boldsymbol{a}_\alpha)\rangle
\end{aligned}
\tag{6.41}
$$

ゆえに，式 (6.30) と比較して，式 (5.11) の関数 $J(\boldsymbol{R})$ の勾配は次式で与えられる.

$$
\begin{aligned}
\boldsymbol{g} = -\sum_{\alpha=1}^{N}\Big(&(\boldsymbol{R}\boldsymbol{a}_\alpha) \times \boldsymbol{W}_\alpha(\boldsymbol{a}'_\alpha - \boldsymbol{R}\boldsymbol{a}_\alpha) \\
&- (\boldsymbol{W}_\alpha(\boldsymbol{a}'_\alpha - \boldsymbol{R}\boldsymbol{a}_\alpha)) \times \boldsymbol{R}V[\boldsymbol{a}_\alpha]\boldsymbol{R}^\top \boldsymbol{W}_\alpha(\boldsymbol{a}'_\alpha - \boldsymbol{R}\boldsymbol{a}_\alpha)\Big)
\end{aligned}
\tag{6.42}
$$

次に，この式中の $\boldsymbol{R}$ を $\boldsymbol{R} + \boldsymbol{A}(\Delta\boldsymbol{\omega})\boldsymbol{R}$ に置き換えた線形な増分を考える．このとき，考えているのは $\boldsymbol{a}'_\alpha - \boldsymbol{R}\boldsymbol{a}_\alpha \approx \boldsymbol{0}$ となる $\boldsymbol{R}$ を求める問題であるから，反復が進んだ段階では $\boldsymbol{a}'_\alpha - \boldsymbol{R}\boldsymbol{a}_\alpha \approx \boldsymbol{0}$ と考えてよい．したがって，式 (6.42) の右辺第 1 項の二つの $\boldsymbol{R}$ に対しては，最初の $\boldsymbol{R}$ の変化は無視でき，右辺第 2 項は無視できる．第 1 項の 2 番目の $\boldsymbol{R}$ を $\boldsymbol{R} + \boldsymbol{A}(\Delta\boldsymbol{\omega})\boldsymbol{R}$ に置き換えた線形な増分は次のようになる.

$$
\begin{aligned}
\Delta\boldsymbol{g} &= \sum_{\alpha=1}^{N}(\boldsymbol{R}\boldsymbol{a}_\alpha) \times \boldsymbol{W}_\alpha \boldsymbol{A}(\Delta\boldsymbol{\omega})\boldsymbol{R}\boldsymbol{a}_\alpha \\
&= \sum_{\alpha=1}^{N}(\boldsymbol{R}\boldsymbol{a}_\alpha) \times \boldsymbol{W}_\alpha(\Delta\boldsymbol{\omega} \times (\boldsymbol{R}\boldsymbol{a}_\alpha))
\end{aligned}
$$

$$
= -\sum_{\alpha=1}^{N} (\boldsymbol{R}\boldsymbol{a}_\alpha) \times \boldsymbol{W}_\alpha((\boldsymbol{R}\boldsymbol{a}_\alpha) \times \Delta\boldsymbol{\omega}) \tag{6.43}
$$

ここで，新しい記法を導入する．ベクトル$\boldsymbol{\omega}$と行列$\boldsymbol{T}$に対して

$$
\boldsymbol{\omega} \times \boldsymbol{T} \equiv \boldsymbol{A}(\boldsymbol{\omega})\boldsymbol{T}, \quad \boldsymbol{T} \times \boldsymbol{\omega} \equiv \boldsymbol{T}\boldsymbol{A}(\boldsymbol{\omega})^\top,
$$
$$
\boldsymbol{\omega} \times \boldsymbol{T} \times \boldsymbol{\omega} \equiv \boldsymbol{A}(\boldsymbol{\omega})\boldsymbol{T}\boldsymbol{A}(\boldsymbol{\omega})^\top \tag{6.44}
$$

と定義する．最後の式は前の二つを合わせたものであり，$\boldsymbol{\omega} \times \boldsymbol{T} \times \boldsymbol{\omega}$のどちらの$\times$から先に計算しても結果は同じである．式(6.29)の関係を用いると，$\boldsymbol{\omega} \times \boldsymbol{T}$は「$\boldsymbol{\omega}$と$\boldsymbol{T}$の各列とのベクトル積を列とする行列」であり，$\boldsymbol{T} \times \boldsymbol{\omega}$は「$\boldsymbol{T}$の各行と$\boldsymbol{\omega}$とのベクトル積を行とする行列」である（$\hookrightarrow$問題6.8）．この記法と式(6.29)を用いると，式(6.43)は次のように書ける．

$$
\Delta\boldsymbol{g} = -\sum_{\alpha=1}^{N} (\boldsymbol{R}\boldsymbol{a}_\alpha) \times \boldsymbol{W}_\alpha \boldsymbol{A}(\boldsymbol{R}\boldsymbol{a}_\alpha)\Delta\boldsymbol{\omega}
$$
$$
= \sum_{\alpha=1}^{N} (\boldsymbol{R}\boldsymbol{a}_\alpha) \times \boldsymbol{W}_\alpha \times (\boldsymbol{R}\boldsymbol{a}_\alpha)\Delta\boldsymbol{\omega} \tag{6.45}
$$

行列$\boldsymbol{A}(\boldsymbol{\omega})$は反対称で，$\boldsymbol{A}(\boldsymbol{\omega})^\top = -\boldsymbol{A}(\boldsymbol{\omega})$であることに注意．上式と式(6.31)を比較すると，ヘッセ行列$\boldsymbol{H}$が次のように与えられる．

$$
\boldsymbol{H} = \sum_{\alpha=1}^{N} (\boldsymbol{R}\boldsymbol{a}_\alpha) \times \boldsymbol{W}_\alpha \times (\boldsymbol{R}\boldsymbol{a}_\alpha) \tag{6.46}
$$

式(6.42), (6.46)によって勾配$\boldsymbol{g}$とヘッセ行列$\boldsymbol{H}$が与えられるから，前節に示したように，ニュートン法によって$J(\boldsymbol{R})$が最小化できる．

ただし，ある量を0に近づける計算の過程において，ヘッセ行列$\boldsymbol{H}$の評価ではその量を0と置く近似を用いた．これを**ガウス・ニュートン近似** (Gauss–Newton approximation)と呼ぶ．ガウス・ニュートン近似によって計算したヘッセ行列を用いたニュートン法は**ガウス・ニュートン法** (Gauss–Newton iterations)と呼ばれる．式(6.33)からわかるように，反復が終了した時点で$\Delta\boldsymbol{\omega}$が$\boldsymbol{0}$であれば，ヘッセ行列$\boldsymbol{H}$によらず$\boldsymbol{g} = \boldsymbol{0}$となり，正しい値が計算される．すなわち，勾配$\boldsymbol{g}$さえ正しく計算されていれば，ヘッセ

行列 $\boldsymbol{H}$ は厳密である必要はない．ただし，$\boldsymbol{H}$ の値は収束の速度に影響を与える．

ヘッセ行列 $\boldsymbol{H}$ が適切でないとき，次のステップで $J(\boldsymbol{R})$ の最小値を通り越して $J(\boldsymbol{R})$ の値が増加することがある．あるいは，進み方が少なすぎて，$J(\boldsymbol{R})$ がなかなか減少しないことがある．これを防ぐ工夫は，$\boldsymbol{H}$ に単位行列 $\boldsymbol{I}$ の定数倍を加えて $\boldsymbol{H}+c\boldsymbol{I}$ とし，係数 c を調節することである．すなわち，$J(\boldsymbol{R})$ が減少する限り c を減らし，$J(\boldsymbol{R})$ が増加に転じたら c を増やす．このような工夫を加えたガウス・ニュートン法をレーベンバーグ・マーカート法 (Levenberg–Marquardt method) と呼ぶ．その手順は次のように書ける．

1. 初期値 $\boldsymbol{R}$ を与え，$c=0.0001$ と置く．
2. $J(\boldsymbol{R})$ の勾配 $\boldsymbol{g}$ とヘッセ行列 $\boldsymbol{H}$ を計算する．
3. 未知数 $\Delta\boldsymbol{\omega}$ に関する次の連立 1 次方程式を解く．

$$(\boldsymbol{H}+c\boldsymbol{I})\Delta\boldsymbol{\omega}=-\boldsymbol{g} \tag{6.47}$$

4. $\boldsymbol{R}$ に対して，次の仮の更新を行う

$$\tilde{\boldsymbol{R}}=e^{\boldsymbol{A}(\Delta\boldsymbol{\omega})}\boldsymbol{R} \tag{6.48}$$

5. $J(\tilde{\boldsymbol{R}}) < J(\boldsymbol{R})$ または $J(\tilde{\boldsymbol{R}}) \approx J(\boldsymbol{R})$ でなければ，$c \leftarrow 10c$ として，ステップ 3 に戻る．
6. $\|\Delta\boldsymbol{\omega}\| \approx 0$ であれば，$\tilde{\boldsymbol{R}}$ を返して終了する．そうでなければ，$\boldsymbol{R} \leftarrow \tilde{\boldsymbol{R}}$, $c \leftarrow c/10$ と更新してステップ 2 に戻る．

この反復で $c=0$ としたものがガウス・ニュートン法である．ステップ 1, 5, 6 の 0.0001, $10c$, $c/10$ はどれも経験値である[4)]．反復を開始するには，適切な初期値が必要である．それには例えば，等方性誤差の場合の解法（特異値分解の方法，四元数の方法など）を用いる．

4) 式 (6.47) において，単位行列 $\boldsymbol{I}$ の代わりに，$\boldsymbol{H}$ の対角要素のみを取り出した対角行列を用いることもある．

6.7　基礎行列の計算

2台のカメラで同一シーンを撮影したとき，シーンのある点が第1カメラの画像上の点 (x, y) に写り，第2カメラの画像上の点 (x', y') に写るとする．カメラの透視投影の撮像の幾何学的な関係から，これらの間に次の式が成り立つことが知られている．

$$\left\langle \begin{pmatrix} x/f_0 \\ y/f_0 \\ 1 \end{pmatrix}, \boldsymbol{F} \begin{pmatrix} x'/f_0 \\ y'/f_0 \\ 1 \end{pmatrix} \right\rangle = 0 \tag{6.49}$$

f_0 はスケールを調整する定数であり，理論的には1でもよいが，有限長の数値計算を考慮すると[5)]，x/f, y/f が1程度になるようにとるのがよい．式(6.49)中の $\boldsymbol{F}$ は2台のカメラの相対的な配置とその内部パラメータ（焦点距離など）から定まる 3×3 行列であり，**基礎行列** (fundamental matrix) と呼ばれる．式(6.49)を**エピ極線方程式** (epipolar equation) と呼ぶ．

同一シーンを撮影した2画像の対応点の組 (x_α, y_α), (x'_α, y'_α), $\alpha = 1, \ldots, N$ を検出して，それから基礎行列 $\boldsymbol{F}$ を計算することはコンピュータビジョンの最も基本的な処理の一つである（図6.3）．基礎行列 $\boldsymbol{F}$ が計算されれば，カメラの3次元配置や対応点の3次元位置がわかり，シーンの3次元構造が復元できる．基礎行列 $\boldsymbol{F}$ を計算する原理は，次の関数を最小化することである．

$$J(\boldsymbol{F}) = \frac{f_0^2}{2} \sum_{\alpha=1}^{N} \frac{\langle \boldsymbol{x}_\alpha, \boldsymbol{F}\boldsymbol{x}'_\alpha \rangle^2}{\|\boldsymbol{P_k}\boldsymbol{F}\boldsymbol{x}'_\alpha\|^2 + \|\boldsymbol{P_k}\boldsymbol{F}^\top \boldsymbol{x}'_\alpha\|^2} \tag{6.50}$$

ただし，ベクトル $\boldsymbol{x}_\alpha$, $\boldsymbol{x}'_\alpha$ と行列 $\boldsymbol{P_k}$ を次のように置いた．

$$\boldsymbol{x}_\alpha = \begin{pmatrix} x_\alpha/f_0 \\ y_\alpha/f_0 \\ 1 \end{pmatrix}, \quad \boldsymbol{x}'_\alpha = \begin{pmatrix} x'_\alpha/f_0 \\ y'_\alpha/f_0 \\ 1 \end{pmatrix}, \quad \boldsymbol{P_k} = \begin{pmatrix} 1 & 0 & 0 \\ 0 & 1 & 0 \\ 0 & 0 & 0 \end{pmatrix} \tag{6.51}$$

式(6.50)の最小化によって，対応点 (x_α, y_α), (x'_α, y'_α) の各座標の誤差 Δx_α, Δy_α, $\Delta x'_\alpha$, $\Delta y'_\alpha$ が期待値0，分散 σ^2（未知）の独立な正規分布に従うとき，

---

5) 例えば，x, y の単位が画素のとき，x, y が数千画素となるカメラであれば，$f_0 = 1$ とすると，第1，第2成分が第3成分の数千倍になり，以降の計算処理において有効数字の情報喪失（桁落ち）が生じやすい．

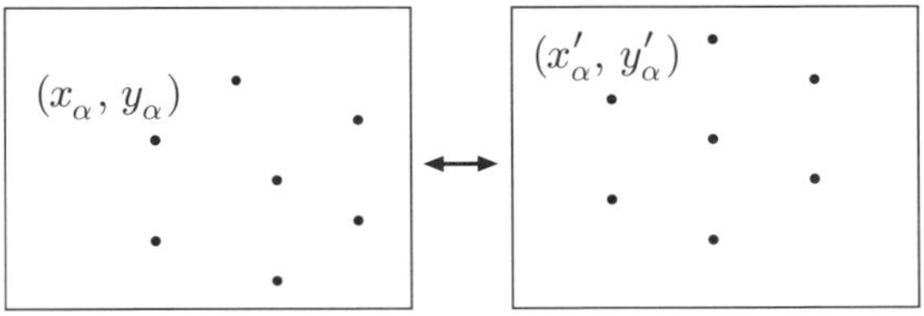

図6.3 撮影した2画像の対応点から基礎行列 $\boldsymbol{F}$ を計算する．

基礎行列 $\boldsymbol{F}$ が非常によい精度で計算できる．式 (6.50) は基礎行列 $\boldsymbol{F}$ の計算のサンプソン誤差 (Sampson error) と呼ばれている（↪5.6 節）．これは，式 (6.49) の条件のもとで誤差の 2 乗和 $\sum_{\alpha=1}^{N}(\Delta x_\alpha^2 + \Delta y_\alpha^2 + \Delta x'^2_\alpha + \Delta y'^2_\alpha)$（**再投影誤差** (reprojection error)↪5.6 節，問題 5.1）を最小にするもので，ラグランジュ乗数を用いて導くことができる（↪ 問題 6.9）．あるいは，式 (6.49) の左辺の共分散行列を評価して，尤度関数を計算することによっても得られる（↪ 問題 6.10）．両者の結果は一致する．

明らかに基礎行列 $\boldsymbol{F}$ には定数倍の不定性があり，$\boldsymbol{F}$ に任意の 0 でない定数を掛けても式 (6.49), (6.50) は変化しない．そこで，式 (4.33) の行列ノルムを用いて，$\|\boldsymbol{F}\|^2 = 1$ と正規化する．しかし，もう一つ，重要な制約がある．それは，カメラの透視投影の幾何学的な関係から $\boldsymbol{F}$ はランク 2 でなければならないことである．これを基礎行列の**ランク拘束** (rank constraint) と呼ぶ．これにはいろいろな定式化があるが，最も直接的な方法は，$\boldsymbol{F}$ を特異値分解によって

$$\boldsymbol{F} = \boldsymbol{U}\begin{pmatrix} \sigma_1 & 0 & 0 \\ 0 & \sigma_2 & 0 \\ 0 & 0 & 0 \end{pmatrix}\boldsymbol{V}^\top \tag{6.52}$$

と表すことである．ただし，$\boldsymbol{U}, \boldsymbol{V}$ は直交行列であり，$\sigma_1 \geq \sigma_2$ (> 0) は特異値である．第 3 特異値 σ_3 を 0 とすることがランク拘束である．ノルムの正規化 $\|\boldsymbol{F}\|^2 = 1$ より，$\sigma_1^2 + \sigma_2^2 = 1$ である（↪ 問題 6.11）．そこで，

$$\sigma_1 = \cos\phi, \quad \sigma_2 = \sin\phi \tag{6.53}$$

と置く．そして，このように表した $\boldsymbol{F}$ を式 (6.50) に代入し，$J(\boldsymbol{F})$ を $\boldsymbol{U}, \boldsymbol{V}$，および ϕ の関数とみなして最小化する．$\boldsymbol{U}, \boldsymbol{V}$ は直交行列であり，行列式

の符号によっては回転行列とは限らない．しかし，直交行列の微小変化は微小回転であるから，$\boldsymbol{U}$, $\boldsymbol{V}$ の微小変化 $\Delta\boldsymbol{U}$, $\Delta\boldsymbol{V}$ がある微小回転ベクトル $\Delta\boldsymbol{\omega}_U = \Big(\Delta\omega_{iU}\Big)$, $\Delta\boldsymbol{\omega}_V = \Big(\Delta\omega_{iV}\Big)$ によって（高次の微小量を除いて）

$$\Delta\boldsymbol{U} = \boldsymbol{A}(\Delta\boldsymbol{\omega}_U)\boldsymbol{U}, \quad \Delta\boldsymbol{V} = \boldsymbol{A}(\Delta\boldsymbol{\omega}_V)\boldsymbol{U} \tag{6.54}$$

と書ける．これを用いると，$\boldsymbol{U}$, $\boldsymbol{V}$, ϕ をそれぞれ $\boldsymbol{U}+\Delta\boldsymbol{U}$, $\boldsymbol{V}+\Delta\boldsymbol{V}$, $\phi+\Delta\phi$ と変化させたとき，式 (6.52) の基礎行列 $\boldsymbol{F}$ の微小変化が（高次の微小量を除いて）次のように書ける．

$$\begin{aligned}\Delta\boldsymbol{F} = &\ \boldsymbol{A}(\Delta\boldsymbol{\omega}_U)\boldsymbol{U}\,\mathrm{diag}(\cos\phi, \sin\phi, 0)\boldsymbol{V}^\top \\ &+ \boldsymbol{U}\,\mathrm{diag}(\cos\phi, \sin\phi, 0)(\boldsymbol{A}(\Delta\boldsymbol{\omega}_V)\boldsymbol{V})^\top \\ &+ \boldsymbol{U}\,\mathrm{diag}(-\sin\phi, \cos\phi, 0)\boldsymbol{V}^\top\Delta\phi\end{aligned} \tag{6.55}$$

$\Delta\boldsymbol{F}$ の各要素を取り出すと，次のようになる．

$$\begin{aligned}\Delta F_{11} &= \Delta\omega_{2U}F_{31} - \Delta\omega_{3U}F_{21} + \Delta\omega_{2V}F_{13} - \Delta\omega_{3V}F_{12} \\ &\quad + (U_{12}V_{12}\cos\phi - U_{11}V_{11}\sin\phi)\Delta\phi \\ \Delta F_{12} &= \Delta\omega_{2U}F_{32} - \Delta\omega_{3U}F_{22} + \Delta\omega_{3V}F_{11} - \Delta\omega_{1V}F_{13} \\ &\quad + (U_{12}V_{22}\cos\phi - U_{11}V_{21}\sin\phi)\Delta\phi \\ &\ \ \vdots \\ \Delta F_{33} &= \Delta\omega_{1U}F_{23} - \Delta\omega_{2U}F_{13} + \Delta\omega_{1V}F_{32} - \Delta\omega_{2V}F_{31} \\ &\quad + (U_{32}V_{32}\cos\phi - U_{31}V_{31}\sin\phi)\Delta\phi\end{aligned} \tag{6.56}$$

$\Delta\boldsymbol{F}$ を $\Delta F_{11}, \Delta F_{12}, \ldots, \Delta F_{33}$ が並んだ9次元ベクトルと同一視すると，

$$\Delta\boldsymbol{F} = \boldsymbol{F}_U\Delta\boldsymbol{\omega}_U + \boldsymbol{F}_V\Delta\boldsymbol{\omega}_V + \boldsymbol{\theta}_\phi\Delta\phi \tag{6.57}$$

と書ける．ただし，9×3 行列 $\boldsymbol{F}_U$, $\boldsymbol{F}_V$ と9次元ベクトル $\boldsymbol{\theta}_\phi$ を次のように定義した．

$$\boldsymbol{F}_U = \begin{pmatrix} 0 & F_{31} & -F_{21} \\ 0 & F_{32} & -F_{22} \\ 0 & F_{33} & -F_{23} \\ -F_{31} & 0 & F_{11} \\ -F_{32} & 0 & F_{12} \\ -F_{33} & 0 & F_{13} \\ F_{21} & -F_{11} & 0 \\ F_{22} & -F_{12} & 0 \\ F_{23} & -F_{13} & 0 \end{pmatrix}, \quad \boldsymbol{F}_V = \begin{pmatrix} 0 & F_{13} & -F_{12} \\ -F_{13} & 0 & F_{11} \\ F_{12} & -F_{11} & 0 \\ 0 & F_{23} & -F_{22} \\ -F_{23} & 0 & F_{21} \\ F_{22} & -F_{21} & 0 \\ 0 & F_{33} & -F_{32} \\ -F_{33} & 0 & F_{31} \\ F_{32} & -F_{31} & 0 \end{pmatrix}, \tag{6.58}$$

$$\boldsymbol{\theta}_\phi = \begin{pmatrix} \sigma_1 U_{12}V_{12} - \sigma_2 U_{11}V_{11} \\ \sigma_1 U_{12}V_{22} - \sigma_2 U_{11}V_{21} \\ \sigma_1 U_{12}V_{32} - \sigma_2 U_{11}V_{31} \\ \sigma_1 U_{22}V_{12} - \sigma_2 U_{21}V_{11} \\ \sigma_1 U_{22}V_{22} - \sigma_2 U_{21}V_{21} \\ \sigma_1 U_{22}V_{32} - \sigma_2 U_{21}V_{31} \\ \sigma_1 U_{32}V_{12} - \sigma_2 U_{31}V_{11} \\ \sigma_1 U_{32}V_{22} - \sigma_2 U_{31}V_{21} \\ \sigma_1 U_{32}V_{32} - \sigma_2 U_{31}V_{31} \end{pmatrix} \tag{6.59}$$

したがって，式 (6.50) の $J(\boldsymbol{F})$ の微小変化が次のように書ける．

$$\begin{aligned} \Delta J &= \langle \nabla_{\boldsymbol{F}} J, \Delta \boldsymbol{F} \rangle \\ &= \langle \nabla_{\boldsymbol{F}} J, \boldsymbol{F}_U \Delta\boldsymbol{\omega}_U \rangle + \langle \nabla_{\boldsymbol{F}} J, \boldsymbol{F}_V \Delta\boldsymbol{\omega}_V \rangle + \langle \nabla_{\boldsymbol{F}} J, \boldsymbol{\theta}_\phi \Delta\phi \rangle \\ &= \langle \boldsymbol{F}_U^\top \nabla_{\boldsymbol{F}} J, \Delta\boldsymbol{\omega}_U \rangle + \langle \boldsymbol{F}_V^\top \nabla_{\boldsymbol{F}} J, \Delta\boldsymbol{\omega}_V \rangle + \langle \nabla_{\boldsymbol{F}} J, \boldsymbol{\theta}_\phi \rangle \Delta\phi \end{aligned} \tag{6.60}$$

ただし，$\nabla_{\boldsymbol{F}} J$ は $\partial J/\partial F_{ij}$ を並べた 9 次元ベクトルである．これから，J の $\boldsymbol{U}_U$, $\boldsymbol{U}_V$, ϕ に関する勾配がそれぞれ次のように定まる．

$$\nabla_{\boldsymbol{\omega}_U} J = \boldsymbol{F}_U^\top \nabla_{\boldsymbol{F}} J, \quad \nabla_{\boldsymbol{\omega}_V} J = \boldsymbol{F}_V^\top \nabla_{\boldsymbol{F}} J, \quad \frac{\partial J}{\partial \phi} = \langle \nabla_{\boldsymbol{F}} J, \boldsymbol{\theta}_\phi \rangle \tag{6.61}$$

次に式 (6.50) の 2 階微分 $\partial^2 J/\partial F_{ij}\partial F_{kl}$ を計算する．このとき，ガウス・ニュートン近似を用いて，$\langle \boldsymbol{x}_\alpha, \boldsymbol{F}\boldsymbol{x}'_\alpha \rangle$（式 (6.49) のエピ極線方程式の左辺）を含む項は無視する．このため，1 階微分の段階で $\langle \boldsymbol{x}_\alpha, \boldsymbol{F}\boldsymbol{x}'_\alpha \rangle^2$ を含む項は考えなくてよい．すなわち，式 (6.50) の分母は微分しなくてよい．その結果，

$$\frac{\partial J}{\partial F_{ij}} \approx \sum_{\alpha=1}^{N} \frac{f_0^2 x_{i\alpha} x'_{j\alpha} \langle \boldsymbol{x}_\alpha, \boldsymbol{F}\boldsymbol{x}'_\alpha \rangle}{\|\boldsymbol{P_k}\boldsymbol{F}\boldsymbol{x}'_\alpha\|^2 + \|\boldsymbol{P_k}\boldsymbol{F}^\top \boldsymbol{x}'_\alpha\|^2} \tag{6.62}$$

と書ける．ただし，$x_{i\alpha}$, $x'_{j\alpha}$ はそれぞれ $\boldsymbol{x}_\alpha$, $\boldsymbol{x}'_\alpha$ の第 i 成分である．この式を F_{kl} で微分するとき，分子に $\langle \boldsymbol{x}_\alpha, \boldsymbol{F}\boldsymbol{x}'_\alpha \rangle$ があるので，分母は微分しなくてよい．分子だけ微分すると，次のようになる．

$$\frac{\partial^2 J}{\partial F_{ij} \partial F_{kl}} \approx \sum_{\alpha=1}^{N} \frac{f_0^2 x_{i\alpha} x'_{j\alpha} x_{k\alpha} x'_{l\alpha}}{\|\boldsymbol{P_k}\boldsymbol{F}\boldsymbol{x}'_\alpha\|^2 + \|\boldsymbol{P_k}\boldsymbol{F}^\top \boldsymbol{x}'_\alpha\|^2} \tag{6.63}$$

勾配の計算のときと同様に，添字の組 $(i,j) = (1,1), (1,2), \ldots, (3,3)$ に通し番号 $I = 1, \ldots, 9$ をつけ，(k,l) にも通し番号 $J = 1, \ldots, 9$ をつける．そして，上式の右辺を (I,J) を要素とする 9×9 行列とみなしたものを $\nabla_{\boldsymbol{F}}^2 J$ と書く．すると，式 (6.60) に対応して，J の $\boldsymbol{U}$, $\boldsymbol{V}$, ϕ に関する2階微分の項が式 (6.57) を使って次のように書ける．

$$\begin{aligned}
\Delta^2 J &= \langle \Delta \boldsymbol{F}, \nabla_{\boldsymbol{F}}^2 J \Delta \boldsymbol{F} \rangle \\
&= \langle \boldsymbol{F}_U \Delta \boldsymbol{\omega}_U + \boldsymbol{F}_V \Delta \boldsymbol{\omega}_V + \boldsymbol{\theta}_\phi \Delta \phi, \\
&\qquad \nabla_{\boldsymbol{F}}^2 J (\boldsymbol{F}_U \Delta \boldsymbol{\omega}_U + \boldsymbol{F}_V \Delta \boldsymbol{\omega}_V + \boldsymbol{\theta}_\phi \Delta \phi \rangle \\
&= \langle \Delta \boldsymbol{\omega}_U, \boldsymbol{F}_U^\top \nabla_{\boldsymbol{F}}^2 J \boldsymbol{F}_U \Delta \boldsymbol{\omega}_U \rangle + \langle \Delta \boldsymbol{\omega}_U, \boldsymbol{F}_U^\top \nabla_{\boldsymbol{F}}^2 J \boldsymbol{F}_V \Delta \boldsymbol{\omega}_V \rangle \\
&\quad + \langle \Delta \boldsymbol{\omega}_V, \boldsymbol{F}_V^\top \nabla_{\boldsymbol{F}}^2 J \boldsymbol{F}_U \Delta \boldsymbol{\omega}_V \rangle + \langle \Delta \boldsymbol{\omega}_V, \boldsymbol{F}_V^\top \nabla_{\boldsymbol{F}}^2 J \boldsymbol{F}_V \Delta \boldsymbol{\omega}_V \rangle \\
&\quad + \langle \Delta \boldsymbol{\omega}_U, \boldsymbol{F}_U^\top \nabla_{\boldsymbol{F}}^2 J \boldsymbol{\theta}_\phi \rangle \Delta \phi + \langle \Delta \boldsymbol{\omega}_V, \boldsymbol{F}_V^\top \nabla_{\boldsymbol{F}}^2 J \boldsymbol{\theta}_\phi \rangle \Delta \phi \\
&\quad + \langle \Delta \boldsymbol{\omega}_U, \boldsymbol{F}_U^\top \nabla_{\boldsymbol{F}}^2 J \boldsymbol{\theta}_\phi \rangle \Delta \phi + \langle \Delta \boldsymbol{\omega}_V, \boldsymbol{F}_V^\top \nabla_{\boldsymbol{F}}^2 J \boldsymbol{\theta}_\phi \rangle \Delta \phi \\
&\quad + \langle \boldsymbol{\theta}_\phi, \nabla_{\boldsymbol{F}}^2 J \boldsymbol{\theta}_\phi \rangle \Delta \phi^2
\end{aligned} \tag{6.64}$$

これから J の2階微分が次のように定まる．

$$\begin{aligned}
&\nabla_{\boldsymbol{\omega}_U \boldsymbol{\omega}_U} J = \boldsymbol{F}_U^\top \nabla_{\boldsymbol{F}}^2 J \boldsymbol{F}_U, \quad \nabla_{\boldsymbol{\omega}_V \boldsymbol{\omega}_V} J = \boldsymbol{F}_V^\top \nabla_{\boldsymbol{F}}^2 J \boldsymbol{F}_V, \\
&\nabla_{\boldsymbol{\omega}_U \boldsymbol{\omega}_V} J = \boldsymbol{F}_U^\top \nabla_{\boldsymbol{F}}^2 J \boldsymbol{F}_V, \quad \frac{\partial \nabla_{\boldsymbol{\omega}_U} J}{\partial \phi} = \boldsymbol{F}_U^\top \nabla_{\boldsymbol{F}}^2 J \boldsymbol{\theta}_\phi, \\
&\frac{\partial \nabla_{\boldsymbol{\omega}_V} J}{\partial \phi} = \boldsymbol{F}_V^\top \nabla_{\boldsymbol{F}}^2 J \boldsymbol{\theta}_\phi, \qquad \frac{\partial^2 J}{\partial \phi^2} = \langle \boldsymbol{\theta}_\phi, \nabla_{\boldsymbol{F}}^2 J \boldsymbol{\theta}_\phi \rangle
\end{aligned} \tag{6.65}$$

1階微分と2階微分が得られたから，J を最小化するレーベンバーグ・マーカート法は次のようになる．

1. $|\boldsymbol{F}| = 0$, $\|\boldsymbol{F}\| = 1$ となる $\boldsymbol{F}$ の初期値を与え，式 (6.52) のように特異値分解する．そして，式 (6.50) の J を計算し，$c = 0.0001$ と置く．
2. J の $\boldsymbol{F}$ に関する 1 階微分 $\nabla_{\boldsymbol{F}} J$ と（ガウス・ニュートン近似を用いた）2 階微分 $\nabla_{\boldsymbol{F}}^2$ を計算する．
3. 式 (6.58) の 9×3 行列 $\boldsymbol{F}_U$, $\boldsymbol{F}_V$ と式 (6.59) の 9 次元ベクトル $\boldsymbol{\theta}_\phi$ を計算する．
4. J の $\boldsymbol{\omega}_U$, $\boldsymbol{\omega}_V$, ϕ に関する式 (6.61) の 1 階微分 $\nabla_{\boldsymbol{\omega}_U} J$, $\nabla_{\boldsymbol{\omega}_V} J$, $\partial J/\partial\phi$ と式 (6.65) の 2 階微分 $\nabla_{\boldsymbol{\omega}_U\boldsymbol{\omega}_U} J$, $\nabla_{\boldsymbol{\omega}_V\boldsymbol{\omega}_V} J$, $\nabla_{\boldsymbol{\omega}_U\boldsymbol{\omega}_V} J$, $\partial\nabla_{\boldsymbol{\omega}_U} J/\partial\phi$, $\partial\nabla_{\boldsymbol{\omega}_V} J/\partial\phi$, $\partial^2 J/\partial\phi^2$ を計算する．
5. 未知数 $\Delta\boldsymbol{\omega}_U$, $\Delta\boldsymbol{\omega}_V$, $\Delta\phi$ に関する次の連立 1 次方程式を解く．

$$\left(\begin{pmatrix} \nabla_{\boldsymbol{\omega}_U\boldsymbol{\omega}_U} J & \nabla_{\boldsymbol{\omega}_U\boldsymbol{\omega}_V} J & \partial\nabla_{\boldsymbol{\omega}_U} J/\partial\phi \\ (\nabla_{\boldsymbol{\omega}_U\boldsymbol{\omega}_V} J)^\top & \nabla_{\boldsymbol{\omega}_V\boldsymbol{\omega}_V} J & \partial\nabla_{\boldsymbol{\omega}_V} J/\partial\phi \\ (\partial\nabla_{\boldsymbol{\omega}_U} J/\partial\phi)^\top & (\partial\nabla_{\boldsymbol{\omega}_V} J/\partial\phi)^\top & \partial^2 J/\partial\phi^2 \end{pmatrix} + c\boldsymbol{I}\right)\begin{pmatrix} \Delta\boldsymbol{\omega}_U \\ \Delta\boldsymbol{\omega}_V \\ \Delta\phi \end{pmatrix}$$
$$= -\begin{pmatrix} \nabla_{\boldsymbol{\omega}_U} J \\ \nabla_{\boldsymbol{\omega}_V} J \\ \partial J/\partial\phi \end{pmatrix} \tag{6.66}$$

6. $\boldsymbol{U}$, $\boldsymbol{V}$, ϕ に対して，次の仮の更新を行う．

$$\tilde{\boldsymbol{U}} = e^{\boldsymbol{A}(\Delta\boldsymbol{\omega}_U)}\boldsymbol{U}, \quad \tilde{\boldsymbol{V}} = e^{\boldsymbol{A}(\Delta\boldsymbol{\omega}_V)}\boldsymbol{V}, \quad \tilde{\phi} = \phi + \Delta\phi \tag{6.67}$$

7. 次の $\tilde{\boldsymbol{F}}$ を計算する．

$$\tilde{\boldsymbol{F}} = \tilde{\boldsymbol{U}}\begin{pmatrix} \cos\tilde{\phi} & 0 & 0 \\ 0 & \sin\tilde{\phi} & 0 \\ 0 & 0 & 0 \end{pmatrix}\tilde{\boldsymbol{V}}^\top \tag{6.68}$$

8. $\tilde{\boldsymbol{F}}$ に対する式 (6.50) の値を $\tilde{J}$ とする．
9. $\tilde{J} < J$ または $\tilde{J} \approx J$ でなければ，$c \leftarrow 10c$ として，ステップ 5 に戻る．
10. $\tilde{\boldsymbol{F}} \approx \boldsymbol{F}$ であれば，$\tilde{\boldsymbol{F}}$ を返して終了する．そうでなければ，$\boldsymbol{F} \leftarrow \tilde{\boldsymbol{F}}$, $\boldsymbol{U} \leftarrow \tilde{\boldsymbol{U}}$, $\boldsymbol{V} \leftarrow \tilde{\boldsymbol{V}}$, $\tilde{\phi} \leftarrow \phi$, $c \leftarrow c/10$, $J \leftarrow \tilde{J}$ と更新してステップ 2 に戻る．

この反復を開始するには $\boldsymbol{F}$ の初期値が必要であるが，簡略な計算法がいろいろ知られている．古くから知られ，現在でも広く用いられているのは，式

(6.49) のエピ極線方程式の左辺の2乗和を最小にする最小2乗法である（式 (6.50) の右辺の分母を考えないことに相当）．これは $\boldsymbol{F}$ に関する2次式であるから，ランク拘束を考えなければ解が直ちに求まる．ランク拘束を課すには，求めた $\boldsymbol{F}$ を特異値分解して，最小特異値を0で置き換える．それ以外にもさまざまな方法が知られている．

6.8　バンドル調整

3次元シーンを複数のカメラで撮影して，あるいは1台のカメラを移動しながら撮影して得られた複数の画像からシーンの3次元構造を計算する問題を考える．これは**3次元復元** (3D reconstruction) と呼ばれている．その一つの手法の**バンドル調整** (bundle adjustment) とは，仮定した視点から出る視線の"束"(bundle) が各画像を適切に貫通するように調節して，すべての点の3次元位置と全カメラの撮影位置と内部パラメータを最適化によって計算する手法である．

3次元シーンの点 $(X_\alpha, Y_\alpha, Z_\alpha)$, $\alpha = 1, \ldots, N$ を撮影するとする．これらはシーンの**特徴点** (feature point) と呼ばれる．第 α 点が第 κ カメラの画像上の点 $(x_{\alpha\kappa}, y_{\alpha\kappa})$, $\kappa = 1, \ldots, M$ に撮影されるとする（図6.4）．透視投影に従う通常のカメラでは，次の関係が成り立つことが知られている．

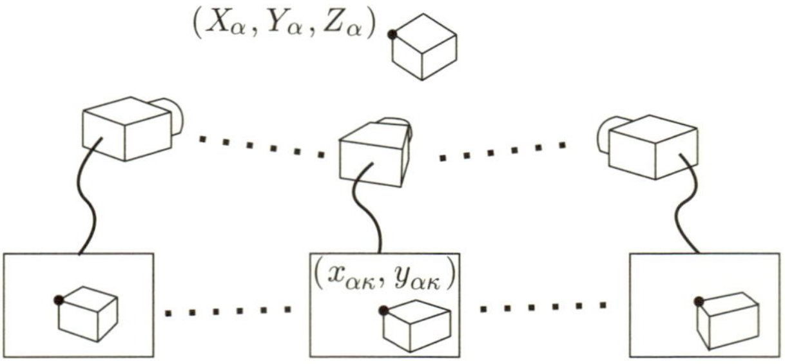

図6.4　シーン中の N 点を M 台のカメラで撮影する．第 α 点 $(X_\alpha, Y_\alpha, Z_\alpha)$ が第 κ カメラの画像上の点 $(x_{\alpha\kappa}, y_{\alpha\kappa})$ に撮影されるとする．

$$x_{\alpha\kappa} = f_0 \frac{P_{\kappa(11)}X_\alpha + P_{\kappa(12)}Y_\alpha + P_{\kappa(13)}Z_\alpha + P_{\kappa(14)}}{P_{\kappa(31)}X_\alpha + P_{\kappa(32)}Y_\alpha + P_{\kappa(33)}Z_\alpha + P_{\kappa(34)}},$$
$$y_{\alpha\kappa} = f_0 \frac{P_{\kappa(21)}X_\alpha + P_{\kappa(22)}Y_\alpha + P_{\kappa(23)}Z_\alpha + P_{\kappa(24)}}{P_{\kappa(31)}X_\alpha + P_{\kappa(32)}Y_\alpha + P_{\kappa(33)}Z_\alpha + P_{\kappa(34)}} \tag{6.69}$$

ただし，f_0 は6.7節で用いたのと同じスケール定数である．そして $P_{\kappa(ij)}$ は第 κ カメラの位置や向きや内部パラメータ（焦点距離，光軸点の位置，画像の歪みの指定など）から定まる定数である．$P_{\kappa(ij)}$ を (i,j) 要素とする 3×4 行列を $\boldsymbol{P}_\kappa$ と書き，第 κ カメラの**カメラ行列** (camera matrix) と呼ぶ．透視投影の幾何学的関係から，これは次の形をしていることが知られている．

$$\boldsymbol{P}_\kappa = \boldsymbol{K}_\kappa \boldsymbol{R}_\kappa^\top \begin{pmatrix} \boldsymbol{I} & -\boldsymbol{t}_\kappa \end{pmatrix} \tag{6.70}$$

ただし，$\boldsymbol{K}_\kappa$ は第 κ カメラの内部パラメータから成る 3×3 行列であり，**内部パラメータ行列** (intrinsic parameter matrix) と呼ぶ．$\boldsymbol{R}_\kappa$ は第 κ カメラのシーンに固定した座標系（「世界座標系」$\hookrightarrow$3.2 節）に相対的な回転であり，$\boldsymbol{t}_\alpha$ は第 κ カメラのレンズ中心の位置である．バンドル調整の原理は，式 (6.69) がなるべくよく成立するように，

$$E = \sum_{\alpha=1}^{N}\sum_{\kappa=1}^{M}\Biggl(\left(\frac{x_{\alpha\kappa}}{f_0} - \frac{P_{\kappa(11)}X_\alpha + P_{\kappa(12)}Y_\alpha + P_{\kappa(13)}Z_\alpha + P_{\kappa(14)}}{P_{\kappa(31)}X_\alpha + P_{\kappa(32)}Y_\alpha + P_{\kappa(33)}Z_\alpha + P_{\kappa(34)}}\right)^2 + \left(\frac{y_{\alpha\kappa}}{f_0} - \frac{P_{\kappa(21)}X_\alpha + P_{\kappa(22)}Y_\alpha + P_{\kappa(23)}Z_\alpha + P_{\kappa(24)}}{P_{\kappa(31)}X_\alpha + P_{\kappa(32)}Y_\alpha + P_{\kappa(33)}Z_\alpha + P_{\kappa(34)}}\right)^2\Biggr) \tag{6.71}$$

を最小にする3次元位置 $(X_\alpha, Y_\alpha, Z_\alpha)$ とカメラ行列 $\boldsymbol{P}_\kappa$ のすべてを，観測した $(x_{\alpha\kappa}, y_{\alpha\kappa})$, $\alpha = 1,\ldots,N$, $\kappa = 1,\ldots,M$ から定めることである．上式は，3次元位置とカメラ行列を与えたときに，透視投影から定まる撮影位置と実際に観測された位置の（f_0 で正規化した）食い違いの2乗和であり，**再投影誤差** (reprojection error) と呼ばれる．式を見やすくするために，

$$p_{\alpha\kappa} = P_{\kappa(11)}X_\alpha + P_{\kappa(12)}Y_\alpha + P_{\kappa(13)}Z_\alpha + P_{\kappa(14)},$$
$$q_{\alpha\kappa} = P_{\kappa(21)}X_\alpha + P_{\kappa(22)}Y_\alpha + P_{\kappa(23)}Z_\alpha + P_{\kappa(24)},$$
$$r_{\alpha\kappa} = P_{\kappa(31)}X_\alpha + P_{\kappa(32)}Y_\alpha + P_{\kappa(33)}Z_\alpha + P_{\kappa(34)} \tag{6.72}$$

とおいて，式 (6.71) を次のように書き直す．

$$E = \sum_{\alpha=1}^{N} \sum_{\kappa=1}^{M} \left(\left(\frac{p_{\alpha\kappa}}{r_{\alpha\kappa}} - \frac{x_{\alpha\kappa}}{f_0} \right)^2 + \left(\frac{q_{\alpha\kappa}}{r_{\alpha\kappa}} - \frac{y_{\alpha\kappa}}{f_0} \right)^2 \right) \tag{6.73}$$

3次元位置 $(X_\alpha, Y_\alpha, Z_\alpha)$, $\alpha = 1, \ldots, N$ とカメラ行列 $\boldsymbol{P}_\kappa$, $\kappa = 1, \ldots, M$ に含まれる未知数のすべてに $\xi_1, \xi_2, \ldots$ と通し番号をつけると，再投影誤差 E の ξ_k に関する微分が次のように書ける．

$$\begin{aligned} \frac{\partial E}{\partial \xi_k} = \sum_{\alpha=1}^{N} \sum_{\kappa=1}^{M} \frac{2}{r_{\alpha\kappa}^2} \Bigg(\left(\frac{p_{\alpha\kappa}}{r_{\alpha\kappa}} - \frac{x_{\alpha\kappa}}{f_0} \right) \left(r_{\alpha\kappa} \frac{\partial p_{\alpha\kappa}}{\partial \xi_k} - p_{\alpha\kappa} \frac{\partial r_{\alpha\kappa}}{\partial \xi_k} \right) \\ + \left(\frac{q_{\alpha\kappa}}{r_{\alpha\kappa}} - \frac{y_{\alpha\kappa}}{f_0} \right) \left(r_{\alpha\kappa} \frac{\partial q_{\alpha\kappa}}{\partial \xi_k} - q_{\alpha\kappa} \frac{\partial r_{\alpha\kappa}}{\partial \xi_k} \right) \Bigg) \end{aligned} \tag{6.74}$$

次に2階微分を計算する．このとき，反復が進行して式 (6.73) が減少するにつれて $p_{\alpha\kappa}/r_{\alpha\kappa} - x_{\alpha\kappa}/f_0 \approx 0$, $q_{\alpha\kappa}/r_{\alpha\kappa} - y_{\alpha\kappa}/f_0 \approx 0$ となることを考慮して，$p_{\alpha\kappa}/r_{\alpha\kappa} - x_{\alpha\kappa}/f_0$, $q_{\alpha\kappa}/r_{\alpha\kappa} - y_{\alpha\kappa}/f_0$ を含む項を無視するガウス–ニュートン近似を採用する．すると，E の2階微分は次のように書ける．

$$\begin{aligned} \frac{\partial^2 E}{\partial \xi_k \partial \xi_l} = 2 \sum_{\alpha=1}^{N} \sum_{\kappa=1}^{M} \frac{1}{r_{\alpha\kappa}^4} \Bigg(\left(r_{\alpha\kappa} \frac{\partial p_{\alpha\kappa}}{\partial \xi_k} - p_{\alpha\kappa} \frac{\partial r_{\alpha\kappa}}{\partial \xi_k} \right) \left(r_{\alpha\kappa} \frac{\partial p_{\alpha\kappa}}{\partial \xi_l} - p_{\alpha\kappa} \frac{\partial r_{\alpha\kappa}}{\partial \xi_l} \right) \\ + \left(r_{\alpha\kappa} \frac{\partial q_{\alpha\kappa}}{\partial \xi_k} - q_{\alpha\kappa} \frac{\partial r_{\alpha\kappa}}{\partial \xi_k} \right) \left(r_{\alpha\kappa} \frac{\partial q_{\alpha\kappa}}{\partial \xi_l} - q_{\alpha\kappa} \frac{\partial r_{\alpha\kappa}}{\partial \xi_l} \right) \Bigg) \end{aligned} \tag{6.75}$$

この結果，E の1階微分 $\partial E/\partial \xi_k$，2階微分 $\partial^2 E/\partial \xi_k \partial \xi_l$ を計算するには，単に $p_{\alpha\kappa}$, $q_{\alpha\kappa}$, $r_{\alpha\kappa}$ の1階微分 $\partial p_{\alpha\kappa}/\partial \xi_k$, $\partial q_{\alpha\kappa}/\partial \xi_k$, $\partial r_{\alpha\kappa}/\partial \xi_k$ を計算するだけでよい．

ここで，式 (6.70) に含まれる回転 $\boldsymbol{R}_\kappa$ に関する微分にリー代数の方法を適用する．他の未知数（3次元位置 $(X_\alpha, Y_\alpha, Z_\alpha)$，カメラ位置 $\boldsymbol{t}_\kappa$，内部パラメータ行列 $\boldsymbol{K}_\kappa$ に含まれるパラメータ）は通常の合成関数の微分公式で微分できる．

$\boldsymbol{R}_\kappa$ の微小変化 $\boldsymbol{A}(\Delta\boldsymbol{\omega}_\kappa)\boldsymbol{R}_\kappa$ に対する式 (6.70) の微小変化 $\Delta\boldsymbol{P}_\kappa$ は次のようになる．

$$\begin{aligned} \Delta\boldsymbol{P}_\kappa &= \boldsymbol{K}_\kappa (\boldsymbol{A}(\Delta\boldsymbol{\omega}_\kappa)\boldsymbol{R}_\kappa)^\top \begin{pmatrix} \boldsymbol{I} & -\boldsymbol{t}_\kappa \end{pmatrix} \\ &= \boldsymbol{K}_\kappa \boldsymbol{R}_\kappa^\top \begin{pmatrix} \boldsymbol{A}(\Delta\boldsymbol{\omega}_\kappa)^\top & -\boldsymbol{A}(\Delta\boldsymbol{\omega}_\kappa)^\top \boldsymbol{t}_\kappa \end{pmatrix} \end{aligned}$$

$$
= \boldsymbol{K}_\kappa \boldsymbol{R}_\kappa^\top \begin{pmatrix} 0 & \Delta\omega_{\kappa 3} & -\Delta\omega_{\kappa 2} & \Delta\omega_{\kappa 2}t_{\kappa 3} - \Delta\omega_{\kappa 3}t_{\kappa 2} \\ -\Delta\omega_{\kappa 3} & 0 & \Delta\omega_{\kappa 1} & \Delta\omega_{\kappa 3}t_{\kappa 1} - \Delta\omega_{\kappa 1}t_{\kappa 3} \\ \Delta\omega_{\kappa 2} & -\Delta\omega_{\kappa 1} & 0 & \Delta\omega_{\kappa 1}t_{\kappa 2} - \Delta\omega_{\kappa 2}t_{\kappa 1} \end{pmatrix} \tag{6.76}
$$

ただし，$\boldsymbol{A}(\Delta\boldsymbol{\omega}_\kappa)$ が反対称行列であること（$\boldsymbol{A}(\Delta\boldsymbol{\omega}_\kappa)^\top = -\boldsymbol{A}(\Delta\boldsymbol{\omega}_\kappa)$）と式 (6.29) の関係を用いた．$\Delta\omega_{\kappa i}$, $t_{\kappa i}$ はそれぞれ，$\Delta\boldsymbol{\omega}_\kappa$, $\boldsymbol{t}_\kappa$ の第 i 成分である．上式を

$$
\Delta \boldsymbol{P}_\kappa = \frac{\partial \boldsymbol{P}_\kappa}{\partial \omega_{\kappa 1}} \Delta\omega_{\kappa 1} + \frac{\partial \boldsymbol{P}_\kappa}{\partial \omega_{\kappa 2}} \Delta\omega_{\kappa 2} + \frac{\partial \boldsymbol{P}_\kappa}{\partial \omega_{\kappa 3}} \Delta\omega_{\kappa 3} \tag{6.77}
$$

の形に書き直すことによって，微小回転ベクトル $\Delta\boldsymbol{\omega}_\kappa$ に対する $\boldsymbol{P}_\kappa$ の変化率（$\boldsymbol{P}_\kappa$ の勾配）$\partial \boldsymbol{P}_\kappa/\partial\omega_{\kappa 1}$, $\partial \boldsymbol{P}_\kappa/\partial\omega_{\kappa 2}$, $\partial \boldsymbol{P}_\kappa/\partial\omega_{\kappa 3}$ が得られる．ゆえに，$\boldsymbol{\omega}_\kappa$ の成分を未知数 ξ_k の一部とみなせば（$\boldsymbol{\omega}_\kappa$ の値自体は未定義であるが，その変化は定まる），すべての未知数に対して，式 (6.72) の 1 階微分（勾配）$\partial p_{\alpha\kappa}/\partial\xi_k$, $\partial q_{\alpha\kappa}/\partial\xi_k$, $\partial r_{\alpha\kappa}/\partial\xi_k$ が得られる．したがって，式 (6.74), (6.75) から再投影誤差 E のすべての未知数に対する 1 階微分 $\partial E/\partial\xi_k$ と 2 階微分 $\partial^2 E/\partial\xi_k\partial\xi_l$ が計算できる．以上より，バンドル調整のレーベンバーグ・マーカート法が次のようになる．

1. 3 次元位置 $(X_\alpha, Y_\alpha, Z_\alpha)$ とカメラ行列 $\boldsymbol{P}_\kappa$ の初期値を与え，それに対する再投影誤差 E を計算し，$c = 0.0001$ と置く．
2. すべての未知数について，1 階および 2 階微分 $\partial E/\partial\xi_k$, $\partial^2 E/\partial\xi_k\partial\xi_l$ を計算する．
3. 次の連立 1 次方程式を解いて $\Delta\xi_k$, $k = 1, 2, \ldots$ を計算する．

$$
\begin{pmatrix} \partial^2 E/\partial\xi_1^2 + c & \partial^2 E/\partial\xi_1\partial\xi_2 & \partial^2 E/\partial\xi_1\partial\xi_3 & \cdots \\ \partial^2 E/\partial\xi_2\partial\xi_1 & \partial^2 E/\partial\xi_2^2 + c & \partial^2 E/\partial\xi_2\partial\xi_3 & \cdots \\ \partial^2 E/\partial\xi_3\partial\xi_1 & \partial^2 E/\partial\xi_3\partial\xi_2 & \partial^2 E/\partial\xi_3^2 + c & \cdots \\ \vdots & \vdots & \vdots & \ddots \end{pmatrix} \begin{pmatrix} \Delta\xi_1 \\ \Delta\xi_2 \\ \Delta\xi_3 \\ \vdots \end{pmatrix}
= - \begin{pmatrix} \partial E/\partial\xi_1 \\ \partial E/\partial\xi_2 \\ \partial E/\partial\xi_3 \\ \vdots \end{pmatrix} \tag{6.78}
$$

4. 未知数を $\tilde{\xi}_k = \xi_k + \Delta\xi_k$ と仮の更新を行う．ただし，回転のみは $\tilde{\boldsymbol{R}}_\kappa = e^{\boldsymbol{A}(\Delta\boldsymbol{\omega}_\kappa)}\boldsymbol{R}_\kappa$ とする．
5. 仮の更新値に対する再投影誤差 $\tilde{E}$ を計算し，$\tilde{E} > E$ なら $c \leftarrow 10c$ としてステップ3に戻る．
6. 未知数を $\xi_k \leftarrow \tilde{\xi}_k$ と更新し，$|\tilde{E} - E| \leq \delta$ であれば終了する（δ は微小な定数）．そうでなければ $E \leftarrow \tilde{E}$, $c \leftarrow c/10$ としてステップ2に戻る．

通常の反復計算はすべての未知数が変化しなくなるまで続けるが，バンドル調整では未知数が数千，数万になることもあり，すべての有効数字を収束させるには膨大な反復時間が必要となる．しかし，バンドル調整の目的は再投影誤差を最小にする解を見つけることであり，再投影誤差が変化しなくなれば停止するのが実際的である．上記の手順ではそのようにしている．

6.9　さらに勉強したい人へ

6.5節で述べたように，回転の集合 $SO(3)$（「3次元特殊直交群」(special orthogonal group of dimension 3)，あるいは「回転群」(group of rotations)）は，合成や逆変換に対して閉じているという意味で「群」(group) であり，同時に，3×3 行列の要素の9次元空間のいくつかの式で定義される“曲面”（「多様体」(manifold)）でもある．すなわち，「リー群」(Lie group) である．一方，6.4節で述べたように，回転群の「リー代数」(Lie algebra) とは，無限小回転の生成子の張るベクトル空間に交換子積を導入したものである．生成子 $\boldsymbol{A}$ は反対称行列であるから，一つのベクトル $\boldsymbol{\omega}$ と1対1対応する．そして，交換子積はベクトル積に対応する．したがって，リー代数とは「微小回転を表すベクトル $\boldsymbol{\omega}$ の集合」でもある．このため，交換子積を考える必要がないように思える．しかし，これは3次元の特殊性のためである．

一般の n 次元空間でも，“回転”が行列式1の直交行列で定義される．そして，対応するリー群を「n 次元特殊直交群」(special orthogonal group of dimension n) と呼び，$SO(n)$ と書く．式 (6.1), (6.2) は何次元でも成り立つから，生成子 $\boldsymbol{A}$ は反対称行列である．しかし，3次元以外では，これを式 (6.4) のように n 次元ベクトルで表すことはできない（$n \times n$ 反対称行列は

$n(n-1)/2$ 個の要素を持つ）．そして，ベクトル積は3次元でしか定義できない．しかし，交換子積は何次元でも定義できるので，n 次元リー代数が定義できて，式 (6.21)–(6.23) が成り立つ．回転群でなくても，n 次元空間の線形変換の作る群に対して，無限小変換の生成子の作る線形空間に交換子積を導入して，リー代数が定義される．

リー代数が重要なのは，リー群のほとんどの性質がそのリー代数の解析から得られるからである．しかし，3次元では構造が非常に単純なので，あまりリー群やリー代数を意識する必要がない．リー群とリー代数の初等的な解説は教科書 [15] にある．本書末尾にも，付録として簡単な解説を加えた．式 (6.44) の記法は文献 [18] で導入され，回転を含む最適化に関して頻繁に現れる [32, 36]．ガウス・ニュートン近似，ガウス・ニュートン法，レーベンバーグ・マーカート法については教科書 [21] に初等的な解説がある．

リー代数は，画像を利用したロボットアームなどの，連続的な姿勢の制御の定式化に用いられている [3, 9]．また最近は，「回転平均化」(rotation averaging) にも応用されている [4, 11]．これは，画像からの3次元復元において，複数の物体の向きをそれぞれ他の物体と相対的に計算，あるいは測定すると，誤差のため，各物体の絶対的な向きがその物体へ至る計算の伝搬の経路に依存してしまう問題である．これを一意的に定めるには，異なる経路によって得られる異なる回転を平均すればよいが，回転行列の平均はもはや回転行列ではない．Govindu [11] は回転 $\boldsymbol{R}$ を式 (6.13) の回転ベクトル $\boldsymbol{\Omega}$ で表し，それを平均している．そして，各物体の向きを全体的に最も食い違いが少なくなるように最適化し，それにガウス・ニュートン法を用いている [4]．これは本章のリー代数の方法に相当している．同じような平均化は，Sakamoto ら [37] がカメラを 360° 回転させながら撮影した画像を張り合わせて全周パノラマ画像を作成するのに用いている．これは，順に張り合わせていくと，誤差の伝搬のために最初と最後の画像が合わなくなるからである．これを防いで各カメラの向きを平均化する最適化にリー代数の方法を用いている．

6.7 節で述べた基礎行列やエピ極線方程式は，画像から3次元を推論するコンピュータビジョンの最も基礎的な概念である．画像から基礎行列を計算する方法や基礎行列からシーンの3次元構造を推論する方法は，多くのコンピュータビジョンの教科書で解説されている（例えば [32]）．

基礎行列の計算の原理は，式 (6.49) のエピ極線方程式の満たされ方を測る何らかの関数（単純な2乗和，サンプソン誤差，再投影誤差，その他）を最小化することである．このとき，ランク拘束をどう取り扱うかに関して3通りのアプローチがある（図6.5）．いずれについても，具体的な計算手順は [32] に詳しい．

事後補正　まず，ランク拘束を考えずに最適化を行う．データに誤差がなければ正しい解が得られるから，誤差が小さければ，ランク拘束からのずれも小さい．そこで，その得られた解を $|\boldsymbol{F}| = 0$ となるように事後的に補正する（図6.5(a)）．最も単純な方法は，$\boldsymbol{F}$ を特異値分解して，最小特異値を0で置き換える「SVD 補正」(SVD correction) である．より精度が高いのは，解の統計的な挙動を解析して，補正による関数値の増加が最小となるようにする「最適補正」(optimal correction) である．最も単純に，6.7節の末尾で述べた最小2乗法で求めた解に SVD 補正を施すことは，「ハートレーの8点法」(Hartley's 8-point method) [13] と呼ばれている[6]．

内部接近　基礎行列 $\boldsymbol{F}$ をランク拘束が満たされるようにパラメータ化し，その（内部の）パラメータ空間で探索を行う（図6.5(b)）．6.7節に述べたものもその例である．これ以外にもランク拘束を満たすパラメータ化がいろいろ存在する．特異値分解を用いるパラメータ化は Bartoli ら [2] が示したが，彼らは高次元空間を探索している．本章に示すリー代数の方法は Sugaya ら [40] による．

外部接近　基礎行列 $\boldsymbol{F}$ を要素から成る（外部の）9次元空間で反復を行い，収束した時点でランク拘束が満たされ，評価関数が最小となることを保証するものである（図6.5(c)）．5.6節に述べたように，その基本的な考え方が Chojnacki ら [7] によって「拘束 FNS 法」(CFNS: Constrained Fundamental Numerical Scheme) として提案され，Kanatani ら [28] によって「拡張 FNS 法」(EFNS: Extended Fundamental Numerical

[6] “8点”という用語名称は，最低8点の対応点が必要であることによる．

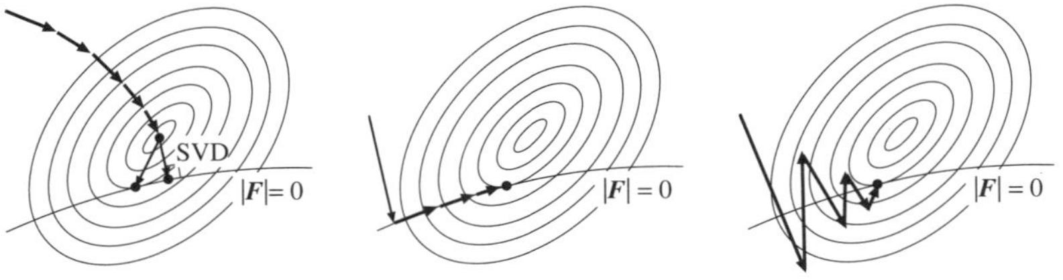

(a) 事後補正　(b) 内部接近　(c) 外部接近

図 6.5 (a) ランク拘束を考えずに評価関数（図中に等高線で示す）を最小にした位置から $|\boldsymbol{F}| = 0$ が指定する超曲面（図中に曲線で示す）の上へ移動する．特異値分解を用いる方法（図中の SVD）は，超曲面へ垂直に移動し，最適補正は評価関数の増加が最も少ない方向に移動する．(b) 超曲面 $|\boldsymbol{F}| = 0$ をパラメータ化し，その超曲面上でパラメータを探索する．(c) 各ステップでなるべく評価関数が減り，かつランク拘束がより満たされるように反復を行い，最終的にランク拘束が満たされ，それ以上に評価関数が減少しないことを保証する．

Scheme) として改良された．これは 5.5 節で述べたように，$|\boldsymbol{F}| = 0$ が $\boldsymbol{F}$ の要素の 3 次同次拘束条件であることに着目して，FNS 法の反復の各ステップで拘束が満たされる方向に解を射影するものである．

基礎行列は 2 台のカメラの内部パラメータとそれらの相対的な姿勢によって定まるが，内部パラメータが既知の場合は，より自由度の少ない（拘束条件の多い）行列となり，「基本行列」(essential matrix) と呼ばれている．これに対しても，リー代数の方法を用いて計算する研究がある [41].

6.8 節で述べたバンドル調整は，カメラの視点（レンズ中心）から出てシーンの各点に到達する視線の“束” (bundle) を透視投影の関係が成り立つように調整するものである．これは，複数の写真から地図作成のために 3 次元形状を計算する「写真測量学」(photogrammetry) で使われていた用語である．その起源は 19 世紀にさかのぼり，写真の発明以来，主にドイツで発展した．そして，20 世紀後半にコンピュータの出現とともに，そのアルゴリズムがコンピュータビジョン研究者によって提案されるようになった．現在，各種のプログラムコードがウェブサイトに公開されている．最もよく知られているのはLourakisら[34]によるSBAと呼ばれるものである．Snaverlyら[38, 39]はそれと対応点抽出とを組み合わせたbundlerというツールを公開している．6.8節に示したものは，それらを変形して，カメラ回転の計算の部分にリー代数の方法を用いたものである[32]（公開プログラムのほとんどは，カメラ回転を四元数によってパラメータ化している）．

6.8節のバンドル調整を実装しようとすると，いろいろな注意が必要となる．一つは，入力が画像データのみである限り，解に位置と向きとスケールの不定性があることである．これはシーンの座標系（世界座標系）のとり方が任意であること，および，小さい物体の近くで撮影しても，大きな物体を離れて撮影しても画像としては同じものが得られるという事実による．そのため，実際の計算では，選んだ一つのカメラのレンズ中心とカメラの向きを固定し，それを基準にして世界座標系を定義する．そして，選んだもう一つのカメラ位置までの距離が1となるようにスケールを定義する．これによって，いくつかの未知数が固定される．また，実際にはすべての特徴点がすべての画像で見えているとは限らないので，式(6.78)を導くとき，再投影誤差の評価を見える点とそれが撮影されている画像に限定する必要がある．

もう一つは計算上の問題である．6.8節の末尾で述べたように，未知数の数が多いので，式(6.78)の連立1次方程式を解くのに多大な時間がかかるだけでなく，その係数行列を格納する領域が膨大になる．そのため，格納領域の効率化の手法がいろいろ考えられている．計算時間に対しては，未知数を3次元位置部分とカメラパラメータ部分に分割して，一方の未知数を残りの未知数について解き，それを代入して，連立1次方程式の行列のサイズを縮小させる手法が用いられる．その縮小した行列はもとの行列の「シューアの補行列」(Schur complement)と呼ばれる．具体的な実装手順は[32]に示されている．

第6章の問題

6.1. 回転軸 $\boldsymbol{l}$（単位ベクトル）の周りの角速度 Ω の回転を考え，式(3.20)のロドリーグの式において，$\Omega = \omega t$ と置き，t で微分して $t = 0$ と置くと，

$$\dot{\boldsymbol{R}} = \begin{pmatrix} 0 & -\omega l_3 & \omega l_2 \\ \omega l_3 & 0 & -\omega l_1 \\ -\omega l_2 & \omega l_1 & 0 \end{pmatrix} \tag{6.79}$$

となることを示せ．そして，これから式(6.6)が得られることを示せ．

6.2. 式(6.22)のヤコビの恒等式が成り立つことを示せ．

6.3. 式(6.14)のリー代数の基底 $\boldsymbol{A}_1$, $\boldsymbol{A}_2$, $\boldsymbol{A}_3$ が式(6.24)の関係を満たすことを示せ．

6.4. 次のベクトル三重積の公式を示せ．

$$\begin{aligned} \boldsymbol{a} \times (\boldsymbol{b} \times \boldsymbol{c}) &= \langle \boldsymbol{a}, \boldsymbol{c} \rangle \boldsymbol{b} - \langle \boldsymbol{a}, \boldsymbol{b} \rangle \boldsymbol{c}, \\ (\boldsymbol{a} \times \boldsymbol{b}) \times \boldsymbol{c} &= \langle \boldsymbol{a}, \boldsymbol{c} \rangle \boldsymbol{b} - \langle \boldsymbol{b}, \boldsymbol{c} \rangle \boldsymbol{a} \end{aligned} \tag{6.80}$$

6.5. 式(6.20)–(6.22)の交換子積 $[\boldsymbol{A}, \boldsymbol{B}]$ の関係は，交換子積 $[\boldsymbol{A}, \boldsymbol{B}]$ をベクトル式 $\boldsymbol{a} \times \boldsymbol{b}$ に置き換えても成立することを示せ．

6.6. ベクトル積と内積に関する次の恒等式を示せ．

$$\langle \boldsymbol{a} \times \boldsymbol{b}, \boldsymbol{c} \rangle = \langle \boldsymbol{b} \times \boldsymbol{c}, \boldsymbol{a} \rangle = \langle \boldsymbol{c} \times \boldsymbol{a}, \boldsymbol{b} \rangle \tag{6.81}$$

6.7. $n \times n$ 行列 $\boldsymbol{A}$ を対称行列 $\boldsymbol{A}^{(s)}$ と反対称行列 $\boldsymbol{A}^{(a)}$ の和に $\boldsymbol{A} = \boldsymbol{A}^{(s)} + \boldsymbol{A}^{(a)}$ と分解するとき（$\hookrightarrow$ 問題4.7(1)），任意の n 次元ベクトル $\boldsymbol{x}$ に対して，次式が成り立つことを示せ．

$$\langle \boldsymbol{x}, \boldsymbol{A}\boldsymbol{x} \rangle = \langle \boldsymbol{x}, \boldsymbol{A}^\top \boldsymbol{x} \rangle = \langle \boldsymbol{x}, \boldsymbol{A}^{(s)} \boldsymbol{x} \rangle \tag{6.82}$$

6.8. (1) 行列 $\boldsymbol{T}$ の列を $\boldsymbol{t}_1, \boldsymbol{t}_2, \boldsymbol{t}_3$ とするとき，$\boldsymbol{\omega} \times \boldsymbol{T}$ は $\boldsymbol{\omega}$ と $\boldsymbol{t}_1, \boldsymbol{t}_2, \boldsymbol{t}_3$ のそれぞれとのベクトル積を列とする行列，すなわち

$$\boldsymbol{\omega} \times \begin{pmatrix} \boldsymbol{t}_1 & \boldsymbol{t}_2 & \boldsymbol{t}_3 \end{pmatrix} = \begin{pmatrix} \boldsymbol{\omega} \times \boldsymbol{t}_1 & \boldsymbol{\omega} \times \boldsymbol{t}_2 & \boldsymbol{\omega} \times \boldsymbol{t}_3 \end{pmatrix} \tag{6.83}$$

であることを示せ．

(2) 行列 $\boldsymbol{T}$ の行を $\boldsymbol{t}_1^\top, \boldsymbol{t}_2^\top, \boldsymbol{t}_3^\top$ とするとき，$\boldsymbol{T} \times \boldsymbol{\omega}$ は $\boldsymbol{\omega}$ と $\boldsymbol{t}_1$, $\boldsymbol{t}_2$, $\boldsymbol{t}_3$ のそれぞれとのベクトル積を行とする行列，すなわち

$$\begin{pmatrix} \boldsymbol{t}_1^\top \\ \boldsymbol{t}_2^\top \\ \boldsymbol{t}_3^\top \end{pmatrix} \times \boldsymbol{\omega} = \begin{pmatrix} (\boldsymbol{\omega} \times \boldsymbol{t}_1)^\top \\ (\boldsymbol{\omega} \times \boldsymbol{t}_2)^\top \\ (\boldsymbol{\omega} \times \boldsymbol{t}_3)^\top \end{pmatrix} \tag{6.84}$$

であることを示せ.

6.9. 誤差がないときに式 (6.49) のエピ極線方程式が成り立つという条件のもとに，再投影誤差

$$J = \frac{1}{2}\sum_{\alpha=1}^{N}(\Delta x_\alpha^2 + \Delta y_\alpha^2 + \Delta {x'_\alpha}^2 + \Delta {y'_\alpha}^2) \tag{6.85}$$

を最小にするには（係数の 1/2 は形式的なもので，特に意味はない），高次の誤差の項を無視すれば，式 (6.50) のサンプソン誤差の最小化に帰着することを示せ.

ヒント：式 (6.49) に対するラグランジュ乗数を用いる.

6.10. 対応点の座標に誤差があるとして，式 (6.49) の左辺の共分散行列を評価し，尤度関数を計算することによって，最尤推定が高次の誤差項を除いて，式 (6.50) のサンプソン誤差の最小化に帰着することを示せ.

6.11. $n \times m$ 行列 $\boldsymbol{A}$ の行列ノルムの 2 乗 $\|\boldsymbol{A}\|^2$ は，その特異値の 2 乗和に等しいことを示せ.

第7章
回転の計算の信頼性

本章では，センサーデータから計算した回転がどの程度正しいかを評価する問題を扱う．これに対しては，実験的評価と理論的評価の両方を考える．実験的評価は，同じような状況で計算した多数の計算値が，あるいはそれを模倣したシミュレーション結果が得られている場合を対象とする．そのような場合，平均や分散を評価して統計的処理を行うのが普通であるが，回転は回転行列（行列式1の直交行列）で表されるため，その平均や分散をどう計算するかは自明ではない（例えば，6.9節でも触れたように，回転行列の代数的平均はもはや回転行列ではない）．これを解決するために，回転の共分散行列を数学的に定義する．一方，理論評価は，入力データの誤差の確率分布を仮定し，得られる計算結果の真値からのずれの確率分布を解析するものである．これは共分散行列によって評価される（ずれの期待値は通常は零となる）．ここでは，最尤推定による計算の共分散行列を評価する．最後に，どんな計算法を用いても下回ることができない共分散行列の理論限界（「KCR下界」）が存在することを証明する．また，最尤推定は高次の誤差項を除いて，その理論限界を達成していることを示す．

7.1 回転の計算誤差の評価

再び，センサーデータからの回転の推定の問題を考える．5.2節で述べたように観測するベクトル $\boldsymbol{a}_1, \ldots, \boldsymbol{a}_N$ および $\boldsymbol{a}'_1, \ldots, \boldsymbol{a}'_N$ は，真の値 $\bar{\boldsymbol{a}}_1, \ldots, \bar{\boldsymbol{a}}_N$ および $\bar{\boldsymbol{a}}'_1, \ldots, \bar{\boldsymbol{a}}'_N$ から誤差によってずれたものであるとみなして，

$$\boldsymbol{a}_\alpha = \bar{\boldsymbol{a}}_\alpha + \Delta\boldsymbol{a}_\alpha, \quad \boldsymbol{a}'_\alpha = \bar{\boldsymbol{a}}'_\alpha + \Delta\boldsymbol{a}'_\alpha, \quad \alpha = 1, \ldots, N \tag{7.1}$$

と書く．誤差 $\Delta\boldsymbol{a}_\alpha$，$\Delta\boldsymbol{a}'_\alpha$ は期待値 $\mathbf{0}$，共分散行列 $V[\boldsymbol{a}_\alpha] = \sigma^2 V_0[\boldsymbol{a}_\alpha]$，$V[\boldsymbol{a}'_\alpha] = \sigma^2 V_0[\boldsymbol{a}'_\alpha]$ の独立な正規分布に従うとする．そして，真の値 $\bar{\boldsymbol{a}}_\alpha$，$\bar{\boldsymbol{a}}'_\alpha$ がある回転 $\boldsymbol{R}$ に対して

$$\bar{\boldsymbol{a}}'_\alpha = \boldsymbol{R}\bar{\boldsymbol{a}}_\alpha, \quad \alpha = 1, \ldots, N \tag{7.2}$$

を満たすとき，データ $\boldsymbol{a}_\alpha, \boldsymbol{a}'_\alpha, \alpha = 1, \ldots, N$ から $\boldsymbol{R}$ を推定する．

この問題に対して，何らかの方法（共分散行列を考慮しない 4.3 節の特異値分解の方法，4.4 節の四元数による方法，共分散行列を考慮する 5.4 節の四元数による FNS 法，5.5 節の同次拘束条件による拡張 FNS 法，6.6 節のリー代数の方法など）を用いて推定値 $\hat{\boldsymbol{R}}$ が得られたとする．このとき，これが真の回転 $\boldsymbol{R}$ とどれだけ近いかをどう測ったらよいであろうか．素朴に $\|\hat{\boldsymbol{R}} - \boldsymbol{R}\|$ で評価することが考えられるが，しかし，例えば $\|\hat{\boldsymbol{R}} - \boldsymbol{R}\| = 0.01$ であったとしても，有益な情報はほとんど得られない．それは，回転の演算の特殊性のためである．

例えば並進ベクトル $\boldsymbol{t}$ を推定する問題であれば，解析は単純である．並進 $\boldsymbol{t}$ に並進 $\boldsymbol{t}'$ が加われば，その合成は“和” $\boldsymbol{t}'' = \boldsymbol{t} + \boldsymbol{t}'$ である．したがって，$\boldsymbol{t}''$ の $\boldsymbol{t}$ からの違いは，“差” $\boldsymbol{t}'' - \boldsymbol{t}$ $(= \boldsymbol{t}')$ で測るのが合理的である．その $\boldsymbol{t}'$ が並進に“ずれ”を生じさせた原因である．

一方，回転 $\boldsymbol{R}$ に回転 $\boldsymbol{R}'$ が加われば，その合成は“積” $\boldsymbol{R}'' = \boldsymbol{R}'\boldsymbol{R}$ である．したがって，$\boldsymbol{R}''$ の $\boldsymbol{R}$ からの違いは，“商” $\boldsymbol{R}''\boldsymbol{R}^{-1}$ $(= \boldsymbol{R}')$ で測るのが合理的である．その $\boldsymbol{R}'$ が回転に“ずれ”を生じさせた原因である．

このように考えれば，$\hat{\boldsymbol{R}}$ の $\boldsymbol{R}$ からの違いは

$$\Delta\boldsymbol{R} = \hat{\boldsymbol{R}}\boldsymbol{R}^{-1} \ (= \hat{\boldsymbol{R}}\boldsymbol{R}^\top) \tag{7.3}$$

で評価するのが妥当である．この $\Delta\boldsymbol{R}$ は，$\hat{\boldsymbol{R}}$ の $\boldsymbol{R}$ からの相対回転を表す回転行列である．したがって，これはある回転軸 $\boldsymbol{l}$（単位ベクトル）の周りのある回転角 $\Delta\Omega$ の回転を表す．そして，その $\boldsymbol{l}$ がずれの回転の軸であり，$\Delta\Omega$ がずれの角度である．$\Delta\boldsymbol{R}$ に対する軸 $\boldsymbol{l}$ と回転角 $\Delta\Omega$ は，式 (3.22) によって計算される．軸 $\boldsymbol{l}$ と回転角 $\Delta\Omega$ が（例えば $\Delta\Omega = 0.1^\circ$ などと）与えられれば，計算の誤差の幾何学的な意味づけが与えられる．軸 $\boldsymbol{l}$ と角度 $\Delta\Omega$ は 6.3 節のように，一つのベクトル

$$\Delta\boldsymbol{\Omega} = \Delta\Omega\boldsymbol{l} \tag{7.4}$$

で表せる．以上より，$\hat{\boldsymbol{R}}$ の $\boldsymbol{R}$ からの違いは誤差ベクトル $\Delta\boldsymbol{\Omega}$ で評価するのが合理的である．

データの誤差を式 (7.1) のように確率変数とみなせば，それから計算される $\hat{\boldsymbol{R}}$ も確率変数である．すなわち，確率分布を持つ．誤差ベクトル $\Delta\boldsymbol{\Omega}$ の統計的な挙動は，その期待値と共分散行列によって評価される．

$$\boldsymbol{\mu}[\hat{\boldsymbol{R}}] = E[\Delta\boldsymbol{\Omega}], \quad V[\hat{\boldsymbol{R}}] = E[\Delta\boldsymbol{\Omega}\Delta\boldsymbol{\Omega}^\top] \tag{7.5}$$

$\boldsymbol{\mu}[\hat{\boldsymbol{R}}]$ は，ずれの平均的な大きさを評価するものであり，**偏差** (bias) と呼ばれる．$\boldsymbol{\mu}[\hat{\boldsymbol{R}}] = \boldsymbol{0}$ であれば，その計算法によって平均的には正しい回転が得られることを意味し，$\boldsymbol{\mu}[\hat{\boldsymbol{R}}] \neq \boldsymbol{0}$ であれば，特定の方向のずれが生じやすいことを意味する．共分散行列 $V[\hat{\boldsymbol{R}}]$ は，ずれの回転軸の分布を表し，最大固有値に対する固有ベクトルが最も生じやすいずれの回転軸方向，その固有値がそれに対するずれの回転角の分散を表す．

これによって，計算法の精度をシミュレーション実験によって評価することができる．具体的には，真の値 $\bar{\boldsymbol{a}}_\alpha$, $\bar{\boldsymbol{a}}'_\alpha$ に人工的に，仮定した確率分布に従う乱数誤差 $\Delta\boldsymbol{a}_\alpha$, $\Delta\boldsymbol{a}'_\alpha$ を加えて，ある方法，例えば最小 2 乗法で計算した回転を $\hat{\boldsymbol{R}}$ とし，それから計算した誤差ベクトルを $\Delta\boldsymbol{\Omega}$ とする．これを乱数誤差を変えながら繰り返して M 回実験して得られた値を $\Delta\boldsymbol{\Omega}_1, \ldots, \Delta\boldsymbol{\Omega}_M$ とする．偏差と共分散行列は，次のように実験的に評価される．

$$\boldsymbol{\mu}[\hat{\boldsymbol{R}}] = \frac{1}{M}\sum_{k=1}^{M}\Delta\boldsymbol{\Omega}_k, \quad V[\hat{\boldsymbol{R}}] = \frac{1}{M}\sum_{k=1}^{M}(\Delta\boldsymbol{\Omega}_k - \boldsymbol{\mu}[\hat{\boldsymbol{R}}])(\Delta\boldsymbol{\Omega}_k - \boldsymbol{\mu}[\hat{\boldsymbol{R}}])^\top \tag{7.6}$$

これによって，その計算方法の精度や特性が実験的に把握できる．

7.2 最尤推定の精度

上に述べたのは実験的な評価であるが，理論的な評価を考える．例として，最尤推定によって得られる解の精度を理論的に評価する．すなわち，式 (5.11) の関数

$$J(\boldsymbol{R}) = \frac{1}{2}\sum_{\alpha=1}^{N}\langle \boldsymbol{a}'_\alpha - \boldsymbol{R}\boldsymbol{a}_\alpha, \boldsymbol{W}_\alpha(\boldsymbol{a}'_\alpha - \boldsymbol{R}\boldsymbol{a}_\alpha)\rangle,$$

$$\boldsymbol{W}_\alpha \equiv (\boldsymbol{R}V_0[\boldsymbol{a}_\alpha]\boldsymbol{R}^\top + V_0[\boldsymbol{a}'_\alpha])^{-1} \tag{7.7}$$

を最小にする $\hat{\boldsymbol{R}}$ の真の回転 $\bar{\boldsymbol{R}}$ との違いを評価する．

式 (7.1) の誤差項 $\Delta\boldsymbol{a}_\alpha$，$\Delta\boldsymbol{a}'_\alpha$ は仮定により，期待値 $\boldsymbol{0}$ で共分散行列 $\sigma^2V_0[\boldsymbol{a}_\alpha]$，$\sigma^2V_0[\boldsymbol{a}'_\alpha]$ を持つ．そして，σ は十分小さいと仮定する．したがって，$\hat{\boldsymbol{R}}$ の $\bar{\boldsymbol{R}}$ からの違いは $O(\sigma)$ である．前章の議論より，あるベクトル $\Delta\boldsymbol{\omega}$ によって

$$\hat{\boldsymbol{R}} = \bar{\boldsymbol{R}} + \Delta\boldsymbol{\omega} \times \bar{\boldsymbol{R}} + O(\sigma^2) \tag{7.8}$$

と書ける（式 (6.44) の記法を用いている）．この $\Delta\boldsymbol{\omega}$ は $O(\sigma)$ である．式 (7.1), (7.8) を代入して，$\bar{\boldsymbol{a}}'_\alpha = \bar{\boldsymbol{R}}\bar{\boldsymbol{a}}_\alpha$ に注意すると，式 (7.7) は 次のように書ける．

$$J(\boldsymbol{R}) = \frac{1}{2}\sum_{\alpha=1}^{N}\langle \Delta\boldsymbol{a}'_\alpha - \bar{\boldsymbol{R}}\Delta\boldsymbol{a}_\alpha - \Delta\boldsymbol{\omega}\times\bar{\boldsymbol{R}}\bar{\boldsymbol{a}}_\alpha,$$
$$\bar{\boldsymbol{W}}_\alpha(\Delta\boldsymbol{a}'_\alpha - \bar{\boldsymbol{R}}\Delta\boldsymbol{a}_\alpha - \Delta\boldsymbol{\omega}\times\bar{\boldsymbol{R}}\bar{\boldsymbol{a}}_\alpha)\rangle + O(\sigma^3) \tag{7.9}$$

ただし，$\bar{\boldsymbol{W}}_\alpha$ は $\boldsymbol{W}_\alpha$ の真の値（$\bar{\boldsymbol{R}}$ に対する値）である．行列 $\boldsymbol{W}_\alpha$ の誤差を考えなくてもよいのは，それに掛かっている項が $O(\sigma^2)$ であり，$\boldsymbol{W}_\alpha$ の $O(\sigma)$ の誤差は最後の $O(\sigma^3)$ の項に含まれるからである．式 (7.9) は次のように変形できる．

$$\begin{aligned}
J(\boldsymbol{R}) = \frac{1}{2}\sum_{\alpha=1}^{N}\Big(&\langle \Delta\boldsymbol{a}'_\alpha - \bar{\boldsymbol{R}}\Delta\boldsymbol{a}_\alpha, \bar{\boldsymbol{W}}_\alpha(\Delta\boldsymbol{a}'_\alpha - \bar{\boldsymbol{R}}\Delta\boldsymbol{a}_\alpha)\rangle \\
&- \langle \Delta\boldsymbol{a}'_\alpha - \bar{\boldsymbol{R}}\Delta\boldsymbol{a}_\alpha, \bar{\boldsymbol{W}}_\alpha\Delta\boldsymbol{\omega}\times\bar{\boldsymbol{R}}\bar{\boldsymbol{a}}_\alpha\rangle \\
&- \langle \Delta\boldsymbol{\omega}\times\bar{\boldsymbol{R}}\bar{\boldsymbol{a}}_\alpha, \bar{\boldsymbol{W}}_\alpha(\Delta\boldsymbol{a}'_\alpha - \bar{\boldsymbol{R}}\Delta\boldsymbol{a}_\alpha)\rangle \\
&+ \langle \Delta\boldsymbol{\omega}\times\bar{\boldsymbol{R}}\bar{\boldsymbol{a}}_\alpha, \bar{\boldsymbol{W}}_\alpha\Delta\boldsymbol{\omega}\times\bar{\boldsymbol{R}}\bar{\boldsymbol{a}}_\alpha\rangle\Big) + O(\sigma^3) \\
= \frac{1}{2}\sum_{\alpha=1}^{N}&\langle \Delta\boldsymbol{a}'_\alpha - \bar{\boldsymbol{R}}\Delta\boldsymbol{a}_\alpha, \bar{\boldsymbol{W}}_\alpha(\Delta\boldsymbol{a}'_\alpha - \bar{\boldsymbol{R}}\Delta\boldsymbol{a}_\alpha)\rangle \\
- \sum_{\alpha=1}^{N}&\langle \Delta\boldsymbol{\omega}\times\bar{\boldsymbol{R}}\bar{\boldsymbol{a}}_\alpha, \bar{\boldsymbol{W}}_\alpha(\Delta\boldsymbol{a}'_\alpha - \bar{\boldsymbol{R}}\Delta\boldsymbol{a}_\alpha)\rangle \\
+ \frac{1}{2}\sum_{\alpha=1}^{N}&\langle \Delta\boldsymbol{\omega}\times\bar{\boldsymbol{R}}\bar{\boldsymbol{a}}_\alpha, \bar{\boldsymbol{W}}_\alpha(\bar{\boldsymbol{R}}\bar{\boldsymbol{a}}_\alpha)\times\Delta\boldsymbol{\omega}\rangle\Big) + O(\sigma^3)
\end{aligned}$$

$$
\begin{aligned}
&= \frac{1}{2}\sum_{\alpha=1}^{N}\langle \Delta \boldsymbol{a}'_\alpha - \bar{\boldsymbol{R}}\Delta\boldsymbol{a}_\alpha, \bar{\boldsymbol{W}}_\alpha(\Delta\boldsymbol{a}'_\alpha - \bar{\boldsymbol{R}}\Delta\boldsymbol{a}_\alpha)\rangle \\
&\quad - \sum_{\alpha=1}^{N}\langle \Delta\boldsymbol{\omega}, (\bar{\boldsymbol{R}}\bar{\boldsymbol{a}}_\alpha)\times\bar{\boldsymbol{W}}_\alpha(\Delta\boldsymbol{a}'_\alpha - \bar{\boldsymbol{R}}\Delta\boldsymbol{a}_\alpha)\rangle \\
&\quad + \frac{1}{2}\sum_{\alpha=1}^{N}\langle \Delta\boldsymbol{\omega}, (\bar{\boldsymbol{R}}\bar{\boldsymbol{a}}_\alpha)\times\bar{\boldsymbol{W}}_\alpha\times(\bar{\boldsymbol{R}}\bar{\boldsymbol{a}}_\alpha)\Delta\boldsymbol{\omega}\rangle + O(\sigma^3) \qquad (7.10)
\end{aligned}
$$

これを $\Delta\boldsymbol{\omega}$ で微分すると，次のようになる．

$$
\begin{aligned}
\nabla_{\Delta\boldsymbol{\omega}} J &= -\sum_{\alpha=1}^{N}(\bar{\boldsymbol{R}}\bar{\boldsymbol{a}}_\alpha)\times\bar{\boldsymbol{W}}_\alpha(\Delta\boldsymbol{a}'_\alpha - \bar{\boldsymbol{R}}\Delta\boldsymbol{a}_\alpha) \\
&\quad + \sum_{\alpha=1}^{N}(\bar{\boldsymbol{R}}\bar{\boldsymbol{a}}_\alpha)\times\bar{\boldsymbol{W}}_\alpha\times(\bar{\boldsymbol{R}}\bar{\boldsymbol{a}}_\alpha)\Delta\boldsymbol{\omega} + O(\sigma^3) \qquad (7.11)
\end{aligned}
$$

$J(\boldsymbol{R})$ が最小になる $\boldsymbol{R} = \hat{\boldsymbol{R}}$ ではこれが $\boldsymbol{0}$ であるから，次式が成り立つ．

$$
\sum_{\alpha=1}^{N}(\bar{\boldsymbol{R}}\bar{\boldsymbol{a}}_\alpha)\times\bar{\boldsymbol{W}}_\alpha\times(\bar{\boldsymbol{R}}\bar{\boldsymbol{a}}_\alpha)\Delta\boldsymbol{\omega} = \sum_{\alpha=1}^{N}(\bar{\boldsymbol{R}}\bar{\boldsymbol{a}}_\alpha)\times\bar{\boldsymbol{W}}_\alpha(\Delta\boldsymbol{a}'_\alpha - \bar{\boldsymbol{R}}\Delta\boldsymbol{a}_\alpha) + O(\sigma^3) \qquad (7.12)
$$

両辺に辺々の転置を掛けると，次のようになる．

$$
\begin{aligned}
&\left(\sum_{\alpha=1}^{N}(\bar{\boldsymbol{R}}\bar{\boldsymbol{a}}_\alpha)\times\bar{\boldsymbol{W}}_\alpha\times(\bar{\boldsymbol{R}}\bar{\boldsymbol{a}}_\alpha)\right)\Delta\boldsymbol{\omega}\Delta\boldsymbol{\omega}^\top\left(\sum_{\beta=1}^{N}(\bar{\boldsymbol{R}}\bar{\boldsymbol{a}}_\beta)\times\bar{\boldsymbol{W}}_\beta\times(\bar{\boldsymbol{R}}\bar{\boldsymbol{a}}_\beta)\right) \\
&= \sum_{\alpha,\beta=1}^{N}(\bar{\boldsymbol{R}}\bar{\boldsymbol{a}}_\alpha)\times\bar{\boldsymbol{W}}_\alpha(\Delta\boldsymbol{a}'_\alpha - \bar{\boldsymbol{R}}\Delta\boldsymbol{a}_\alpha)(\Delta\boldsymbol{a}'_\beta - \bar{\boldsymbol{R}}\Delta\boldsymbol{a}_\beta)^\top\bar{\boldsymbol{W}}_\beta^\top\boldsymbol{A}(\bar{\boldsymbol{R}}\bar{\boldsymbol{a}}_\beta)^\top \\
&\quad + O(\sigma^3) \\
&= \sum_{\alpha,\beta=1}^{N}(\bar{\boldsymbol{R}}\bar{\boldsymbol{a}}_\alpha)\times\bar{\boldsymbol{W}}_\alpha(\Delta\boldsymbol{a}'_\alpha - \bar{\boldsymbol{R}}\Delta\boldsymbol{a}_\alpha)(\Delta\boldsymbol{a}'_\beta - \bar{\boldsymbol{R}}\Delta\boldsymbol{a}_\beta)^\top\bar{\boldsymbol{W}}_\beta\times(\bar{\boldsymbol{R}}\bar{\boldsymbol{a}}_\beta) \\
&\quad + O(\sigma^3) \qquad (7.13)
\end{aligned}
$$

ただし，$\bar{\boldsymbol{W}}_\beta$ は対称行列であることに注意し，式 (6.44) の記法を用いた．両辺の期待値をとると，次のようになる．

$$\left(\sum_{\alpha=1}^{N} \bar{\boldsymbol{R}}\bar{\boldsymbol{a}}_\alpha \times \bar{\boldsymbol{W}}_\alpha \times (\bar{\boldsymbol{R}}\bar{\boldsymbol{a}}_\alpha)\right) E[\Delta\boldsymbol{\omega}\Delta\boldsymbol{\omega}^\top] \left(\sum_{\beta=1}^{N} \bar{\boldsymbol{R}}\bar{\boldsymbol{a}}_\beta \times \bar{\boldsymbol{W}}_\beta \times (\bar{\boldsymbol{R}}\bar{\boldsymbol{a}}_\beta)\right)$$
$$= \sum_{\alpha,\beta=1}^{N} (\bar{\boldsymbol{R}}\bar{\boldsymbol{a}}_\alpha) \times \bar{\boldsymbol{W}}_\alpha E[(\Delta\boldsymbol{a}'_\alpha - \bar{\boldsymbol{R}}\Delta\boldsymbol{a}_\alpha)(\Delta\boldsymbol{a}'_\beta - \bar{\boldsymbol{R}}\Delta\boldsymbol{a}_\beta)^\top]\bar{\boldsymbol{W}}_\beta \times (\bar{\boldsymbol{R}}\bar{\boldsymbol{a}}_\beta)$$
$$+ O(\sigma^4) \tag{7.14}$$

最後の項は，誤差分布の対称性から，$O(\sigma^3)$ の項の期待値が 0 になることによる．$\Delta\boldsymbol{\omega} = O(\sigma)$ であり，$O(\sigma^3)$ の期待値が 0 になることに注意すると，式 (7.8) より，式 (7.5) で定義する共分散行列 $V[\hat{\boldsymbol{R}}]$ は

$$V[\hat{\boldsymbol{R}}] = E[\Delta\boldsymbol{\omega}\Delta\boldsymbol{\omega}^\top] + O(\sigma^4) \tag{7.15}$$

と書ける．一方，$\Delta\boldsymbol{a}_\alpha$，$\Delta\boldsymbol{a}'_\alpha$ は異なる α に対しては独立であるから，式 (5.16) より次式が成り立つ．

$$E[(\Delta\boldsymbol{a}'_\alpha - \bar{\boldsymbol{R}}\Delta\boldsymbol{a}_\alpha)(\Delta\boldsymbol{a}'_\beta - \bar{\boldsymbol{R}}\Delta\boldsymbol{a}_\beta)^\top] = \sigma^2\delta_{\alpha\beta}\bar{\boldsymbol{V}}_\alpha \tag{7.16}$$

ただし，$\bar{\boldsymbol{V}}_\alpha$ は式 (5.12) で $\boldsymbol{R}$ を $\bar{\boldsymbol{R}}$ とした値である．上式を式 (7.14) に代入し，式 (6.46) にならって，

$$\bar{\boldsymbol{H}} = \sum_{\alpha=1}^{N} (\bar{\boldsymbol{R}}\bar{\boldsymbol{a}}_\alpha) \times \bar{\boldsymbol{W}}_\alpha \times (\bar{\boldsymbol{R}}\bar{\boldsymbol{a}}_\alpha) \tag{7.17}$$

と書くと，次式が得られる．

$$\begin{aligned}\bar{\boldsymbol{H}}V[\hat{\boldsymbol{R}}]\bar{\boldsymbol{H}} &= \sigma^2 \sum_{\alpha=1}^{N} (\bar{\boldsymbol{R}}\bar{\boldsymbol{a}}_\alpha) \times \bar{\boldsymbol{W}}_\alpha\bar{\boldsymbol{V}}_\alpha\bar{\boldsymbol{W}}_\alpha \times (\bar{\boldsymbol{R}}\bar{\boldsymbol{a}}_\alpha) + O(\sigma^4) \\ &= \sigma^2 \sum_{\alpha=1}^{N} (\bar{\boldsymbol{R}}\bar{\boldsymbol{a}}_\alpha) \times \bar{\boldsymbol{W}}_\alpha \times (\bar{\boldsymbol{R}}\bar{\boldsymbol{a}}_\alpha) + O(\sigma^4) \\ &= \sigma^2\bar{\boldsymbol{H}} + O(\sigma^4)\end{aligned} \tag{7.18}$$

ただし，式 (5.13) より，$\bar{\boldsymbol{W}}_\alpha\bar{\boldsymbol{V}}_\alpha\bar{\boldsymbol{W}}_\alpha = \bar{\boldsymbol{W}}_\alpha$ となることを用いた．式 (7.18) の両辺に左右から $\bar{\boldsymbol{H}}^{-1}$ を掛けると，$V[\hat{\boldsymbol{R}}]$ が次のように評価される．

$$V[\hat{\boldsymbol{R}}] = \sigma^2\bar{\boldsymbol{H}}^{-1} + O(\sigma^4) \tag{7.19}$$

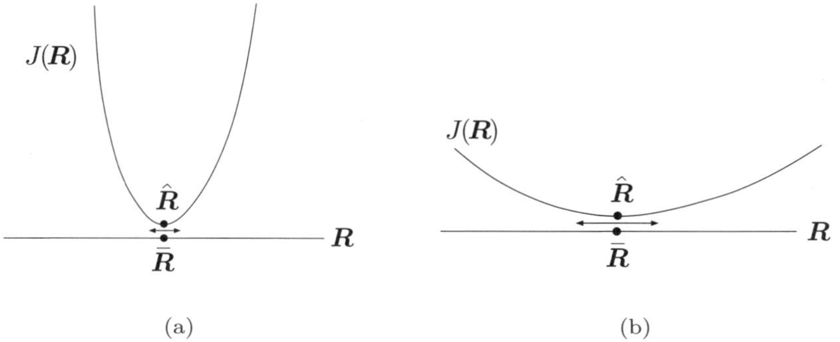

図7.1 関数 $J(\boldsymbol{R})$ のヘッセ行列 $\bar{\boldsymbol{H}}$ が大きいと，その最小値の位置 $\hat{\boldsymbol{R}}$ は確定度が高く (a)，小さいほど誤差の影響を受けやすく，より不確定になる (b).

以上のことは次のように解釈できる．式 (7.10) からわかるように，式 (7.7) の関数 $J(\boldsymbol{R})$ を $\bar{\boldsymbol{R}}$ の近傍で $\Delta\boldsymbol{\omega}$ の 2 次関数で近似したとき，2 次の項は $\langle\Delta\boldsymbol{\omega}, \bar{\boldsymbol{H}}\Delta\boldsymbol{\omega}\rangle$ である．すなわち，$\bar{\boldsymbol{H}}$ はその 2 次関数のヘッセ行列である．式 (7.19) が意味するのは，高次の項を除けば，解 $\hat{\boldsymbol{R}}$ の変動を表す共分散行列 $V[\hat{\boldsymbol{R}}]$ は $\bar{\boldsymbol{H}}^{-1}$ に比例するということである．関数 $J(\boldsymbol{R})$ の「グラフ」をイメージすると，ヘッセ行列 $\bar{\boldsymbol{H}}$ はグラフの「曲率」を表し，曲率が大きいほど，すなわちグラフの「谷」が深いほど，その谷底が真値に近いということである（図 7.1(a)）．逆に，ヘッセ行列 $\bar{\boldsymbol{H}}$ の表す曲率が小さいと，グラフは平坦に広がり，真値は誤差の影響を受けて変動しやすい（図 7.1(b)）．このことは，最尤推定に限らず，誤差を含むデータからのパラメータ推定を何らかの関数の最小化に帰着させる方法に対して，一般に当てはまることである．

最尤推定の計算に，6.6 節に示したリー代数の方法を用いると，反復の各ステップで式 (6.46) のヘッセ行列が計算される．したがって，反復が終了したとき，最尤推定値 $\hat{\boldsymbol{R}}$ が得られるだけでなく，その信頼性を表す共分散行列 $V[\hat{\boldsymbol{R}}] \approx \sigma^2\boldsymbol{H}^{-1}$ も自動的に評価されていることになる．これは 6.6 節の反復法を用いる利点の一つである．

7.3 精度の理論限界

どんな計算法を用いても下回ることができない共分散行列の理論限界が存在すること示す．何らかの方法で観測データ $\boldsymbol{a}_\alpha$, $\boldsymbol{a}'_\alpha$, $\alpha = 1, \ldots,$ N から推定した回転を $\hat{\boldsymbol{R}}$ とすると，これは $\boldsymbol{a}_\alpha$, $\boldsymbol{a}'_\alpha$, $\alpha = 1, \ldots, N$ のある関数である．

$$\hat{\boldsymbol{R}} = \hat{\boldsymbol{R}}(\boldsymbol{a}_1, \ldots, \boldsymbol{a}_N, \boldsymbol{a}'_1, \ldots, \boldsymbol{a}'_N) \tag{7.20}$$

このような観測データの関数を一般に**推定量** (estimator) と呼ぶ．以下では，これが**不偏** (unbiased) であるような推定を考える．不偏であるとは，真の回転を $\bar{\boldsymbol{R}}$ とするとき，

$$E[\hat{\boldsymbol{R}}] = \bar{\boldsymbol{R}} \tag{7.21}$$

を満たすことをいう．これは，個々の結果はばらついていても，平均的には正しい推定ができるということである．このような推定量を一般に**不偏推定量** (unbiased estimator) と呼ぶ．ここに $E[\cdot]$ は仮定した確率分布に関する期待値であるが，データ $\boldsymbol{a}_\alpha$, $\boldsymbol{a}'_\alpha$, $\alpha = 1, \ldots, N$ の確率分布に関して注意が必要である．式 (7.1) の仮定より，$\boldsymbol{a}_\alpha$, $\boldsymbol{a}'_\alpha$ の確率密度は次のように書ける．

$$\begin{aligned}
&p_\alpha(\boldsymbol{a}_\alpha, \boldsymbol{a}'_\alpha) \\
&= \frac{e^{-\langle \boldsymbol{a}_\alpha - \bar{\boldsymbol{a}}_\alpha, V_0[\boldsymbol{a}_\alpha]^{-1}(\boldsymbol{a}_\alpha - \bar{\boldsymbol{a}}_\alpha)\rangle/2\sigma^2}}{\sigma^3\sqrt{(2\pi)^3|V_0[\boldsymbol{a}_\alpha]|}} \frac{e^{-\langle \boldsymbol{a}'_\alpha - \bar{\boldsymbol{a}}'_\alpha, V_0[\boldsymbol{a}'_\alpha]^{-1}(\boldsymbol{a}'_\alpha - \bar{\boldsymbol{a}}'_\alpha)\rangle/2\sigma^2}}{\sigma^3\sqrt{(2\pi)^3|V_0[\boldsymbol{a}'_\alpha]|}} \\
&= \frac{e^{-(\langle \boldsymbol{a}_\alpha - \bar{\boldsymbol{a}}_\alpha, V_0[\boldsymbol{a}_\alpha]^{-1}(\boldsymbol{a}_\alpha - \bar{\boldsymbol{a}}_\alpha)\rangle + \langle \boldsymbol{a}'_\alpha - \bar{\boldsymbol{a}}'_\alpha, V_0[\boldsymbol{a}'_\alpha]^{-1}(\boldsymbol{a}'_\alpha - \bar{\boldsymbol{a}}'_\alpha)\rangle)/2\sigma^2}}{\sigma^6(2\pi)^3\sqrt{|V_0[\boldsymbol{a}_\alpha]||V_0[\boldsymbol{a}'_\alpha]|}}
\end{aligned} \tag{7.22}$$

これは $\bar{\boldsymbol{a}}_\alpha$, $\bar{\boldsymbol{a}}'_\alpha$ をパラメータとしているが，仮定により，それらは式 (7.2) の $\bar{\boldsymbol{a}}'_\alpha = \bar{\boldsymbol{R}}\bar{\boldsymbol{a}}_\alpha$ によって拘束されている．このため，$\bar{\boldsymbol{R}}$ も間接的にパラメータでもある．したがって，厳密には，上式は $p_\alpha = p_\alpha(\boldsymbol{a}_\alpha, \boldsymbol{a}'_\alpha | \bar{\boldsymbol{a}}_\alpha, \bar{\boldsymbol{a}}'_\alpha, \bar{\boldsymbol{R}})$ と書くべきものである．データの誤差は各 α に対して独立と仮定するから，$\boldsymbol{a}_\alpha$, $\boldsymbol{a}'_\alpha$, $\alpha = 1, \ldots, N$ の確率密度は $p_1 \cdots p_N$ であり，これは $\bar{\boldsymbol{a}}_\alpha$, $\bar{\boldsymbol{a}}'_\alpha$, $\alpha = 1, \ldots, N$, $\bar{\boldsymbol{R}}$ をパラメータとしている．

$\hat{\boldsymbol{R}}$ が不偏推定量であるという性質は，推定する計算手続きの性質であり，特定のパラメータに対してのみ成り立つものではない．すなわち，不偏性を表す式

$$E[\hat{\boldsymbol{R}} - \bar{\boldsymbol{R}}] = \boldsymbol{O} \tag{7.23}$$

は，$\bar{\boldsymbol{a}}'_\alpha = \bar{\boldsymbol{R}}\bar{\boldsymbol{a}}_\alpha$ を満たすパラメータ $\bar{\boldsymbol{a}}_1, \ldots, \bar{\boldsymbol{a}}_N$, $\bar{\boldsymbol{a}}'_1, \ldots, \bar{\boldsymbol{a}}'_N$, $\bar{\boldsymbol{R}}$ に関する恒等式である．式 (7.23) は次のように書き換えられる．

$$\int (\hat{\boldsymbol{R}} - \bar{\boldsymbol{R}}) p_1 \cdots p_N \, d\boldsymbol{a} = \boldsymbol{O} \tag{7.24}$$

ただし，$\int \cdots \int (\cdots)\, d\boldsymbol{a}_1 d\boldsymbol{a}'_1 \cdots d\boldsymbol{a}_N d\boldsymbol{a}'_N$ を $\int (\cdots)\, d\boldsymbol{a}$ と略記した．式 (7.24) は $\bar{\boldsymbol{a}}'_\alpha = \bar{\boldsymbol{R}}\bar{\boldsymbol{a}}_\alpha$ を満たす $\bar{\boldsymbol{a}}_\alpha$, $\bar{\boldsymbol{a}}'_\alpha$, $\bar{\boldsymbol{R}}$ に関する恒等式であるから，$\bar{\boldsymbol{a}}'_\alpha = \bar{\boldsymbol{R}}\bar{\boldsymbol{a}}_\alpha$ を保存する無限小の変化 $\bar{\boldsymbol{a}}_\alpha \to \bar{\boldsymbol{a}}_\alpha + \delta\bar{\boldsymbol{a}}_\alpha$, $\bar{\boldsymbol{a}}'_\alpha \to \bar{\boldsymbol{a}}'_\alpha + \delta\bar{\boldsymbol{a}}'_\alpha$, $\bar{\boldsymbol{R}} \to \bar{\boldsymbol{R}} + \delta\bar{\boldsymbol{R}}$ に対して，その変化は 0 である．この"無限小の変化"とは 6.4 節で述べたように，"線形な変化"，すなわち"展開して高次の項を無視する"という意味である．このような，無限小に変化させても変化が 0 であるという性質は**変分原理** (variational principle) と呼ばれている．以下，無限小の変化を単に**変分** (variation) と呼ぶ．

6.5 節で述べたように，回転行列 $\bar{\boldsymbol{R}}$ の変分 $\delta\bar{\boldsymbol{R}}$ は，ある無限小のベクトル $\delta\boldsymbol{\omega}$ を用いて $\delta\boldsymbol{\omega} \times \bar{\boldsymbol{R}}$ と書ける（式 (6.44) の記法を用いている）．したがって，$\bar{\boldsymbol{a}}'_\alpha = \bar{\boldsymbol{R}}\bar{\boldsymbol{a}}_\alpha$ の両辺の変分は

$$\delta\bar{\boldsymbol{a}}'_\alpha = \bar{\boldsymbol{R}}\delta\bar{\boldsymbol{a}}_\alpha + \delta\boldsymbol{\omega} \times \bar{\boldsymbol{R}}\bar{\boldsymbol{a}}_\alpha \tag{7.25}$$

となる．これを満たす変分に対して，式 (7.24) の左辺の変分は次のようになる．

$$\begin{aligned} &\delta \int (\hat{\boldsymbol{R}} - \bar{\boldsymbol{R}}) p_1 \cdots p_N \, d\boldsymbol{a} \\ &\quad = \int (-\delta\bar{\boldsymbol{R}}) p_1 \cdots p_N \, d\bar{\boldsymbol{a}} + \sum_{\alpha=1}^{N} \int (\hat{\boldsymbol{R}} - \bar{\boldsymbol{R}}) p_1 \cdots \delta p_\alpha \cdots p_N \, d\bar{\boldsymbol{a}} \\ &\quad = -\delta\bar{\boldsymbol{R}} + \int (\hat{\boldsymbol{R}} - \bar{\boldsymbol{R}}) \sum_{\alpha=1}^{N} p_1 \cdots \delta p_\alpha \cdots p_N \, d\bar{\boldsymbol{a}} \end{aligned} \tag{7.26}$$

推定量 $\hat{\boldsymbol{R}}$ は観測値 $\boldsymbol{a}_1 \ldots, \boldsymbol{a}_N, \boldsymbol{a}'_1, \ldots, \boldsymbol{a}'_N$ の関数であるから，パラメータ $\bar{\boldsymbol{a}}_1, \ldots, \bar{\boldsymbol{a}}_N, \bar{\boldsymbol{a}}'_1, \ldots, \bar{\boldsymbol{a}}'_N, \boldsymbol{R}$ の変化に対する変分は $\delta\hat{\boldsymbol{R}} = \boldsymbol{O}$ である．また，$\int p_1 \cdots p_N \, d\bar{\boldsymbol{a}} = 1$ に注意．式 (7.22) の p_α の変分は次のように書ける．

$$\begin{aligned} \delta p_\alpha &= p_\alpha \delta \log p_\alpha = p_\alpha (\langle \nabla_{\bar{\boldsymbol{a}}_\alpha} \log p_\alpha, \delta\bar{\boldsymbol{a}}_\alpha \rangle + \langle \nabla_{\bar{\boldsymbol{a}}'_\alpha} \log p_\alpha, \delta\bar{\boldsymbol{a}}'_\alpha \rangle) \\ &= (\langle \boldsymbol{l}_\alpha, \delta\bar{\boldsymbol{a}}_\alpha \rangle + \langle \boldsymbol{l}'_\alpha, \delta\bar{\boldsymbol{a}}'_\alpha \rangle) p_\alpha \end{aligned} \tag{7.27}$$

ただし，$\boldsymbol{l}_\alpha, \boldsymbol{l}'_\alpha$ を次のように定義した[1]．

$$\boldsymbol{l}_\alpha \equiv \nabla_{\bar{\boldsymbol{a}}_\alpha} \log p_\alpha, \quad \boldsymbol{l}'_\alpha \equiv \nabla_{\bar{\boldsymbol{a}}'_\alpha} \log p_\alpha \tag{7.28}$$

ゆえに，式 (7.26) は次のように書き直せる．

$$\begin{aligned}\delta\bar{\boldsymbol{R}} &= \int (\hat{\boldsymbol{R}} - \bar{\boldsymbol{R}}) \sum_{\alpha=1}^{N} (\langle \boldsymbol{l}_\alpha, \delta\bar{\boldsymbol{a}}_\alpha \rangle + \langle \boldsymbol{l}'_\alpha, \delta\bar{\boldsymbol{a}}'_\alpha \rangle) p_1 \cdots p_N \, d\bar{\boldsymbol{a}} \\ &= E\left[(\hat{\boldsymbol{R}} - \bar{\boldsymbol{R}}) \sum_{\alpha=1}^{N} (\langle \boldsymbol{l}_\alpha, \delta\bar{\boldsymbol{a}}_\alpha \rangle + \langle \boldsymbol{l}'_\alpha, \delta\bar{\boldsymbol{a}}'_\alpha \rangle) \right]\end{aligned} \tag{7.29}$$

$\hat{\boldsymbol{R}} - \bar{\boldsymbol{R}}$ $(= O(\sigma))$ は回転の微小変化であるから，ある誤差ベクトル $\Delta\boldsymbol{\omega}$ $(= O(\sigma))$ を用いて，式 (7.8) のように，$\Delta\boldsymbol{\omega} \times \bar{\boldsymbol{R}} + O(\sigma^2)$ と書ける．ゆえに，式 (7.29) は次のように書ける．

$$\delta\boldsymbol{\omega} \times \bar{\boldsymbol{R}} = E\left[(\Delta\boldsymbol{\omega} \times \bar{\boldsymbol{R}} + O(\sigma^2)) \sum_{\alpha=1}^{N} (\langle \boldsymbol{l}_\alpha, \delta\bar{\boldsymbol{a}}_\alpha \rangle + \langle \boldsymbol{l}'_\alpha, \delta\bar{\boldsymbol{a}}'_\alpha \rangle) \right] \tag{7.30}$$

両辺に右から $\bar{\boldsymbol{R}}^\top$ を掛けると，

$$\delta\boldsymbol{\omega} \times \boldsymbol{I} = E\left[(\Delta\boldsymbol{\omega} \times \boldsymbol{I} + O(\sigma^2)) \sum_{\alpha=1}^{N} (\langle \boldsymbol{l}_\alpha, \delta\bar{\boldsymbol{a}}_\alpha \rangle + \langle \boldsymbol{l}'_\alpha, \delta\bar{\boldsymbol{a}}'_\alpha \rangle) \right] \tag{7.31}$$

となる．式 (6.44) の定義より，左辺の $\delta\boldsymbol{\omega} \times \boldsymbol{I}$ $(= \boldsymbol{A}(\delta\boldsymbol{\omega}))$ は $\delta\boldsymbol{\omega}$ の要素を非対角要素に並べた式 (6.25) の形の反対称行列である．ゆえに右辺の $\Delta\boldsymbol{\omega} \times \boldsymbol{I} + O(\sigma^2)$ も反対称行列であり，あるベクトル $\Delta\tilde{\boldsymbol{\omega}}$ によって $\Delta\tilde{\boldsymbol{\omega}} \times \boldsymbol{I}$ と書ける．そして，$\Delta\tilde{\boldsymbol{\omega}} = \Delta\boldsymbol{\omega} + O(\sigma^2)$ である．ゆえに，式 (7.31) は次のように書ける．

$$\delta\boldsymbol{\omega} = E\left[\Delta\tilde{\boldsymbol{\omega}} \sum_{\alpha=1}^{N} (\langle \boldsymbol{l}_\alpha, \delta\bar{\boldsymbol{a}}_\alpha \rangle + \langle \boldsymbol{l}'_\alpha, \delta\bar{\boldsymbol{a}}'_\alpha \rangle) \right] \tag{7.32}$$

---

[1] 統計学ではこれらは p_α に対する $\bar{\boldsymbol{a}}_\alpha, \bar{\boldsymbol{a}}'_\alpha$ の「スコア関数」(score) と呼ばれている．

これは，式 (7.25) を満たす任意の変分 $\delta\bar{\boldsymbol{a}}_\alpha$, $\delta\bar{\boldsymbol{a}}'_\alpha$, $\delta\boldsymbol{\omega}$ に対して成り立つ．したがって，特に次のように定めた変分に対しても成り立つ．

$$\delta\bar{\boldsymbol{a}}_\alpha = -V_0[\boldsymbol{a}_\alpha]\bar{\boldsymbol{R}}^\top\bar{\boldsymbol{W}}_\alpha(\delta\boldsymbol{\omega}\times\bar{\boldsymbol{R}}\bar{\boldsymbol{a}}_\alpha),$$
$$\delta\bar{\boldsymbol{a}}'_\alpha = V_0[\boldsymbol{a}'_\alpha]\bar{\boldsymbol{W}}_\alpha(\delta\boldsymbol{\omega}\times\bar{\boldsymbol{R}}\bar{\boldsymbol{a}}_\alpha) \tag{7.33}$$

これらが式 (7.25) を満たすことは容易にわかる（$\hookrightarrow$ 問題 7.1）．これらを式 (7.32) に代入すると，次のようになる．

$$\begin{aligned}
\delta\boldsymbol{\omega} &= E\biggl[\Delta\tilde{\boldsymbol{\omega}}\sum_{\alpha=1}^{N}\bigl(-\langle\boldsymbol{l}_\alpha, V_0[\boldsymbol{a}_\alpha]\bar{\boldsymbol{R}}^\top\bar{\boldsymbol{W}}_\alpha(\delta\boldsymbol{\omega}\times\bar{\boldsymbol{R}}\bar{\boldsymbol{a}}_\alpha)\rangle \\
&\qquad + \langle\boldsymbol{l}'_\alpha, V_0[\boldsymbol{a}'_\alpha]\bar{\boldsymbol{W}}_\alpha(\delta\boldsymbol{\omega}\times\bar{\boldsymbol{R}}\bar{\boldsymbol{a}}_\alpha)\rangle\bigr)\biggr] \\
&= E\biggl[\Delta\tilde{\boldsymbol{\omega}}\sum_{\alpha=1}^{N}\bigl(-\langle\bar{\boldsymbol{W}}_\alpha\bar{\boldsymbol{R}}V_0[\boldsymbol{a}_\alpha]\boldsymbol{l}_\alpha, \delta\boldsymbol{\omega}\times\bar{\boldsymbol{R}}\bar{\boldsymbol{a}}_\alpha\rangle \\
&\qquad + \langle\bar{\boldsymbol{W}}_\alpha V_0[\boldsymbol{a}'_\alpha]\boldsymbol{l}'_\alpha, \delta\boldsymbol{\omega}\times\bar{\boldsymbol{R}}\bar{\boldsymbol{a}}_\alpha\rangle\bigr)\biggr] \\
&= E\biggl[\Delta\tilde{\boldsymbol{\omega}}\sum_{\alpha=1}^{N}\langle\bar{\boldsymbol{W}}_\alpha(V_0[\boldsymbol{a}'_\alpha]\boldsymbol{l}'_\alpha - \bar{\boldsymbol{R}}V_0[\boldsymbol{a}_\alpha]\boldsymbol{l}_\alpha), \delta\boldsymbol{\omega}\times\bar{\boldsymbol{R}}\bar{\boldsymbol{a}}_\alpha\rangle\biggr] \\
&= -E\biggl[\Delta\tilde{\boldsymbol{\omega}}\sum_{\alpha=1}^{N}\langle\bar{\boldsymbol{W}}_\alpha(V_0[\boldsymbol{a}'_\alpha]\boldsymbol{l}'_\alpha - \bar{\boldsymbol{R}}V_0[\boldsymbol{a}_\alpha]\boldsymbol{l}_\alpha)\times(\bar{\boldsymbol{R}}\bar{\boldsymbol{a}}_\alpha), \delta\boldsymbol{\omega}\rangle\biggr] \\
&= -E\biggl[\Delta\tilde{\boldsymbol{\omega}}\sum_{\alpha=1}^{N}\langle\boldsymbol{m}_\alpha, \delta\boldsymbol{\omega}\rangle)\biggr] = -E\biggl[\Delta\tilde{\boldsymbol{\omega}}\sum_{\alpha=1}^{N}\boldsymbol{m}_\alpha^\top\biggr]\delta\boldsymbol{\omega}
\end{aligned} \tag{7.34}$$

ただし，$\boldsymbol{m}_\alpha$ を次のように定義した．

$$\boldsymbol{m}_\alpha \equiv \bar{\boldsymbol{W}}_\alpha(V_0[\boldsymbol{a}'_\alpha]\boldsymbol{l}'_\alpha - \bar{\boldsymbol{R}}V_0[\boldsymbol{a}_\alpha]\boldsymbol{l}_\alpha)\times(\bar{\boldsymbol{R}}\bar{\boldsymbol{a}}_\alpha) \tag{7.35}$$

式 (7.34) は任意の変分 $\delta\boldsymbol{\omega}$ に対して成り立つから，次式が得られる．

$$E\biggl[\Delta\tilde{\boldsymbol{\omega}}\sum_{\alpha=1}^{N}\boldsymbol{m}_\alpha^\top\biggr] = -\boldsymbol{I} \tag{7.36}$$

ゆえに，次式が成り立つ．

$$
\begin{aligned}
&E\left[\begin{pmatrix} \Delta\tilde{\boldsymbol{\omega}} \\ \sum_{\alpha=1}^{N}\boldsymbol{m}_\alpha \end{pmatrix}\begin{pmatrix} \Delta\tilde{\boldsymbol{\omega}} \\ \sum_{\beta=1}^{N}\boldsymbol{m}_\beta \end{pmatrix}^\top\right] \\
&= \begin{pmatrix} E[\Delta\tilde{\boldsymbol{\omega}}\Delta\tilde{\boldsymbol{\omega}}^\top] & E[\Delta\tilde{\boldsymbol{\omega}}\sum_{\alpha=1}^{N}\boldsymbol{m}_\alpha^\top] \\ E[(\Delta\tilde{\boldsymbol{\omega}}\sum_{\alpha=1}^{N}\boldsymbol{m}_\alpha^\top)^\top] & E[\sum_{\alpha=1}^{N}\boldsymbol{m}_\alpha\sum_{\beta=1}^{N}\boldsymbol{m}_\beta^\top] \end{pmatrix} \\
&= \begin{pmatrix} V[\tilde{\boldsymbol{R}}] & -\boldsymbol{I} \\ -\boldsymbol{I} & \boldsymbol{M} \end{pmatrix}
\end{aligned}
\tag{7.37}
$$

ただし，次のように定義した．

$$
V[\tilde{\boldsymbol{R}}] \equiv E[\Delta\tilde{\boldsymbol{\omega}}\Delta\tilde{\boldsymbol{\omega}}^\top], \quad \boldsymbol{M} \equiv E\left[\sum_{\alpha=1}^{N}\boldsymbol{m}_\alpha\sum_{\beta=1}^{N}\boldsymbol{m}_\beta^\top\right] \tag{7.38}
$$

式 (7.37) は左辺の定義より，半正値対称行列である．したがって，$\boldsymbol{M}$ が正則行列であれば次式が成り立つ（$\hookrightarrow$ 問題 7.2）．

$$
V[\tilde{\boldsymbol{R}}] \succ \boldsymbol{M}^{-1} \tag{7.39}
$$

ただし，$\succ$ は左辺と右辺の差が半正値対称行列であることを表す．

7.4　KCR 下界

式 (7.38) の行列 $V[\tilde{\boldsymbol{R}}]$ は，$\Delta\tilde{\boldsymbol{\omega}} = \Delta\boldsymbol{\omega} + O(\sigma^2)$ であるから，$E[\Delta\boldsymbol{\omega}\Delta\boldsymbol{\omega}^\top]$ との違いは $O(\sigma^4)$ である（誤差の奇数次の項の期待値は 0 であることに注意）．ゆえに $V[\tilde{\boldsymbol{R}}]$ は実質的に式 (7.15) の共分散行列 $V[\hat{\boldsymbol{R}}]$ と同じものとみなせる．式 (7.39) は，これが（差が半正値対称行列であるという意味で），どんな計算方法を用いても，ある行列 $\boldsymbol{M}^{-1}$ を下回らないということを述べている．この精度の理論限界といえる $\boldsymbol{M}^{-1}$ は **KCR 下界** (KCR lower bound) と呼ばれている．以下，これを具体的に評価する．

式 (7.22) より，$\log p_\alpha$ は次のようになる．

$$
\begin{aligned}
\log p_\alpha = -\frac{1}{2\sigma^2}(\langle \boldsymbol{a}_\alpha - \bar{\boldsymbol{a}}_\alpha, V_0[\boldsymbol{a}_\alpha]^{-1}(\boldsymbol{a}_\alpha - \bar{\boldsymbol{a}}_\alpha)\rangle \\
+ \langle \boldsymbol{a}'_\alpha - \bar{\boldsymbol{a}}'_\alpha, V_0[\boldsymbol{a}'_\alpha]^{-1}(\boldsymbol{a}'_\alpha - \bar{\boldsymbol{a}}'_\alpha)\rangle) + \cdots
\end{aligned}
\tag{7.40}
$$

ただし，$\cdots$ は $\bar{\boldsymbol{a}}_\alpha$, $\bar{\boldsymbol{a}}'_\alpha$ を含まない正規化定数の対数項である．したがって，式 (7.28) の $\boldsymbol{l}_\alpha$, $\boldsymbol{l}'_\alpha$ は次のようになる．

$$
\begin{aligned}
\boldsymbol{l}_\alpha &= \nabla_{\bar{\boldsymbol{a}}_\alpha} \log p_\alpha = \frac{1}{\sigma^2} V_0[\boldsymbol{a}_\alpha]^{-1}(\boldsymbol{a}_\alpha - \bar{\boldsymbol{a}}_\alpha), \\
\boldsymbol{l}'_\alpha &= \nabla_{\bar{\boldsymbol{a}}'_\alpha} \log p_\alpha = \frac{1}{\sigma^2} V_0[\boldsymbol{a}'_\alpha]^{-1}(\boldsymbol{a}'_\alpha - \bar{\boldsymbol{a}}'_\alpha)
\end{aligned} \tag{7.41}
$$

これを代入すると，式 (7.35) の $\boldsymbol{m}_\alpha$ は次のようになる．

$$
\begin{aligned}
\boldsymbol{m}_\alpha &= \bar{\boldsymbol{W}}_\alpha (V_0[\boldsymbol{a}'_\alpha]\boldsymbol{l}'_\alpha - \bar{\boldsymbol{R}} V_0[\boldsymbol{a}_\alpha]\boldsymbol{l}_\alpha) \times (\bar{\boldsymbol{R}}\bar{\boldsymbol{a}}_\alpha) \\
&= \frac{1}{\sigma^2} \bar{\boldsymbol{W}}_\alpha (V_0[\boldsymbol{a}'_\alpha] V_0[\boldsymbol{a}'_\alpha]^{-1}(\boldsymbol{a}'_\alpha - \bar{\boldsymbol{a}}'_\alpha) - \bar{\boldsymbol{R}} V_0[\boldsymbol{a}_\alpha] V_0[\boldsymbol{a}_\alpha]^{-1}(\boldsymbol{a}_\alpha - \bar{\boldsymbol{a}}_\alpha)) \\
&\quad \times (\bar{\boldsymbol{R}}\bar{\boldsymbol{a}}_\alpha) \\
&= \frac{1}{\sigma^2} \bar{\boldsymbol{W}}_\alpha (\boldsymbol{a}'_\alpha - \bar{\boldsymbol{a}}'_\alpha - \bar{\boldsymbol{R}}(\boldsymbol{a}_\alpha - \bar{\boldsymbol{a}}_\alpha)) \times (\bar{\boldsymbol{R}}\bar{\boldsymbol{a}}_\alpha) \\
&= -\frac{1}{\sigma^2} (\bar{\boldsymbol{R}}\bar{\boldsymbol{a}}_\alpha) \times \bar{\boldsymbol{W}}_\alpha (\boldsymbol{a}'_\alpha - \bar{\boldsymbol{a}}'_\alpha - \bar{\boldsymbol{R}}(\boldsymbol{a}_\alpha - \bar{\boldsymbol{a}}_\alpha))
\end{aligned} \tag{7.42}
$$

明らかに $E[\boldsymbol{m}_\alpha] = \boldsymbol{0}$ である．そして，$\alpha \neq \beta$ に対して $\boldsymbol{m}_\alpha, \boldsymbol{m}_\beta$ は独立であるから

$$
E[\boldsymbol{m}_\alpha \boldsymbol{m}_\beta^\top] = E[\boldsymbol{m}_\alpha] E[\boldsymbol{m}_\beta]^\top = \boldsymbol{O}, \quad \alpha \neq \beta \tag{7.43}
$$

である．ゆえに，式 (7.38) の $\boldsymbol{M}$ は次のように表せる．

$$
\begin{aligned}
\boldsymbol{M} &= E\Big[\sum_{\alpha=1}^N \boldsymbol{m}_\alpha \sum_{\beta=1}^N \boldsymbol{m}_\beta^\top\Big] = E\Big[\sum_{\alpha,\beta=1}^N \boldsymbol{m}_\alpha \boldsymbol{m}_\beta^\top\Big] = E\Big[\sum_{\alpha=1}^N \boldsymbol{m}_\alpha \boldsymbol{m}_\alpha^\top\Big] \\
&= \frac{1}{\sigma^4} E\Big[\sum_{\alpha=1}^N (\bar{\boldsymbol{R}}\bar{\boldsymbol{a}}_\alpha) \times \bar{\boldsymbol{W}}_\alpha (\boldsymbol{a}'_\alpha - \bar{\boldsymbol{a}}'_\alpha - \bar{\boldsymbol{R}}(\boldsymbol{a}_\alpha - \bar{\boldsymbol{a}}_\alpha)) \\
&\qquad (\boldsymbol{a}'_\alpha - \bar{\boldsymbol{a}}'_\alpha - \bar{\boldsymbol{R}}(\boldsymbol{a}_\alpha - \bar{\boldsymbol{a}}_\alpha))^\top \bar{\boldsymbol{W}}_\alpha^\top \times (\bar{\boldsymbol{R}}\bar{\boldsymbol{a}}_\alpha)^\top\Big] \\
&= \frac{1}{\sigma^4} E\Big[\sum_{\alpha=1}^N (\bar{\boldsymbol{R}}\bar{\boldsymbol{a}}_\alpha) \times \bar{\boldsymbol{W}}_\alpha ((\boldsymbol{a}'_\alpha - \bar{\boldsymbol{a}}'_\alpha)(\boldsymbol{a}'_\alpha - \bar{\boldsymbol{a}}'_\alpha)^\top \\
&\qquad - (\boldsymbol{a}'_\alpha - \bar{\boldsymbol{a}}'_\alpha)(\boldsymbol{a}_\alpha - \bar{\boldsymbol{a}}_\alpha)\bar{\boldsymbol{R}}^\top - \bar{\boldsymbol{R}}(\boldsymbol{a}_\alpha - \bar{\boldsymbol{a}}_\alpha)(\boldsymbol{a}'_\alpha - \bar{\boldsymbol{a}}'_\alpha)^\top \\
&\qquad + \bar{\boldsymbol{R}}(\boldsymbol{a}_\alpha - \bar{\boldsymbol{a}}_\alpha)(\boldsymbol{a}_\alpha - \bar{\boldsymbol{a}}_\alpha)^\top \bar{\boldsymbol{R}}^\top) \bar{\boldsymbol{W}}_\alpha \times (\bar{\boldsymbol{R}}\bar{\boldsymbol{a}}_\alpha)\Big] \\
&= \frac{1}{\sigma^4} \sum_{\alpha=1}^N (\bar{\boldsymbol{R}}\bar{\boldsymbol{a}}_\alpha) \times \bar{\boldsymbol{W}}_\alpha (E[(\boldsymbol{a}'_\alpha - \bar{\boldsymbol{a}}'_\alpha)(\boldsymbol{a}'_\alpha - \bar{\boldsymbol{a}}'_\alpha)^\top] \\
&\qquad + \bar{\boldsymbol{R}} E[(\boldsymbol{a}_\alpha - \bar{\boldsymbol{a}}_\alpha)(\boldsymbol{a}_\alpha - \bar{\boldsymbol{a}}_\alpha)^\top] \bar{\boldsymbol{R}}^\top) \bar{\boldsymbol{W}}_\alpha \times (\bar{\boldsymbol{R}}\bar{\boldsymbol{a}}_\alpha)
\end{aligned}
$$

$$= \frac{1}{\sigma^2}\sum_{\alpha=1}^{N}(\bar{\boldsymbol{R}}\bar{\boldsymbol{a}}_\alpha)\times\bar{\boldsymbol{W}}_\alpha(V_0[\boldsymbol{a}'_\alpha]+\bar{\boldsymbol{R}}V_0[\boldsymbol{a}_\alpha]\bar{\boldsymbol{R}}^\top)\bar{\boldsymbol{W}}_\alpha\times(\bar{\boldsymbol{R}}\bar{\boldsymbol{a}}_\alpha)$$
$$= \frac{1}{\sigma^2}\sum_{\alpha=1}^{N}(\bar{\boldsymbol{R}}\bar{\boldsymbol{a}}_\alpha)\times\bar{\boldsymbol{W}}_\alpha\bar{\boldsymbol{V}}_\alpha\bar{\boldsymbol{W}}_\alpha\times(\bar{\boldsymbol{R}}\bar{\boldsymbol{a}}_\alpha)$$
$$= \frac{1}{\sigma^2}\sum_{\alpha=1}^{N}(\bar{\boldsymbol{R}}\bar{\boldsymbol{a}}_\alpha)\times\bar{\boldsymbol{W}}_\alpha\times(\bar{\boldsymbol{R}}\bar{\boldsymbol{a}}_\alpha)=\frac{1}{\sigma^2}\bar{\boldsymbol{H}} \tag{7.44}$$

ただし，式(5.12)，(5.13)の関係，および 式(7.17)の $\bar{\boldsymbol{H}}$ の定義を用いた．したがって，式(7.39)の不等式は次のように書き直せる．

$$V[\tilde{\boldsymbol{R}}]\succ\sigma^2\bar{\boldsymbol{H}}^{-1} \tag{7.45}$$

これと式(7.19)を比較して，$V[\hat{\boldsymbol{R}}]$ と $V[\tilde{\boldsymbol{R}}]$ は $O(\sigma^4)$ の違いしかないことを考えると，**最尤推定は** $O(\sigma^4)$ **を除いて KCR 下界に到達していること**がわかる．

7.5　さらに勉強したい人へ

画像から3次元構造を計算するコンピュータビジョンの研究では，計算した回転行列 $\hat{\boldsymbol{R}}$ の真値 $\boldsymbol{R}$ との誤差は単に $\|\hat{\boldsymbol{R}}-\boldsymbol{R}\|$ で評価することが多かった．本書のように誤差ベクトル $\Delta\boldsymbol{\Omega}$ や共分散行列 $V[\hat{\boldsymbol{R}}]$ によって評価したのは Ohta ら [36] である．そして，最尤推定解が式(7.7)の最小化に帰着することを示した．ただし，5.6節で述べたように，彼らはその解の計算に固有値問題を反復する「くりこみ法」という手法を用いている．また，式(7.45)の KCR 下界も示しているが，導出の詳細は省略されている．

7.2節で，回転の最尤推定の共分散行列が式(7.19)で与えられることを示したが，ここでノイズレベル σ は既知としている．これが未知のときは，何らかの別の手段で推定しなければならないが，最尤推定解 $\hat{\boldsymbol{R}}$ によって達成された式(7.7)の最小値 $J(\hat{\boldsymbol{R}})$ から次のように見積もることができる．式(7.7)，すなわち，式(5.11)は式(5.17)のように書ける．ここで，仮に，真値 $\boldsymbol{R}$ が既知であるとする．このとき．式(5.16)からわかるように，式(5.15)の $\boldsymbol{\varepsilon}_\alpha$ は期待値 $\boldsymbol{0}$，共分散行列 $\sigma^2\boldsymbol{V}_\alpha$ の正規変数（正規分布に従う確率変数）

である．このとき $\langle \boldsymbol{\varepsilon}_\alpha, V[\boldsymbol{\varepsilon}_\alpha]^{-1}\boldsymbol{\varepsilon}_\alpha \rangle$ は自由度 3 の χ^2 変数（χ^2 分布に従う確率変数）であること，および，独立な χ^2 変数の和も χ^2 変数であり，その自由度は各変数の自由度の和であることが統計学で知られている（$\hookrightarrow$ 問題 7.3）．式 (5.17) より，$2J/\sigma^2$ は独立な自由度 3 の χ^2 変数の N 個の和であるから，自由度は $3N$ である．χ^2 変数の期待値はその自由度に等しいから，$E[2J/\sigma^2] = 3N$ である．このことから，最尤推定値 $\hat{\boldsymbol{R}}$ が得られたとき，

$$\sigma^2 \approx \frac{2J(\hat{\boldsymbol{R}})}{3N} \tag{7.46}$$

と見積もることができる．この推論では，式 (5.16) 中の $\boldsymbol{R}$ が真値であること，したがって，式 (5.17) 中の $\boldsymbol{R}$，および $\boldsymbol{W}_\alpha$ が真値であることを仮定している．しかし，実際には $J(\hat{\boldsymbol{R}})$ の計算に，真値 $\boldsymbol{R}$ の代わりに最尤推定値 $\hat{\boldsymbol{R}}$（すなわち，$J(\boldsymbol{R})$ が最小になる $\boldsymbol{R}$）を用いる．このため，式 (7.46) の推定はやや過小評価になっている．データの真値が満たすべき拘束がパラメータに関して線形な式であれば，パラメータ数を d として，式 (7.46) の右辺の分母の $3N$ を $3N - d$ に置き換えればこのずれが補正できることが示せる．しかし，回転のような非線形な関係では解析が困難になる[2]．

誤差のあるデータからその幾何学的な構造を推定する式 (5.66) の形の問題，すなわち，データ $\boldsymbol{a}_\alpha$, $\boldsymbol{a}'_\alpha$, $\alpha = 1, \ldots, N$ の誤差が（一般に非一様，非等方）な正規分布に従い，その真値 $\bar{\boldsymbol{a}}_\alpha$, $\bar{\boldsymbol{a}}'_\alpha$ が式 (5.66) を満たすときにパラメータ $\boldsymbol{\theta}$ を推定する問題では，推定値 $\hat{\boldsymbol{\theta}}$ の共分散行列 $V[\hat{\boldsymbol{\theta}}]$ に対して，計算方法によらない下限が存在する．これを初めて示したのは Kanatani [18] である．その導出の数学的技法が統計学における統計的推定のクラメル・ラオの下界 (Cramer-Rao lower bound) と同じであることから，得られる下限も「クラメル・ラオの下界」と呼んだ．しかし，Chernov ら [5] は，その意味がクラメル・ラオの下界と異なることを指摘し，「KCR (Kanatani-Cramer-Rao) の下界」と呼ぶことを提唱した．これがクラメル・ラオの下界と異なるのは

---

2) 残差の期待値をパラメータ数を含んだ形で評価することは，「幾何学的モデル選択」(geometric model selection)（データの真値がどういう条件（モデル）を満たしているかを推論する問題）の中心的な課題である．パラメータに関して線形な拘束の場合には「幾何学的 AIC」(geometric AIC) という規準が考えられている [18, 25].

次の点である．

1. クラメル・ラオの下界は，データの未知の発生機構を記述する**統計的モデル** (statistical model)（パラメータを含む確率密度）のパラメータを観測の繰り返しから推定する問題（**統計的推測** (statistical estimation) と呼ばれる）を対象としている．それに対して，KCR 下界はデータの発生機構は問題とせず（データの誤差は既知の正規分布に従うと仮定されている），「データの真値が満たす式」（**拘束条件** (constraint) と呼ばれる ↪5.6 節）に含まれるパラメータの推定を問題としている [22].
2. クラメル・ラオの下界，および一般に統計的推測では，N 回の観測によるデータからの推定の $N \to \infty$ の漸近的挙動を問題としている．それに対して KCR 下界では，データの個数は考慮せず（少数でもよい），ノイズレベル σ が小さいと仮定し，$\sigma \to 0$ の漸近的挙動を問題としている [22].
3. 式 (5.66) の形をしている問題を統計的推測とみなしてクラメル・ラオの下界を計算すると，「構造パラメータ」$\boldsymbol{\theta}$ と「攪乱パラメータ」$\bar{\boldsymbol{a}}, \bar{\boldsymbol{a}}', \alpha = 1, \ldots, N$（↪5.6 節）のすべてに対する下界（非常に大きな次元の行列[3]）が得られる [35]．それに対して，KCR の下界では攪乱パラメータの不確定性が消去され[4]，構造パラメータのみの下界（小さい次元の行列）が得られる．

KCR 下界の一般論は [18] に展開されているが，特によく調べられているのは，式 (5.66) がパラメータ $\boldsymbol{\theta}$ に関して線形な場合，すなわち，

$$\langle \bar{\boldsymbol{\xi}}^{(k)}(\bar{\boldsymbol{a}}_\alpha, \bar{\boldsymbol{a}}'_\alpha), \boldsymbol{\theta} \rangle = 0, \quad k = 1, \ldots, L, \quad \alpha = 1, \ldots, N \tag{7.47}$$

の形をしている場合である．ここに $\bar{\boldsymbol{\xi}}^{(k)}(\bar{\boldsymbol{a}}_\alpha, \bar{\boldsymbol{a}}'_\alpha)$ は $\bar{\boldsymbol{a}}_\alpha$, $\bar{\boldsymbol{a}}'_\alpha$ のある非線形関数である．コンピュータビジョンの問題の多くがこの形をしている．例えば，拘束条件が $\bar{\boldsymbol{a}}_\alpha$ と $\bar{\boldsymbol{a}}'_\alpha$ に関する多項式のとき，各項の係数全体を未知数 $\boldsymbol{\theta}$ とみなせば，この形となる．6.7 節のエピ極線方程式，および基礎行列の計算

---

[3] これはある大きな次元の行列（「フィッシャー情報行列」(Fisher information matrix) と呼ばれる）の逆行列として与えられるが [35]，次元が大きいため，通常は逆行列の計算が困難である．

[4] 本章の問題の場合には，式 (7.33) の代入がその消去に対応する．

$(L=1)$ がその典型的な例である [32]．また，平面あるいは無限遠方のシーンを 2 台のカメラで撮影するときに現れる「射影変換行列」(homography matrix) の計算 $(L=3)$ も同じような形をしている [32]．画像上の点列に楕円（シーン中の円形物体の投影像）を当てはめる計算 $(L=1)$ もこの形である [30]．

この形で $L=1$ の場合の KCR 下界の解析が [30] に与えられ，$L \geq 1$ の場合の一般的な解析が [31] に与えられている．平面上の点列に対する直線の当てはめのような単純な問題に対する初等的な解析は [22] にある．いずれにおいても，具体的な問題によらず，最尤推定は $O(\sigma^4)$ を除いて KCR 下界を達成していることが示される．

第 7 章の問題

7.1. 式 (7.33) の変分 $\delta\bar{\boldsymbol{a}}_\alpha$, $\delta\bar{\boldsymbol{a}}'_\alpha$ が式 (7.25) を満たすことを示せ．

7.2. (1) $\boldsymbol{A}$ が半正値対称行列であれば，任意の正則行列 $\boldsymbol{U}$ に対して $\boldsymbol{B}=\boldsymbol{U}^\top\boldsymbol{A}\boldsymbol{U}$ も半正値対称行列であることを示せ．

(2) 式 (7.37) が半正値対称行列であることから式 (7.39) が得られることを示せ．

7.3. n 次元ベクトル $\boldsymbol{x}$ が期待値 $\boldsymbol{0}$，共分散行列 $\boldsymbol{\Sigma}$ の正規分布に従う確率変数であるとき，$\langle\boldsymbol{x}, \boldsymbol{\Sigma}^{-1}\boldsymbol{x}\rangle$ は自由度 n の χ^2 分布に従い，その期待値は n であることを示せ．

付　録
リー群とリー代数

6.9節で述べたように，「リー群」とは「群」の構造を持ち，かつ連続な曲面の構造を持つものと定義される．“連続な”とは「位相」が定義されているということである．“曲面の構造”とは位相を持つ空間（「位相空間」）であって，各点の「近傍」（「開集合」）内に通常の n 次元空間 $\mathcal{R}^n$ と同じような（あたかも n 次元空間であるような）座標系が定義されているものである．そのような空間を「多様体」と呼ぶ．「リー代数」とは，多様体としてのリー群の「接空間」に定義される線形空間であり，群としてのリー群の変換に不変な構造を持つものである．抽象数学の考え方に慣れている者にとっては，このような直観的な表現で十分に意味が伝わるが，その厳密な意味を正確に記述するには多大なページ数が必要である．ここでは，その記述のポイントとなる基本概念の定義と用語を簡略に列挙する．

A.1　群

群 (group) とは乗算 (multiplication)（合成 (composition) ともいう）が定義される集合 G のことである．すなわち，$a, b \in G$ に対して積 (product) $ab \in G$ が定義される．そして，次の性質を持つ．

(1)　積は結合則 (associativity) を満たす．

$$a(bc) = (ab)c, \quad a, b, c \in G \tag{A.1}$$

(2) 集合 G は次の性質を持つ**単位元** (identity) e を含む[1]．

$$ea = ae = a, \quad a \in G \tag{A.2}$$

(3) 各 $a \in G$ に対して，次式が成り立つ**逆元** (inverse) a^{-1} が存在する[2]．

$$a^{-1}a = aa^{-1} = e \tag{A.3}$$

元 a, b は $ab = ba$ であれば，**可換** (commutative) であるという．定義より，すべての元 a は単位元 e と可換である．すべての元が互いに可換であれば，群 G は**可換群** (commutative group)（あるいは**アーベル群** (Abelian group)）であるという．可換群に対しては，"乗算" は**加算** (addition) と呼ばれ，"積" ab は $a+b$ と書かれ，**和** (sum) と呼ばれる．そして，"単位元" e は**零元** (zero) と呼ばれ 0 と書かれる．"逆元" a^{-1} は $-a$ と書かれ，**負** (negative) と呼ばれる．

群 G のある元 g_0 を指定し，g_0 と G のすべての元 $g \in G$ との積の集合を $g_0G = \{g_0g \,|\, g \in G\}$ と書く．すると，$g_0G = G$，すなわち，g_0G と G は集合として一致することがわかる．言い換えれば，G の元 g_0 は G の**変換** (transformation)（1 対 1 かつ上への写像）として作用する．G の元の数が有限であるとき，G は**有限群** (finite group) であるという．そして，その元の数を**位数** (order) といい，$|G|$ と書く．有限群 G では，その元 $g_0 \in G$ は G の**置換** (permutation) として作用する．

群 G の部分集合 $H \subset G$ は，H がそれ自身で群であるとき，**部分群** (subgroup) であるという．$H \subset G$ が部分群である条件は，すべての a, $b \in H$ に対して $ab^{-1} \in H$ であることが確かめられる．明らかに，G の単位元 e のみからなる集合 $\{e\}$，および G そのものは G の部分群であり，**自明な**

---

1) 実際には $ea = e$ または $ae = e$ のどちらか一方が成り立てばよい．前者が成り立てば e は**左単位元** (left identity) と呼ばれ，後者が成り立てば e は**右単位元** (right identity) と呼ばれる．群では一方が存在すれば他方も存在して一致することが簡単に示せる．

2) 実際には $a^{-1}a = e$ または $aa^{-1} = e$ のどちらか一方が成り立てばよい．前者が成り立てば a^{-1} は**左逆元** (left inverse) と呼ばれ，後者が成り立てば a^{-1} は**右逆元** (right inverse) と呼ばれる．群では一方が存在すれば他方も存在して一致することが簡単に示せる．

部分群 (trivial subgroup) という．それ以外の部分群を**真の**（あるいは**固有な**）**部分群** (proper subgroup) という．

群 G が部分群 $H_1, \ldots, H_r$ を持つとき，次の条件が成り立つなら，G は $H_1, \ldots, H_r$ の**直積** (direct product) であるという．

(1) それらの異なる部分群の元は互いに可換である．

$$h_i h_j = h_j h_i, \quad h_i \in H_i, \quad h_j \in H_j, \quad i \neq j \tag{A.4}$$

(2) どの元 $g \in G$ も，それらの部分群の元の積として，ただ一通りに表せる．

$$g = h_1 \cdots h_r, \quad h_i \in H_i, \quad i = 1, \ldots, r \tag{A.5}$$

このことを次のように表記する3)．

$$G = H_1 \otimes \cdots \otimes H_r \tag{A.6}$$

各 H_i を**直積因子** (direct factor) と呼ぶ．定義により，直積因子 $H_1, \ldots, H_r$ は単位元 e のみを共有する．

r 個の群 $H_1, \ldots, H_r$ を考える（それらの中に同じ群が含まれていてもよい）．これらそれぞれの群の元による r 組全体からなる集合 G を考える．

$$G = \{(h_1, \ldots, h_r) \,|\, h_i \in H_i,\ i = 1, \ldots, r\} \tag{A.7}$$

二つの元 $(h_1, \ldots, h_r)$, $(h'_1, \ldots, h'_r)$ の積を

$$(h_1, \ldots, h_r)(h'_1, \ldots, h'_r) = (h_1 h'_1, \ldots, h_r h'_r) \tag{A.8}$$

と定義すると，G は群である．G の単位元は $(e_1, \ldots, e_r)$ であり（e_i は群 H_i の単位元），$(h_1, \ldots, h_r)$ の逆元は $(h_1^{-1}, \ldots, h_r^{-1})$ である（h_i^{-1} は群 H_i における h_i の逆元）．

各 H_i に対して，次の形の群 $\tilde{H}_i$ を考える．

$$\tilde{H}_i = \{(e_1, \ldots, e_{i-1}, h_i, e_{i+1}, \ldots, e_r) \,|\, h_i \in H_i\} \tag{A.9}$$

$\tilde{H}_i$ の単位元は $(e_1, \ldots, e_r)$ であり，積は G における積と同じである．明らかに，$\tilde{H}_i$ は群 G の部分群であり，上記の (1), (2) が満たされる．したがっ

---

3) これを $G = H_1 \times \cdots \times H_r$ と書く本もある．

て，G は $\tilde{H}_1, \ldots, \tilde{H}_r$ の直積 $\tilde{H}_1 \otimes \cdots \otimes \tilde{H}_r$ である．しかし，通常は $\tilde{H}_i$ を H_i と同一視し，式 (A.6) のように書く．$H_1, \ldots, H_r$ が可換群であれば，式 (A.6) の直積も可換群である．このときは，これを**直和** (direct sum) と呼び，式 (A.6) の代わりに

$$G = H_1 \oplus \cdots \oplus H_r \tag{A.10}$$

と書く[4]．

A.2　写像と変換群

集合 S から 集合 S' への写像 $T : S \to S'$ に対して，S を**定義域** (domain)，S' を**値域** (range) という．S の点 $x \in S$ が写像 T によって $y = T(x)$ に写像されるとき，y は x の**像** (image) であるという．S の部分集合 $A \subset S$ に対して，各点 $x \in A$ の像 $T(x)$ 全体 $\{y \,|\, y = T(x), x \in A\}$ を部分集合 A の**像** (image) であるといい，$T(A)$ と書く．$B \subset S'$ が S' の部分集合のとき，各点 $y \in B$ に対して，$y = T(x)$ となる x があれば，その全体 $\{x \,|\, y = T(x), y \in B\}$ を部分集合 B の**逆像** (inverse image)，または**原像** (preimage) といい，$T^{-1}(B)$ と書く．

集合 S から 集合 S' への写像 $T : S \to S'$ は，$x, x' \in S$ に対して $x \neq x'$ なら

$$T(x) \neq T(x') \tag{A.11}$$

であるとき，**一対一** (one-to-one) の写像，あるいは**単射** (injection) であるという．すべての $x' \in S'$ に対して $x' = Tx$ となる $x \in S$ が存在するとき，T は**上へ** (onto) の写像，あるいは**全射** (surjection) であるという．一対一かつ上への写像は**全単射** (bijection) であるという．

群 G から群 G' への写像 T は

$$T(ab) = T(a)T(b), \quad a, b \in G \tag{A.12}$$

であれば，**準同型写像** (homomorphism) であるという．この定義から明らかに，G の単位元 e は G' の単位元 e' に写像され，$a \in G$ の逆元は $Ta \in G'$

---

4) これを $G = H_1 + \cdots + H_r$，あるいは $H_1 \dot{+} \cdots \dot{+} H_r$ と書く本もある．

の逆元に写像される．

$$e' = T(e), \quad T(a^{-1}) = (Ta)^{-1} \tag{A.13}$$

このような準同型写像 T が存在するとき，群 G, G' は**準同型** (homomorphic) であるという．特に T が 1 対 1 かつ上への写像であるとき，T を**同型写像** (isomorphism) という．T が群 G から群 G' への同型写像であれば，明らかに，T^{-1} は群 G' から群 G への同型写像である．このとき，G, G' は互いに**同型** (isomorphic) であるといい，

$$G \cong G' \tag{A.14}$$

と書く．同型な群は実質的に同じものであり，同一視できる．例えば，式 (A.9) は群 H_i と群 $\tilde{H}_i$ との間の同型写像を定義する．

集合 S から S 自身への全単射 T を S の**変換** (transformation) という．変換 T の集合 G が合成に関して群を成すとき，すなわち，

(1) $T, T \in G$ なら $T \circ T' \in G$.
(2) G は恒等変換 I を含む.
(3) すべての $T \in G$ に対して，その逆変換 T^{-1} も G に含まれる.

のとき，G を集合 S の**変換群** (group of transformations) という．

A.3　位相

集合 X は，次のような，その部分集合から成る集合 $\mathcal{O}$ が与えられているとき，**位相空間** (topological space) であるという．

(1) 集合 $\mathcal{O}$ は空集合 $\emptyset$ と集合 X 自身を含む：$\emptyset, X \in \mathcal{O}$.
(2) 集合 $\mathcal{O}$ はその要素の任意個数の合併を含む：$U_i \in \mathcal{O}, i \in I$（任意個数の添字集合）$\to \cup_{i \in I} U_i \in \mathcal{O}$.
(3) 集合 $\mathcal{O}$ はその要素の有限個数の共通部分を含む：$U_i \in \mathcal{O}, i \in J$（有限個数の添字集合）$\to \cap_{i \in J} U_i \in \mathcal{O}$.

この集合 $\mathcal{O}$ を集合 X の**位相** (topology) といい，その要素 U を**開集合** (open set) と呼ぶ．開集合の補集合 $X - U$ を**閉集合** (closed set) という．

位相 $\mathcal{O}$ を持つ集合 X の部分集合 $X' \subset X$ は，位相 $\mathcal{O}' = \{X' \cap U \mid U \in \mathcal{O}\}$ によって位相空間となる．この位相を**相対位相** (relative topology) という．一つの集合 X に対してさまざまな位相が定義できる．空集合 $\emptyset$ と X 自身のみからなる位相を**自明な位相** (trivial topoloty) といい，X のすべての部分集合からなる位相を**離散位相** (discrete topology) という．（包含関係で比較して）より多くの部分集合を含むほど，その位相は**強い** (strong) といい，少ないほど**弱い** (weak) という．離散位相は最も強い位相であり，自明な位相は最も弱い位相である．

n 次元空間 $\mathcal{R}^n$ に対して，位相がすべての c_i, $r \in \mathcal{R}$, $r > 0$ に対する**開球** (open ball) $\{(x_1, \ldots, x_n) \mid \sqrt{\sum_{i=1}^{n}(x_i - c_i)^2}| < r\}$から生成される（すなわち，それらの任意個数の合併と有限個数の共通部分からなる）とき，これを**ユークリッド位相** (Euclidean topology) という．開球の代わりに，すべての $a_i, b_i \in \mathcal{R}$ に対する**開区間** (open interval, open box) $\{(x_1, \ldots, x_n) \mid a_i < x_i < b_i,\ i = 1, \ldots, n\}$を用いてもよい．両者の位相は，同じ開集合が生成されるという意味で**同値** (equivalent) である．以下，断りのない限り，$\mathcal{R}^n$ にはこの位相を，その部分集合にはその相対位相を仮定する．$\mathcal{R}^n$ の部分集合 A は，それがある開球（あるいは，ある区間）に含まれるとき，**有界** (bounded) であるという．

位相空間 X の点 x の**近傍** (neighborhood) とは，x を含む開集合のことをいう．部分集合 $A \subset X$ に対して，点 $x \in A$ は，A に含まれる近傍を持つとき，A の**内点** (interior point, inner point) であるという．A のすべての内点の集合 A° を A の**内部** (interior) と呼ぶ．点 $x \in X$ は，x のどの近傍も $A \subset X$ と共通部分を持つとき，A の**極限点** (limit point)，または**集積点** (accumulation point) であるという．$A \subset X$ のすべての極限点の集合 $\bar{A}$ を A の**閉包** (closure) と呼ぶ．そして，$\bar{A} - A^\circ$ を A の**境界** (boundary) と呼び，それに含まれる点をその**境界点** (bondary point) と呼ぶ．位相空間 X の点列 $\{x_i\}$, $i = 1, 2, \ldots$ が**極限点** (limit point) $x \in X$ に**収束** (converge) するとは，x のどの近傍 U もある整数 N に対する部分列 $\{x_k\}$, $k = N, N+1, \ldots$ を含むことをいう．

A.4　位相空間の写像

位相空間 X は，どの異なる2点 $x_1, x_2 \in X$ も，互いに交わらない近傍 U_1, U_2, $U_1 \cap U_2 = \emptyset$ を持つとき，**ハウスドルフ空間** (Hausdorff space)，あるいは**分離可能** (separable) であるという．ハウスドルフ空間では，どの点 x もそれ自身が閉集合である．ユークリッド位相を持つ $\mathcal{R}^n$ はハウスドルフ空間である．

ハウスドルフ空間 X の開集合の集合 $\{U_i\}$, $i \in I$ は，X のどの点 x も少なくとも一つの U_i に含まれているとき，すなわち $\cup_{i \in I} U_i = X$ のとき，X の**被覆** (covering) であるという．ハウスドルフ空間 X が**コンパクト** (compact) であるとは，そのどの被覆 $\{U_i\}$, $i \in I$ に対しても，X を被覆する有限個数の要素が選べること，すなわち，ある有限の添字集合 $J \subset I$ が存在して $\cup_{j \in J} U_j = X$ となることをいう．コンパクトな空間 X のどの点列 $\{x_i\}$, $i = 1, 2, \ldots$ も収束する部分列を持つ．そして，その極限点を点列 $\{x_i\}$, $i = 1, 2, \ldots$ の**集積点** (accumulation point) と呼ぶ．$\mathcal{R}^n$ の有界な閉集合はコンパクトである（**ハイネ・ボレルの定理** (Heine–Borel theorem)）．したがって，$\mathcal{R}^n$ の有界な閉集合のどんな無限個の点集合も集積点を持つ（**ボルツァーノ・ワイエルシュトラスの定理** (Bolzano–Weierstrass theorem)）．

位相空間 X は，交わらない二つの空でない部分開集合 X_1, X_2 から成る（$X_1 \cup X_2 = X$ となる）とき，**非連結** (disconnected) であるといい，そうでないとき，**連結** (connected) であるという．非連結な位相空間 X の $X_1 \cap X_2 = \emptyset$, $X_1 \cup X_2 = X$ となる開集合 X_1, X_2 は互いに他方の補集合であるから，定義より閉集合でもある．それらは連結であれば，X の**連結成分** (connected component) であるという．そうでなければ，さらに小さい連結成分に分解される．位相空間 X は，その各点 $x \in X$ のすべての近傍がある連結な近傍を含んでいるとき，**局所連結** (locally connected) であるという．

位相空間 X から位相空間 Y への写像 $f: X \to Y$ によって，X の点 $x \in X$ が Y の点 $y \in Y$ に写像されるとする．このとき点 y の任意の近傍 V_y に対して，点 x の近傍 U_x で $f(U_x) \subset V_y$ となるものがあれば，写像 f は x において**連続** (continuous) であるという．すべての点 $x \in X$ において連続であれば，f は連続な写像であるという．これは，Y のすべての開集合 V に対して，その逆像 $f^{-1}(V)$ が X の開集合であることと同値である．コンパクトな集合の連続写像による像もコンパクトである．

位相空間 X から位相空間 Y への写像 $f : X \to Y$ は，一対一かつ上への写像（すなわち，全単射）であって，f と f^{-1} がともに連続であるとき，**同相写像** (homeomorphism) であるという．そのような写像があるとき，X と Y は**同相**（あるいは**位相同型**）(homeomorphic) であるという．このとき，双方の開集合の像も逆像も開集合であるから，互いの開集合が一対一対応しているという意味で，X と Y は「同じ位相を持つ」という．位相空間 X を特徴づける量で，同相写像によって変化しないものを**位相不変量** (topological invariant) という．例えば，連結成分の個数は位相不変量である．それ以外の代表的な位相不変量に，**オイラー・ポアンカレ指標** (Euler–Poincaré characteristic)（単に**オイラー数** (Euler number) ともいう），および**ベッチ数** (Betti number) と呼ばれるものがある．

A.5 多様体

ハウスドルフ空間 M が**多様体** (manifold) であるとは，次の性質を満たすことである．

(1) どの点 $x \in M$ も，ある近傍 U があって，U から $\mathcal{R}^n$ のある開集合への同相写像 ϕ（**座標関数** (coordinate map) と呼ぶ）が与えられている．
(2) 点 $x \in M$ が，それぞれ座標関数 ϕ_1, ϕ_2 を持つ二つの近傍 U_1, U_2 に属すときは，$\phi_2\phi_1^{-1}$ は $\phi_1(U_1 \cap U_2) \subset \mathcal{R}^n$ から $\phi_2(U_1 \cap U_2) \subset \mathcal{R}^n$ への同相写像である．

ただし，n は固定された整数であり，多様体 M の**次元** (dimension) と呼ぶ．点 x の上記 (1) の座標関数 ϕ によって定まる $\phi(x) = (x_1, \ldots, x_n) \in \mathcal{R}^n$ は，点 x の**座標** (coordinate) を定める．組 (U, ϕ) を点 x の**局所座標系** (local coordinate system)（または**チャート** (chart)）と呼ぶ．点 x が二つの局所座標系 (U_1, ϕ_1), (U_2, ϕ_2) で記述されるとき，上記 (2) の同相写像 $\phi_2\phi_1^{-1}$ は，局所座標系 (U_1, ϕ_1) から局所座標系 (U_2, ϕ_2) への**座標変換** (coordinate

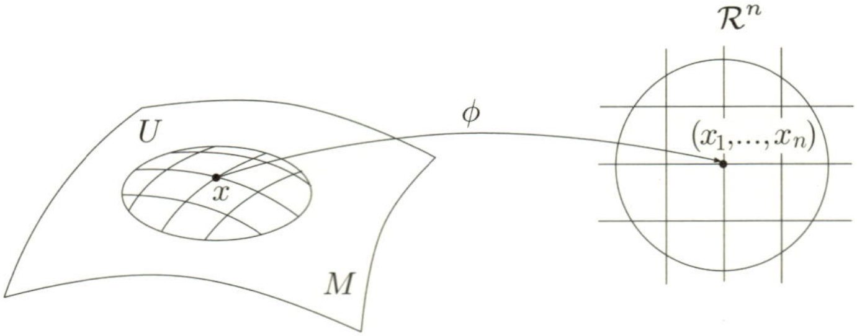

図 A.1　多様体 M の各点 $x \in M$ には座標 $(x_1, \ldots, x_n)$ が与えられる．これは x のある近傍 U から $\mathcal{R}^n$ への同相写像 ϕ（座標関数）によって指定される．

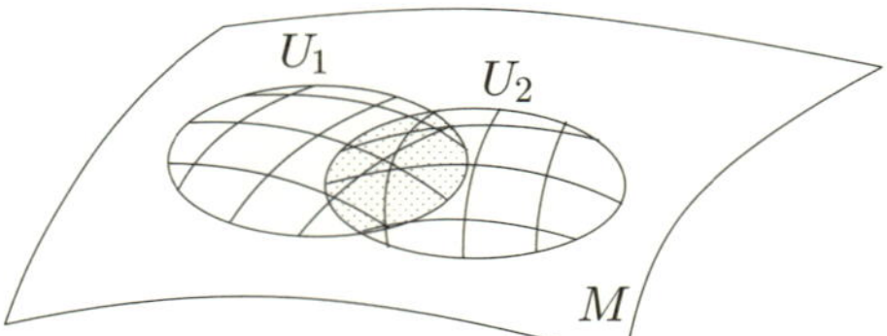

図 A.2　多様体の異なる局所座標系の間の関係は互いに連続である．

change) を与える．要するに，多様体とは，「各点の周りに局所的な座標系が定義され（図 A.1)，異なる座標系とは連続に変換する（図 A.2)」ものといえる．$n = 2$ の場合は，部分的な平面を，変形させながら滑らかに張り合わせていくイメージである．

ある整数 k に対して，どの点でも座標変換 $\phi_2\phi_1^{-1}$ が k 階微分可能な（k 階までの連続な導関数を持つ）とき，M は**微分多様体** (differentiable manifold) であるといい，その指定された k に対して，C^k **微分可能** (differentiable) であるという．C^∞ 微分可能なとき，その多様体 M は**滑らか** (smooth) であるという．

滑らかな多様体 M から滑らかな多様体 N への連続写像 f は，M の座標から N の座標への関数として C^k 微分可能であるとき，C^k 微分可能であるという．この性質は M，N の局所座標系のとり方によらない．写像

$f : M \to N$ が C^∞ 微分可能であり，C^∞ 微分可能な逆写像 f^{-1} も持つとき，f は**微分同相写像** (diffeomorphism) であるという．このとき M と N とは**微分同相**（あるいは**微分同型**）(diffeomorphic) であるという．

A.6 リー群

群 G が微分多様体でもあるとき，これを**リー群** (Lie group) と呼ぶ．正確には，G の群としての乗算 $(a, b) \in G \times G \to ab \in G$，および，逆 $a \in G \to a^{-1} \in G$ がともに微分可能写像であることである[5]．具体的には，$f(\boldsymbol{x}, \boldsymbol{y}) = \phi_{ab}(\phi_a^{-1}(\boldsymbol{x})\phi_b^{-1}(\boldsymbol{y}))$, $\boldsymbol{x}, \boldsymbol{y} \in \mathcal{R}^n$ で定義される写像 $f : \phi_a(U_a) \times \phi_b(U_b) \to \phi_{ab}(U_{ab})$，および $g(\boldsymbol{x}) = \phi_{a^{-1}}(\phi_a(\boldsymbol{x})^{-1})$, $\boldsymbol{x} \in \mathcal{R}^n$ で定義される写像 $g : \phi_a(U_a) \to \phi_{a^{-1}}(U_{a^{-1}})$ がともに，$\mathcal{R}^n$ の座標系に関して微分可能な関数であるという意味である．ただし，(ϕ_a, U_a), (ϕ_b, U_b), (ϕ_{ab}, U_{ab}), $(\phi_{a^{-1}}, U_{a^{-1}})$ はそれぞれ，群 G の元 $a, b, ab, a^{-1} \in G$ における局所座標系である．

正則な $n \times n$ 行列の全体 $GL(n, \mathcal{R})$ は $\mathcal{R}^n$ の変換群であり，n 次元**一般線形群** (general linear group) と呼ぶ．これは，各行列の n^2 個の要素を座標とみなすと，n^2 次元空間 $\mathcal{R}^{n^2}$ の部分集合であり，$\mathcal{R}^{n^2}$ の行列式が 0 でない点全体である．$\mathcal{R}^{n^2}$ の行列式が 0 である点の全体（超曲面）は（$\mathcal{R}^{n^2}$ のユークリッド位相に関して）閉集合である．$GL(n, \mathcal{R})$ はその補集合であるから，開集合である．

一般線形群 $GL(n, \mathcal{R}) \subset \mathcal{R}^{n^2}$ は相対位相によって位相空間である．そして，座標関数 ϕ を $GL(n, \mathcal{R})$ から $\mathcal{R}^{n^2}$ への包含写像（そのものを値とする恒等写像）とすることによって多様体となる．恒等写像は何回でも微分可能であるから，この多様体は C^∞ 微分可能である．行列の積の要素は各要素の多項式であるから，$\mathcal{R}^{n^2} \times \mathcal{R}^{n^2}$ から $\mathcal{R}^{n^2}$ への微分可能写像である．逆行列の要素はもとの行列の要素の有理関数であるから，$\mathcal{R}^{n^2}$ からそれ自身への微分可能写像である．ゆえに，$GL(n, \mathcal{R})$ はリー群である．

---

5) これは冗長な表現であり，実際には写像 $(a, b) \to ab^{-1}$ が微分可能であるというだけでよい．

$n \times n$ 直交行列の全体 $O(n)$，その行列式が 1 のものの全体 $SO(n)$ も $\mathcal{R}^n$ の変換群であり，それぞれ n 次元**直交群** (orthogonal group)，n 次元**特殊直交群** (special orthogonal group) と呼ぶ．これらは $GL(n, \mathcal{R})$ の部分群であり，相対位相による位相空間であるとともに，C^∞ 微分多様体でもある．また，行列の乗算と逆行列の計算は微分可能写像であるから，これらもリー群である．

直交行列の定義より，その各要素は ± 1 の範囲にある．したがって，$\mathcal{R}^{n^2}$ の有界部分集合に含まれ，$O(n)$ はコンパクトなリー群である．各元の行列式は 1 または -1 であるから，$O(n)$ は二つの連結成分から成り，一方は行列式が 1，他方は -1 である．そして，$SO(n)$ は $O(n)$ の行列式 1 の連結成分から成る連結リー群である．$O(n)$ や $SO(n)$ のような $GL(n, \mathcal{R})$ の部分群，およびそれを複素数に拡張した $GL(n, \mathcal{C})$ の部分群となるリー群は**古典群** (classical group)，あるいは**線形リー群** (linear Lie group) と呼ばれる．代表的なものに，$O(n)$ や $SO(n)$ のほかに，**特殊線形群**[6] (special linear group) $SL(n)$，**ユニタリ群**[7] (unitary group) $U(n)$，**特殊ユニタリ群**（行列式 1 のユニタリ行列全体）(special unitary group) $SU(n)$，**ローレンツ群**[8] (Lorentz group)，**シンプレクティック群**[9]（または，**斜交群**）(symplectic group) $Sp(2n)$ がある．

A.7　リー代数

線形空間 (linear space)（「ベクトル空間」(vector space) ともいう）の要素の間の演算 $[\cdot, \cdot] : V \times V \to V$ は，すべての $\boldsymbol{x}, \boldsymbol{y}, \boldsymbol{z} \in V$ とすべての実数 $c \in \mathcal{R}$ に対して次の規則に従うとき，**リー括弧積** (Lie bracket) と呼ばれ

---

[6] 行列式 1 の行列全体.

[7] 量子力学に現れる，$\boldsymbol{U}\boldsymbol{U}^\dagger = \boldsymbol{I}$ を満たす $n \times n$ 複素行列（ユニタリ行列 (unitary matrix)）$\boldsymbol{U}$ の全体．$\boldsymbol{U}^\dagger$ はエルミート共役 (Hermitian conjugate)（複素共役の転置）を表す.

[8] 特殊相対論に現れる，4 次元時空のある 2 次形式（ローレンツ計量 (Lorentz metric)）を不変に保つ 4×4 行列の全体.

[9] 2 種類の座標成分の間のある対称性と反対称性を備えた $2n \times 2n$ 行列の全体．力学の一般的な解析に現れ，一つの座標成分は位置に，他方は運動量に対応する.

る[10].

$$[\boldsymbol{x},\boldsymbol{y}] = -[\boldsymbol{y},\boldsymbol{x}] \tag{A.15}$$

$$[c\boldsymbol{x},\boldsymbol{y}] = c[\boldsymbol{x},\boldsymbol{y}], \quad [\boldsymbol{x},c\boldsymbol{y}] = c[\boldsymbol{x},\boldsymbol{y}] \tag{A.16}$$

$$[\boldsymbol{x}+\boldsymbol{y},\boldsymbol{z}] = [\boldsymbol{x},\boldsymbol{z}]+[\boldsymbol{y},\boldsymbol{z}], \quad [\boldsymbol{x},\boldsymbol{y}+\boldsymbol{z}] = [\boldsymbol{x},\boldsymbol{y}]+[\boldsymbol{x},\boldsymbol{z}] \tag{A.17}$$

$$[\boldsymbol{x},[\boldsymbol{y},\boldsymbol{z}]]+[\boldsymbol{y},[\boldsymbol{z},\boldsymbol{x}]]+[\boldsymbol{z},[\boldsymbol{x},\boldsymbol{y}]] = \boldsymbol{0} \tag{A.18}$$

式 (A.15) はリー括弧積が**反可換** (anticommutative) であり，式 (A.16), (A.17) はそれが**双一次** (bilinear) であることを述べている．式 (A.18) は**ヤコビの恒等式** (Jacobi identity) と呼ばれる．

線形空間は，要素の間に（通常の規則に従う）積が定義されているとき，**代数** (algebra)（あるいは**多元環** (algebra)）と呼ぶ．特に，リー括弧積を積とする線形空間を**リー代数** (Lie algebra)（あるいは**リー環** (Lie algebra)）と呼ぶ．$\mathcal{R}^3$ のベクトル積 $\boldsymbol{a}\times\boldsymbol{b}$ は式 (A.15)–(A.18) を満たす．したがって，$\mathcal{R}^3$ は $[\boldsymbol{a},\boldsymbol{b}] = \boldsymbol{a}\times\boldsymbol{b}$ をリー括弧積とするリー代数である．

線形空間 V の変換群 G は，次の約束により，それ自身が線形空間でもある．

$$(cT)(\boldsymbol{x}) = T(c\boldsymbol{x}), \quad (T_1+T_2)(\boldsymbol{x}) = T_1(\boldsymbol{x})+T_2(\boldsymbol{x}),$$
$$T,T_1,T_2\in G,\ \boldsymbol{x}\in V,\ c\in\mathcal{R} \tag{A.19}$$

このとき，**交換子積** (commutator)

$$[T_1,T_2] \equiv T_1T_2 - T_2T_1 \tag{A.20}$$

は明らかに式 (A.15)–(A.18) を満たす．ゆえに変換群 G は交換子積をリー括弧積とするリー代数である．

リー代数 V の（線形空間としての）基底を $\{\boldsymbol{e}_i\}$, $i=1,\ldots,n$ とする．V の元のリー括弧積は V の元であるから，基底の要素のリー括弧積によって指定できる．そこで，次のように置く．

$$[\boldsymbol{e}_i,\boldsymbol{e}_j] = \sum_{k=1}^{n} c_{ij}^k\boldsymbol{e}_k, \quad i,j=1,\ldots,n \tag{A.21}$$

---

10) これは冗長な表現であり，式 (A.16) の第 2 式と式 (A.17) の第 2 式は，式 (A.15) と式 (A.16) の第 1 式と式 (A.17) の第 1 式から得られる．

この n^3 個の定数 c_{ij}^k, $i,j,k=1,\ldots,n$ を**構造定数** (structure constants) と呼ぶ．これにより，$\boldsymbol{x}=\sum_{i=1}^n x_i\boldsymbol{e}_i\in V$ と $\boldsymbol{y}=\sum_{i=1}^n y_i\boldsymbol{e}_i\in V$ のリー括弧積 $[\boldsymbol{x},\boldsymbol{y}]$ が次のように定まる．

$$\left[\sum_{i=1}^n x_i\boldsymbol{e}_i,\sum_{j=1}^n y_j\boldsymbol{e}_j\right]=\sum_{k=1}^n\Bigl(\sum_{i,j=1}^n c_{ij}^k x_i y_j\Bigr)\boldsymbol{e}_k \tag{A.22}$$

構造定数 c_{ij}^k が何であっても，式 (A.16), (A.17) は満たされるが，式 (A.15), (A.18) を満たすためには，次の制約を満たす必要がある．

$$c_{ij}^k=-c_{jk}^k,\quad i,j,k=1,\ldots,n \tag{A.23}$$

$$\sum_{l=1}^n c_{ij}^l c_{lk}^m+\sum_{l=1}^n c_{jk}^l c_{li}^m+\sum_{l=1}^n c_{ki}^k c_{lj}^m=0,\quad i,j,k,m=1,\ldots,n \tag{A.24}$$

リー代数 V, V' の間の線形写像 $f:V\to V'$ は，

$$f([\boldsymbol{x},\boldsymbol{y}])=[f(\boldsymbol{x}),f(\boldsymbol{y})],\quad \boldsymbol{x},\boldsymbol{y}\in V \tag{A.25}$$

のとき，リー代数 V, V' の**準同型写像** (homomorphism) であるという．それが一対一かつ上への写像のとき，**同型写像** (isomorphism) であるという．同型写像が存在するとき，リー代数 V, V' は**同型** (isomorphic) であるといい，$V\cong V'$ と書く．明らかに V, V' が同型である条件は，それらの構造定数が一致するような基底がとれることである．

A.8　リー群のリー代数

リー群が与えられたとき，それに対するリー代数を定義することができる．リー群とは微分多様体であって，それに対する群の作用が微分可能写像となるものと定義されている．そのリー代数は，リー群の微分可能性に関して定義される．具体的には，リー群の（多様体としての）**接ベクトル** (tangent vector) を微分作用素として定義し，各点に**接空間** (tangent space) を（一般にファイバーバンドル (fiber bundle) として）連続的に互いに微分可能であるように対応させる（単位元 e において定義し，群の作用によって各点にコピーを作るイメージ）．そのリー代数は，その上の（群を作用させ

るとそれ自身に移るという意味の）**不変ベクトル場** (invariant vector field) の集合として定義される．そして，その（微分作用素としての）交換子積をリー括弧積と定める．その結果，リー群とリー代数の関係が，リー群上の**微分形式** (differential form)（あるいは，**パフ形式** (Pfaffian)）とその**積分可能条件** (integrability condition)（**フロベニウスの定理** (Frobenius' theorem)）によって記述される．

しかし，このような一般のリー群とそのリー代数の数学的な記述はやや複雑になる．そこで，ここではリー群 G を $GL(n,\mathcal{R})$（および $GL(n,\mathcal{C})$）の部分群に限定し，そのリー代数 L を行列表現によって定義する．

行列で記述されるリー群 G が与えられたとき，任意の実数 t に対して

$$\exp(t\boldsymbol{X}) \quad \left(\equiv \sum_{k=0}^{\infty} \frac{t^k}{k!}\boldsymbol{X}^k\right) \in G \tag{A.26}$$

となる $n \times n$ 行列 $\boldsymbol{X}$ の全体を L とする（行列の指数関数は常に（絶対）収束する）．集合 L は（実）線形空間であること，すなわち

$$\boldsymbol{X} \in L \ \rightarrow \ c\boldsymbol{X} \in L, \quad c \in \mathcal{R} \tag{A.27}$$

$$\boldsymbol{X}, \boldsymbol{Y} \in L \ \rightarrow \ \boldsymbol{X} + \boldsymbol{Y} \in L \tag{A.28}$$

がわかる．L は交換子積 $[\boldsymbol{X}, \boldsymbol{Y}] \equiv \boldsymbol{XY} - \boldsymbol{YX}$ によってリー代数となることが示せる．

$$\boldsymbol{X}, \boldsymbol{Y} \in L \ \rightarrow \ [\boldsymbol{X}, \boldsymbol{Y}] \in L \tag{A.29}$$

これを示すには，次の恒等式を用いる（証明省略）．

$$\exp(t\boldsymbol{X})\exp(t\boldsymbol{Y}) = \exp\left(t(\boldsymbol{X}+\boldsymbol{Y}) + \frac{t^2}{2}[\boldsymbol{X}, \boldsymbol{Y}] + O(t^3)\right), \quad t \in \mathcal{R} \tag{A.30}$$

$$\{\exp(t\boldsymbol{X}), \exp(t\boldsymbol{Y})\} = \exp(t^2[\boldsymbol{X}, \boldsymbol{Y}] + O(t^3)), \quad t \in \mathcal{R} \tag{A.31}$$

ただし，$\{\boldsymbol{A}, \boldsymbol{B}\} \equiv \boldsymbol{ABA}^{-1}\boldsymbol{B}^{-1}$ と定義する．これも**交換子積** (commutator) と呼ばれる．このリー代数 L を「リー群 G のリー代数」と呼ぶ．その基底要素は（主に物理学者によって）**無限小生成子** (infinitesimal generator) と呼ばれている．

式 (A.26) の $\boldsymbol{X}$ が無限小変換を表すことは，6.2 節，6.3 節の議論から想像できるであろう．すなわち，恒等変換に近い G の元 g が，ある微小量 t (≈ 0) によって $g = \boldsymbol{I} + t\boldsymbol{X} + O(t^2)$ と表されるとき，式 (6.1) と式 (6.9)–(6.11) の論法から，g が式 (A.26) のように書けることがわかる．ただし，第 6 章とは違って，$\boldsymbol{X}$ はもはや反対称行列とは限らず，以下に述べるように，リー群 G を特徴づけるある形をした行列である．

注意すべきことは，式 (A.26) が，G の単位元 e を含む連結成分の要素しか表せないことである．したがって，二つのリー群が単位元 e を含む連結成分を共有しているとき（例えば $O(n)$ と $SO(n)$），それらのリー代数は同一である．

一般線形群 $GL(n,\mathcal{R})$（あるいは，$GL(n,\mathcal{R})$）のリー代数は $n \times n$（実，あるいは複素）正方行列の全体であり，$gl(n,\mathcal{R})$（あるいは，$gl(n,\mathcal{R})$）と書く．特殊線形群 $SL(n)$ のリー代数は，$n \times n$（実）正方行列 $\boldsymbol{X}$ で，トレース 0 $(\mathrm{tr}(\boldsymbol{X}) = 0)$ のもの全体であり，$sl(n)$ と書く．直交群 $O(n)$ のリー代数は，$n \times n$（実）反対称行列 $\boldsymbol{X}$（$\boldsymbol{X}^\top = -\boldsymbol{X}$ を満たす行列）の全体であり，$o(n)$ と書く．特殊直交群 $SO(n)$ は $O(n)$ の単位元 e を含む連結成分であるから，そのリー代数 $so(n)$ は $o(n)$ と同じである．ユニタリ群 $U(n)$ のリー代数は，$n \times n$（複素）反エルミート行列 (anti-Hermitian matrix) $\boldsymbol{X}$（$\boldsymbol{X}^\dagger = -\boldsymbol{X}$ を満たす行列）の全体であり，$u(n)$ と書く．特殊ユニタリ群 $SU(n)$ のリー代数は，$u(n)$ の元 $\boldsymbol{X}$ でトレース 0 $(\mathrm{tr}(\boldsymbol{X}) = 0)$ のもの全体であり，$su(n)$ と書く．これらの関係は，式 (6.1), (6.2) から式 (6.3) を導いたのと同様に，リー群 G を定義する関係式に $g = \boldsymbol{I} + t\boldsymbol{X} + O(t^2)$ を代入して展開し，t に関して線形な項を取り出すことによって得られる．

リー群 G のリー代数 L が重要なのは，リー代数 L によってリー群 G が一意的に（ただし，局所的に）定まるからである．その意味は，G の単位元 e のある近傍 U_e があって，そのどの元 $g \in U_e$ もリー代数 L のある定まった元 $\boldsymbol{A}_1, \ldots, \boldsymbol{A}_n \in L$ によって $g = \exp(\sum_{i=1}^n t_i \boldsymbol{A}_i)$, $|t_i| < 1$, $i = 1, \ldots, n$ と一意的に表されるということである．

リー群 G が連結であれば，単位元 e の近傍 U_e は G のすべての元 g を生成する．すなわち，任意の $g \in G$ は有限個の $u_i \in U_e$, $i = 1, \ldots, N$ によって $g = u_1 \cdots u_N$ と表される．したがって，任意の $g \in G$ はリー代数 L の

元 $X_i \in L$, $i = 1, \ldots, N$ によって，$g = \exp(\boldsymbol{X}_1) \cdots \exp(\boldsymbol{X}_N)$ と表される（ただし，一意的とは限らない）．特に，リー群 G が可換群であるのは，そのリー代数 L が可換なときである．

リー群 G の単位元 $e \in G$ のある近傍 $U_e \subset G$ において，$g, g', gg' \in U_e$ であるとする．このとき，リー群 G からリー群 G' への写像 $f : G \to G'$ は

$$f(g)f(g') = f(gg') \tag{A.32}$$

のとき，G から G' への**局所準同型写像** (local homomorphism) であるという．これがさらに一対一で，$f^{-1} : G' \to G$ も局所準同型写像であれば，f は**局所同型写像** (local isomorphism) であるといい，G, G' は**局所同型** (locally isomorphic) であるという．G, G' が局所同型である条件は，それらが同じ（すなわち，同型な）リー代数を持つことである[11)]．

ふたつの連結リー群 G, G' が同じリー代数を持ち（したがって，局所同型であり），G が**単連結**[12)] (simply connected) のとき，G は G' の**普遍被覆群**[13)] (universal covering group) であるという．例えば，$SO(3)$ と $SU(2)$ は同じリー代数を持つので，それらは局所同型である．そして，$SU(2)$ は単連結であるので，$SO(3)$ の普遍被覆群である．

---

11) 具体的には，リー群 G, G' の間の局所同型写像 $f : G \to G'$ に対して，それらのリー代数 L, L' の間の同型写像 $df : L \to L'$ が**微分写像** (derivation) $(df)(\boldsymbol{X}) = df(\exp(t\boldsymbol{X}))/dt|_{t=0}$ によって与えられる．

12) G 内の任意のループが連続的に 1 点に変形できることをいう．

13) 多対 1 の連続な写像で，対応点の近傍では同型（すなわち**射影** (projection) になっている）であって，G' をぐるぐると何重にも覆っているというイメージである．

参考文献

[1] K. S. Arun, T. S. Huang, and S. D. Blostein, Least-squares fitting of two 3-D point sets, *IEEE Transactions on Pattern Analysis and Machine Intelligence*, **9**-5 (1987), 698–700.

[2] A. Bartoli and P. Sturm, Nonlinear estimation of fundamental matrix with minimal parameters, *IEEE Transactions on Pattern Analysis and Machine Intelligence*, **26**-3 (2004), 426–432.

[3] S. Benhimane and E. Malis, Homography-based 2D Visual Tracking and Servoing *International Journal of Robotics Research*, **26**-7 (2007), 661–676.

[4] A. Chatterjee and V. M. Govindu, Robust relative rotation averaging, *IEEE Transactions on Pattern Analysis and Machine Intelligence*, **40**-4 (2018), 958–972.

[5] N. Chernov and C. Lesort, Statistical efficiency of curve fitting algorithms, *Computational Statistics and Data Analysis*, **47**-4 (2004), 713–728.

[6] W. Chojnacki, M. J. Brooks, A. van den Hengel, and D. Gawley, On the fitting of surfaces to data with covariance, *IEEE Transactions on Pattern Analysis and Machine Intelligence*, **22**-11 (2000), 1294–1302.

[7] W. Chojnacki, M. J. Brooks, A. van den Hengel, and D. Gawley, A new constrained parameter estimator for computer vision applications, *Image and Vision Computing/*, **22**-2 (2004), 85–91.

[8] H. C. Corben and P. Stehle, *Classical Mechanics*, 2nd ed., Dover, New York, NY, U.S. (2013).

[9] T. Drummond and R. Cipolla, Application of Lie algebra to visual servoing, *International Journal of Computer Vision*, **37**-1 (2000), 65–78.

[10] H. Goldstein, C. P. Poole, and J. L. Safko, *Classical Mechanics*, 3rd ed.,

Addison–Wesley, Reading, MA, U.S. (2001).

[11] V. M. Govindu, Motion averaging in 3D reconstruction problems, in P. K. Turaga and A. Srivastava (eds.), *Riemannian Computing in Computer Vision*, Springer, Cham, Switzerland (2018), pp. 145–186.

[12] 藤原邦男,『物理学序論としての力学』, 東京大学出版会 (1984).

[13] R. Hartley, In defense of the eight-point algorithm, *IEEE Transactions on Pattern Analysis and Machine Intelligence*, **19**-6 (1997), 580–593.

[14] B. K. P. Horn, Closed-form solution of absolute orientation using unit quaternions, *Journal of the Optical Society of America*, A**4**-4 (1987), 629–642.

[15] K. Kanatani, *Group-Theoretical Methods in Image Understanding*, Springer, Berlin, Germany (1990).

[16] K. Kanatani, *Geometric Computation for Machine Vision*, Oxford University Press, Oxford, U.K. (1993).

[17] K. Kanatani, Analysis of 3-D rotation fitting, *IEEE Transactions on Pattern Analysis and Machine Intelligence*, **16**-5 (1994), 543–549.

[18] K. Kanatani, *Statistical Optimization for Geometric Computation: Theory and Practice*, Elsevier, Amsterdam, The Netherlands (1996). Reprinted by Dover, New York, U.S. (2005).

[19] 金谷健一,『形状CADと図形の数学』, 共立出版 (1998).

[20] 金谷健一,『これなら分かる応用数学教室：最小二乗法からウェーブレットまで』, 共立出版 (2003).

[21] 金谷健一,『これなら分かる最適化数学：基礎原理から計算手法まで』, 共立出版 (2005).

[22] K. Kanatani, Statistical optimization for geometric fitting: Theoretical accuracy bound and high order error analysis, *International Journal of Computer Vision*, **80**-2 (2008), 167–188.

[23] 金谷健一,『幾何学と代数系 Geometric Algebra：ハミルトン, グラスマン, クリフォード』, 森北出版 (2014).

[24] 金谷健一,『線形代数セミナー：射影, 特異値分解, 一般逆行列』, 共立出版 (2018).

[25] K. Kanatani and C. Matsunaga, Computing internally constrained motion of 3-D sensor data for motion interpretation, *Pattern Recognition*, **46**-6 (2013), 1700–1709.

[26] K. Kanatani and H. Niitsuma, Optimal two-view planar triangulation, *JPSJ Transactions on Computer Vision and Applications*, **3**, (2011), 67–79.

[27] 金谷健一・菅谷保之，幾何学的当てはめの厳密な最尤推定の統一的計算法，『情報処理学会論文誌：コンピュータビジョンとイメージメディア』，**2**-1 (2009), 53–62.

[28] K. Kanatani and Y. Sugaya, Compact fundamental matrix computation, *IPSJ Transactions on Computer Vision and Applications*, **2** (2010), 59–70.

[29] K. Kanatani and Y. Sugaya, Unified computation of strict maximum likelihood for geometric fitting, *Journal of Mathematical Imaging and Vision*, **38**-1 (2010), 1–13.

[30] K. Kanatani, Y. Sugaya, and Y. Kanazawa, *Ellipse Fitting for Computer Vision: Implementation and Applications*, Morgan-Claypool, San Rafael, CA, U.S. (2016).

[31] K. Kanatani, Y. Sugaya, and Y. Kanazawa, *Guide to 3D Vision Computation: Geometric Analysis and Implementation*, Springer, Cham, Switzerland (2016).

[32] 金谷健一・菅谷保之・金澤靖，『3 次元コンピュータビジョン計算ハンドブック』，森北出版 (2016).

[33] L. D. Laundau and E. M. Lifshitz, *Mechanics*, 3rd ed., Butterworth–Heinemann, Oxford, U.K. (1976); 広重徹・水戸巌（訳），『力学』，東京図書，増訂第 3 版 (1986).

[34] M. I. A. Lourakis and A. A. Argyros, SBA: A software package for generic sparse bundle adjustment, *ACM Transactions on Mathematical Software*, **36**-1 (2009), 2:1–30.

[35] S. J. Maybank, Detection of image structures using Fisher information and the Rao metric, *IEEE Transactions on Pattern Analysis and Machine Intelligence*, **26**-12 (2004), 49–62.

[36] N. Ohta and K. Kanatani, Optimal estimation of three-dimensional rotation and reliability evaluation, *IEICE Transactions of Information and Systems*, **E81-D**-11 (1998), 1243–1252.

[37] M. Sakamoto, Y. Sugaya, and K. Kanatani, Homography optimization for consistent circular panorama generation, *Proc. 2006 IEEE Pacific-Rim Symposium on Image and Video Technology* Hsinchu, Taiwan (2006), 1195-1205.

[38] N. Snavely, S. Seitz and R. Szeliski, Photo tourism: Exploring photo collections in 3d, *ACM Transactions on Graphics*, **25**-8 (1995), 835–846.

[39] N. Snavely, S. Seitz and R. Szeliski, Modeling the world from internet photo collections, *International Journal of Computer Vision*, **80**-22

(2008), 189–210.

[40] Y. Sugaya and K. Kanatani, High accuracy computation of rank-constrained fundamental matrix, *Proc. 18th British Machine Vision Conference*, Vol. 1, Coventry, U.K. (2007), 282–291.

[41] R. Tron and K. Daniilidis, The space of essential matrices as a Riemannian quotient manifold, *Siam Journal of Imaging Sciences*, **10**-3 (2017), 1416–1445.

[42] 山内恭彦,『回転群とその表現』, 岩波書店 (1957).

問題の解答

第2章

2.1. $\boldsymbol{A}$ の (i,j) 要素を a_{ij} とし，$\boldsymbol{x}$, $\boldsymbol{y}$ の i 成分をそれぞれ x_i, y_i とすると，行列とベクトルの積の定義より，$\langle \boldsymbol{x}, \boldsymbol{A}\boldsymbol{y} \rangle$ も $\langle \boldsymbol{A}^\top \boldsymbol{x}, \boldsymbol{y} \rangle$ も $\sum_{i,j=1}^{3} a_{ij} x_i y_j$ に等しいことが確かめられる．

2.2. (1) $\boldsymbol{A}$ の固有値を λ, 対応する固有ベクトルを $\boldsymbol{u}$ $(\neq \boldsymbol{0})$ とする．固有値と固有ベクトルの定義より，$\boldsymbol{A}\boldsymbol{u} = \lambda \boldsymbol{u}$ が成り立つ．書き直すと，$(\lambda \boldsymbol{I} - \boldsymbol{A})\boldsymbol{u} = \boldsymbol{0}$ となる．これは $\boldsymbol{u}$ に関する連立1次方程式であり，これが $\boldsymbol{0}$ でない解を持つのは係数行列の行列式が0でないとき，すなわち，$|\lambda \boldsymbol{I} - \boldsymbol{A}| = 0$ のときである．

(2) $\boldsymbol{A}$ の (i,j) 要素を a_{ij} とすると，$\phi(\lambda)$ は次の形をしている．

$$
\begin{aligned}
\phi(\lambda) &= \left| \lambda \begin{pmatrix} 1 & & \\ & 1 & \\ & & 1 \end{pmatrix} - \begin{pmatrix} a_{11} & a_{12} & a_{13} \\ a_{21} & a_{22} & a_{23} \\ a_{31} & a_{32} & a_{33} \end{pmatrix} \right| \\
&= \begin{vmatrix} \lambda - a_{11} & -a_{12} & -a_{13} \\ -a_{21} & \lambda - a_{22} & -a_{23} \\ -a_{31} & -a_{32} & \lambda - a_{33} \end{vmatrix} = \lambda^3 - a\lambda^2 + b\lambda - c
\end{aligned}
$$

直接展開することによって，$a = a_{11} + a_{22} + a_{33}$ $(= \mathrm{tr}\,\boldsymbol{A})$ であることがわかる．また，$\phi(\lambda) = |\lambda \boldsymbol{I} - \boldsymbol{A}|$ で $\lambda = 0$ とすると，$\phi(0) = |-\boldsymbol{A}| = -|\boldsymbol{A}|$ である．ゆえに，$c = |\boldsymbol{A}|$ である．一方，$\phi(\lambda)$ の3根を λ_1, λ_2, λ_3 とすると，$\phi(\lambda)$ は次のように書ける．

$$
\begin{aligned}
\phi(\lambda) &= (\lambda - \lambda_1)(\lambda - \lambda_2)(\lambda - \lambda_3) \\
&= \lambda^3 - (\lambda_1 + \lambda_2 + \lambda_3)\lambda^2 + (\lambda_2\lambda_3 + \lambda_3\lambda_1 + \lambda_1\lambda_2)\lambda - \lambda_1\lambda_2\lambda_3
\end{aligned}
$$

二つの式を比較して，式 (2.20) が成り立つ．

2.3. (1) 直線 l とベクトル $\boldsymbol{a}$ の成す角を θ とすると，$\boldsymbol{u}$ が単位ベクトルであるから，$\langle \boldsymbol{u}, \boldsymbol{a} \rangle = \|\boldsymbol{u}\| \cdot \|\boldsymbol{a}\| \cos\theta = \|\boldsymbol{a}\| \cos\theta$ である．図 2.6 より $\boldsymbol{a}$ を直線 l 上に射影した長さは $\|\boldsymbol{a}\| \cos\theta = \langle \boldsymbol{u}, \boldsymbol{a} \rangle$ である．ただし，長さは $\boldsymbol{u}$ 方向に測り，反対向きは負と約束する．

(2) 図 2.6 より $\boldsymbol{a} = \overrightarrow{OA}$ を直線 l 上に射影した $\overrightarrow{OH}$ は，単位ベクトル $\boldsymbol{u}$ 方向にあり，長さが $\langle \boldsymbol{u}, \boldsymbol{a} \rangle$ であるから，$\overrightarrow{OH} = \langle \boldsymbol{u}, \boldsymbol{a} \rangle \boldsymbol{u}$ である．ゆえに，$|AH| = \|\boldsymbol{a} - \langle \boldsymbol{u}, \boldsymbol{a} \rangle \boldsymbol{u}\|$ である．

第3章

3.1. (1) 式 (2.19) より，次式が成り立つ．

$$\langle \boldsymbol{x}, (\boldsymbol{A}_1 \boldsymbol{A}_2 \cdots \boldsymbol{A}_N) \boldsymbol{y} \rangle = \langle (\boldsymbol{A}_1 \boldsymbol{A}_2 \cdots \boldsymbol{A}_N)^\top \boldsymbol{x}, \boldsymbol{y} \rangle$$

一方，式 (2.19) を順に適用すると，次のようになる．

$$\begin{aligned} \langle \boldsymbol{x}, \boldsymbol{A}_1 \boldsymbol{A}_2 \cdots \boldsymbol{A}_N \boldsymbol{y} \rangle &= \langle \boldsymbol{A}_1^\top \boldsymbol{x}, \boldsymbol{A}_2 \cdots \boldsymbol{A}_N \boldsymbol{y} \rangle \\ &= \cdots = \langle \boldsymbol{A}_N^\top \cdots \boldsymbol{A}_2^\top \boldsymbol{A}_1^\top \boldsymbol{x}, \boldsymbol{y} \rangle \end{aligned}$$

これらは任意の $\boldsymbol{x}$, $\boldsymbol{y}$ に関する恒等式であるから，式 (3.47) が成り立つ．

(2) 式 (3.48) を示すには，$\boldsymbol{A}_1 \boldsymbol{A}_2 \cdots \boldsymbol{A}_N$ と $\boldsymbol{A}_N^{-1} \cdots \boldsymbol{A}_2^{-1} \boldsymbol{A}_1^{-1}$ の積が単位行列であることを示せばよい．これは次のように示せる．

$$\begin{aligned} \boldsymbol{A}_1 \boldsymbol{A}_2 \cdots \underbrace{\boldsymbol{A}_N \boldsymbol{A}_N^{-1}}_{\boldsymbol{I}} \cdots \boldsymbol{A}_2^{-1} \boldsymbol{A}_1^{-1} &= \boldsymbol{A}_1 \boldsymbol{A}_2 \cdots \underbrace{\boldsymbol{A}_{N-1} \boldsymbol{A}_{N-1}^{-1}}_{\boldsymbol{I}} \cdots \boldsymbol{A}_2^{-1} \boldsymbol{A}_1^{-1} \\ &= \cdots = \underbrace{\boldsymbol{A}_1 \boldsymbol{A}_1^{-1}}_{\boldsymbol{I}} = \boldsymbol{I} \end{aligned}$$

ゆえに，$\boldsymbol{A}_1 \boldsymbol{A}_2 \cdots \boldsymbol{A}_N$ と $\boldsymbol{A}_N^{-1} \cdots \boldsymbol{A}_2^{-1} \boldsymbol{A}_1^{-1}$ は互いに逆行列である．

3.2. 式 (3.19) の各成分を $\boldsymbol{a}$, $\boldsymbol{l}$ の成分で表すと，次のようになる．

$$\begin{aligned} a_1' &= a_1 \cos\Omega + (l_2 a_3 - l_3 a_2) \sin\Omega + (a_1 l_1 + a_2 l_2 + a_3 l_3) l_1 (1 - \cos\Omega), \\ a_2' &= a_2 \cos\Omega + (l_3 a_1 - l_1 a_3) \sin\Omega + (a_1 l_1 + a_2 l_2 + a_3 l_3) l_2 (1 - \cos\Omega), \\ a_3' &= a_3 \cos\Omega + (l_1 a_2 - l_2 a_1) \sin\Omega + (a_1 l_1 + a_2 l_2 + a_3 l_3) l_3 (1 - \cos\Omega) \end{aligned}$$

これは，式 (3.20) の行列 $\boldsymbol{R}$ によって $\boldsymbol{a}' = \boldsymbol{R}\boldsymbol{a}$ と書ける．

3.3. 式 (3.25), (3.26) の規則より，$q = \alpha + a_1 i + a_2 j + a_3 k$ と $q' = \beta + b_1 i + b_2 j + b_3 k$ の積は次のようになる．

$$qq' = (\alpha + a_1 i + a_2 j + a_3 k)(\beta + b_1 i + b_2 j + b_3 k)$$

$$
\begin{aligned}
&= \alpha\beta + a_1b_1i^2 + a_2b_2j^2 + a_3b_3k^2 \\
&\quad + (\alpha b_1 + a_1\beta)i + (\alpha b_2 + a_2\beta)j + (\alpha b_3 + a_3\beta)k \\
&\quad + a_1b_2ij + a_1b_3ik + a_2b_1ji + a_2b_3jk + a_3b_1ki + a_3b_2kj \\
&= \alpha\beta - a_1b_1 - a_2b_2 - a_3b_3 \\
&\quad + (\alpha b_1 + a_1\beta)i + (\alpha b_2 + a_2\beta)j + (\alpha b_3 + a_3\beta)k \\
&\quad + a_1b_2k - a_1b_3j - a_2b_1k + a_2b_3i + a_3b_1j - a_3b_2i \\
&= \alpha\beta - (a_1b_1 + a_2b_2 + a_3b_3) \\
&\quad + \alpha(b_1i + b_2j + b_3k) + \beta(a_1i + a_2j + a_3k) \\
&\quad + (a_2b_3 - a_3b_2)i + (a_3b_1 - a_1b_3)j + (a_1b_2 - a_2b_1)k \\
&= \alpha\beta - \langle \boldsymbol{a}, \boldsymbol{b} \rangle + \alpha\boldsymbol{b} + \beta\boldsymbol{a} + \boldsymbol{a} \times \boldsymbol{b}
\end{aligned}
$$

3.4. 第 1 式は共役四元数の定義より明らかである．$q = \alpha + \boldsymbol{a}$, $q' = \beta + \boldsymbol{b}$ と置くと，式 (3.28) より，

$$(qq')^\dagger = \alpha\beta - \langle \boldsymbol{a}, \boldsymbol{b} \rangle - \alpha\boldsymbol{b} - \beta\boldsymbol{a} - \boldsymbol{a} \times \boldsymbol{b}$$

である．一方，$q^\dagger = \alpha - \boldsymbol{a}$, $q'^\dagger = \beta - \boldsymbol{b}$ であるから，式 (3.28) より，

$$q'^\dagger q^\dagger = \beta\alpha - \langle \boldsymbol{b}, \boldsymbol{a} \rangle - \beta\boldsymbol{a} - \alpha\boldsymbol{b} + \boldsymbol{b} \times \boldsymbol{a}$$

である．ゆえに，$(qq')^\dagger = q'^\dagger q^\dagger$ が成り立つ．

3.5. 共役四元数の定義より明らかである．

3.6. $q = \alpha + \boldsymbol{a}$ と置くと，$q^\dagger = \alpha - \boldsymbol{a}$ であるから，式 (3.28) より，

$$qq^\dagger = \alpha^2 + \|\boldsymbol{a}\|^2 - \alpha\boldsymbol{a} + \alpha\boldsymbol{a} - \boldsymbol{a} \times \boldsymbol{a} = \alpha^2 + \|\boldsymbol{a}\|^2$$

である．同様に，

$$q^\dagger q = \alpha^2 + \|\boldsymbol{a}\|^2 + \alpha\boldsymbol{a} - \alpha\boldsymbol{a} - \boldsymbol{a} \times \boldsymbol{a} = \alpha^2 + \|\boldsymbol{a}\|^2$$

である．ゆえに，式 (3.51) が成り立つ．

3.7. $q \neq 0$ であれば，$\|q\| > 0$ であるから，式 (3.51) から，

$$q\left(\frac{q^\dagger}{\|q\|^2}\right) = \left(\frac{q^\dagger}{\|q\|^2}\right)q = 1$$

と書ける．これは，$q^{-1} = q^\dagger/\|q\|^2$ と置けば，式 (3.52) が成り立つことを意味している．

3.8. 式 (3.49) より，

$$(q\boldsymbol{a}q^\dagger)^\dagger = q^{\dagger\dagger}\boldsymbol{a}^\dagger q^\dagger = -q\boldsymbol{a}q^\dagger$$

となる．式 (3.50) の第 2 式が成り立つから，スカラ部分が 0 である．

3.9. 式 (3.34) の 2 乗ノルムは次のようになる．

$$\|\boldsymbol{a}'\|^2 = \boldsymbol{a}'\boldsymbol{a}'^\dagger = q\boldsymbol{a}q^\dagger q\boldsymbol{a}^\dagger q^\dagger = q\boldsymbol{a}\|q\|^2\boldsymbol{a}^\dagger q^\dagger$$
$$= q\boldsymbol{a}\boldsymbol{a}^\dagger q^\dagger = q\|\boldsymbol{a}\|^2 q^\dagger = \|\boldsymbol{a}\|^2 qq^\dagger = \|\boldsymbol{a}\|^2$$

3.10. 式 (3.37) の左辺の第 1 成分は次のようになる．

$$a_2(b_1c_2 - b_2c_1) - a_3(b_3c_1 - b_1c_3) = (a_2c_2 + a_3c_3)b_1 - (a_2b_2 + a_3b_3)c_1$$
$$= (a_1c_1 + a_2c_2 + a_3c_3)b_1 - (a_1b_1 + a_2b_2 + a_3b_3)c_1$$
$$= \langle \boldsymbol{a}, \boldsymbol{c}\rangle b_1 - \langle \boldsymbol{a}, \boldsymbol{b}\rangle c_1$$

第 2，第 3 成分も同様に $\langle \boldsymbol{a}, \boldsymbol{c}\rangle b_2 - \langle \boldsymbol{a}, \boldsymbol{b}\rangle c_2$，$\langle \boldsymbol{a}, \boldsymbol{c}\rangle b_3 - \langle \boldsymbol{a}, \boldsymbol{b}\rangle c_3$ となるから，式 (3.37) が得られる．

3.11. $\boldsymbol{q} = q_1 i + q_2 j + q_3 k$ と置くと，式 (3.34) は次のように書ける．

$$\boldsymbol{a}' = (q_0 + \boldsymbol{q})\boldsymbol{a}(q_0 - \boldsymbol{q}) = q_0^2\boldsymbol{a} + q_0(\boldsymbol{q}\boldsymbol{a} - \boldsymbol{a}\boldsymbol{q}) - \boldsymbol{q}\boldsymbol{a}\boldsymbol{q}$$

式 (3.29) より $\boldsymbol{q}\boldsymbol{a} - \boldsymbol{a}\boldsymbol{q}$ は次のようになる．

$$\boldsymbol{q}\boldsymbol{a} - \boldsymbol{a}\boldsymbol{q} = \boldsymbol{q} \times \boldsymbol{a} - \boldsymbol{a} \times \boldsymbol{q} = 2\boldsymbol{q} \times \boldsymbol{a}$$
$$= 2(q_2a_3 - q_3a_2)i + 2(q_3a_1 - q_1a_3)j + 2(q_1a_2 - q_2a_1)k$$

$\boldsymbol{q}\boldsymbol{a}\boldsymbol{q}$ は式 (3.36) の計算と同様にして

$$\boldsymbol{q}\boldsymbol{a}\boldsymbol{q} = \|\boldsymbol{q}\|^2\boldsymbol{a} - 2\langle \boldsymbol{q}, \boldsymbol{a}\rangle\boldsymbol{q}$$

となる．ゆえに $\boldsymbol{a}' = a_1' i + a_2' j + a_3' k$ と置くと，a_1' は次のようになる．

$$a_1' = q_0^2 a_1 + 2q_0(q_2a_3 - q_3a_2) - \|\boldsymbol{q}\|^2 a_1 + 2\langle \boldsymbol{q}, \boldsymbol{a}\rangle q_1$$
$$= q_0^2 a_1 + 2q_0q_2a_3 - 2q_0q_3a_2 - \|\boldsymbol{q}\|^2 a_1 + 2(q_1a_1 + q_2a_2 + q_3a_3)q_1$$
$$= (q_0^2 - \|\boldsymbol{q}\|^2 + 2q_1^2)a_1 + (-2q_0q_3 + 2q_2q_1)a_2 + (2q_0q_2 + 2q_3q_1)a_3$$
$$= (q_0^2 + q_1^2 - q_2^2 - q_3^2)a_1 + 2(q_1q_2 - q_0q_3)a_2 + 2(q_1q_3 + q_0q_2)a_3$$

同様にして a_2', a_3' は次のようになる．

$$a_2' = 2(q_2q_1 + q_0q_3)a_1 + (q_0^2 - q_1^2 + q_2^2 - q_3^2)a_2 + 2(q_2q_3 - q_0q_1)a_3$$
$$a_3' = 2(q_3q_1 - q_0q_2)a_1 + 2(q_3q_2 + q_0q_1)a_2 + (q_0^2 - q_1^2 - q_2^2 + q_3^2)a_3$$

これらは，式 (3.40) の行列 $\boldsymbol{R}$ によって $\boldsymbol{a}' = \boldsymbol{R}\boldsymbol{a}$ と書ける．

第 4 章

4.1. 条件 $\bar{\boldsymbol{a}}'_\alpha = \boldsymbol{R}\bar{\boldsymbol{a}}_\alpha$ に対するラグランジュ乗数ベクトルを $\boldsymbol{\lambda}_\alpha$ として，

$$\frac{1}{2}\sum_{\alpha=1}^{N}(\|\boldsymbol{a}_\alpha - \bar{\boldsymbol{a}}_\alpha\|^2 + \|\boldsymbol{a}'_\alpha - \bar{\boldsymbol{a}}'_\alpha\|^2) - \sum_{\alpha=1}^{N}\langle\boldsymbol{\lambda}_\alpha, \bar{\boldsymbol{a}}'_\alpha - \boldsymbol{R}\bar{\boldsymbol{a}}_\alpha\rangle$$

を考える．これを $\bar{\boldsymbol{a}}_\alpha$, $\bar{\boldsymbol{a}}'_\alpha$ で微分して $\boldsymbol{0}$ と置くと，それぞれ次のようになる．

$$\boldsymbol{a}_\alpha - \bar{\boldsymbol{a}}_\alpha - \boldsymbol{R}^\top\boldsymbol{\lambda}_\alpha = \boldsymbol{0}, \quad \boldsymbol{a}'_\alpha - \bar{\boldsymbol{a}}'_\alpha + \boldsymbol{\lambda}_\alpha = \boldsymbol{0}$$

ゆえに，$\bar{\boldsymbol{a}}_\alpha$, $\bar{\boldsymbol{a}}'_\alpha$ はそれぞれ次のようになる．

$$\bar{\boldsymbol{a}}_\alpha = \boldsymbol{a}_\alpha - \boldsymbol{R}^\top\boldsymbol{\lambda}_\alpha, \quad \bar{\boldsymbol{a}}'_\alpha = \boldsymbol{a}'_\alpha + \boldsymbol{\lambda}_\alpha$$

$\bar{\boldsymbol{a}}'_\alpha = \boldsymbol{R}\bar{\boldsymbol{a}}_\alpha$ であるから，

$$\boldsymbol{a}'_\alpha + \boldsymbol{\lambda}_\alpha = \boldsymbol{R}\boldsymbol{a}_\alpha - \boldsymbol{\lambda}_\alpha$$

より，

$$\boldsymbol{\lambda}_\alpha = -\frac{1}{2}(\boldsymbol{a}'_\alpha - \boldsymbol{R}\boldsymbol{a}_\alpha)$$

が得られる．ゆえに式 (4.11) のマハラノビス距離 J は次のように書ける．

$$J = \frac{1}{2}\sum_{\alpha=1}^{N}(\|\boldsymbol{R}^\top\boldsymbol{\lambda}_\alpha\|^2 + \|\boldsymbol{\lambda}_\alpha\|^2) = \sum_{\alpha=1}^{N}\|\boldsymbol{\lambda}_\alpha\|^2 = \frac{1}{4}\sum_{\alpha=1}^{N}\|\boldsymbol{a}'_\alpha - \boldsymbol{R}\boldsymbol{a}_\alpha\|^2$$

$\boldsymbol{R}^\top$ は回転行列であるから，掛けてもベクトルのノルムが変化しないことに注意．

4.2. (1) $\boldsymbol{z}$ の確率密度が $p_z(\boldsymbol{z})$ であるということは，$\boldsymbol{z}$ の値が区間 $[\boldsymbol{z}, \boldsymbol{z} + d\boldsymbol{z}]$（各成分ごとに考えた全体（直積）の略記）の範囲にあるという事象の確率が $p_z(\boldsymbol{z})d\boldsymbol{z}$ であるということを意味する．これは，$\boldsymbol{y}$ が区間 $[\boldsymbol{z} - \boldsymbol{x}, \boldsymbol{z} - \boldsymbol{x} + d\boldsymbol{z}]$ にあって（その確率は $p_y(\boldsymbol{z} - \boldsymbol{x})d\boldsymbol{z}$），かつ $\boldsymbol{x}$ が任意の値をとる事象の確率に等しい．$\boldsymbol{x}$ と $\boldsymbol{y}$ が独立であるから，その確率は $\left(\int_{-\infty}^{\infty} p_x(\boldsymbol{x})p_z(\boldsymbol{z} - \boldsymbol{x})\,d\boldsymbol{x}\right)d\boldsymbol{z}$ に等しい．ゆえに，$\boldsymbol{z}$ の確率密度は式 (4.44) で与えられる．

(2) $\boldsymbol{x}$, $\boldsymbol{y}$ の確率密度はともに式 (4.8) を n 次元に拡張した

$$p(\boldsymbol{x}) = \frac{1}{\sqrt{(2\pi)^n}\sigma^n}e^{-\|\boldsymbol{x}\|^2/2\sigma^2}$$

で与えられるから，$\boldsymbol{z}$ の確率密度 $p_z(\boldsymbol{z})$ は次のようになる．

$$p_z(\boldsymbol{z}) = \int_{-\infty}^{\infty} p(\boldsymbol{x})p(\boldsymbol{z} - \boldsymbol{x})\,d\boldsymbol{x}$$

$$
\begin{aligned}
&= \frac{1}{(2\pi)^n\sigma^{2n}}\int_{-\infty}^{\infty} e^{-(\|\boldsymbol{x}\|^2+\|\boldsymbol{z}-\boldsymbol{x}\|^2)/2\sigma^2}\,d\boldsymbol{x} \\
&= \frac{1}{(2\pi)^n\sigma^{2n}}\int_{-\infty}^{\infty} e^{-(\|\boldsymbol{x}\|^2+\|\boldsymbol{z}\|^2-2\langle\boldsymbol{z},\boldsymbol{x}\rangle+\|\boldsymbol{x}\|^2)/2\sigma^2}\,d\boldsymbol{x} \\
&= \frac{1}{(2\pi)^n\sigma^{2n}}\int_{-\infty}^{\infty} e^{-(2\|\boldsymbol{x}\|^2-2\langle\boldsymbol{z},\boldsymbol{x}\rangle+\|\boldsymbol{z}\|^2/2+\|\boldsymbol{z}\|^2/2)/2\sigma^2}\,d\boldsymbol{x} \\
&= \frac{1}{(2\pi)^n\sigma^{2n}}\int_{-\infty}^{\infty} e^{-(2\|\boldsymbol{x}-\boldsymbol{z}/2\|^2+\|\boldsymbol{z}\|^2/2)/2\sigma^2}\,d\boldsymbol{x} \\
&= \frac{1}{\sqrt{(2\pi)^n}(\sigma/\sqrt{2})^n}\int_{-\infty}^{\infty} e^{-\|\boldsymbol{x}-\boldsymbol{z}/2\|^2/\sigma^2}\,d\boldsymbol{x} \\
&\quad\times\frac{1}{\sqrt{(2\pi)^n}(\sqrt{2}\sigma)^n}e^{-\|\boldsymbol{z}\|^2/4\sigma^2} \\
&= \frac{1}{\sqrt{(2\pi)^n}(\sigma/\sqrt{2})^n}\int_{-\infty}^{\infty} e^{-\|\boldsymbol{w}\|^2/2(\sigma^2/2)}\,d\boldsymbol{w} \\
&\quad\times\frac{1}{\sqrt{(2\pi)^n}(\sqrt{2}\sigma)^n}e^{-\|\boldsymbol{z}\|^2/2(2\sigma^2)}
\end{aligned}
$$

ただし，$\boldsymbol{w} = \boldsymbol{x} - \boldsymbol{z}/2$ と置いて，積分変数を $\boldsymbol{x}$ から $\boldsymbol{w}$ に変えた．最後の積の最初の部分は，期待値 $\mathbf{0}$，分散 $\sigma^2/2$ の正規分布に従う確率変数 $\boldsymbol{w}$ の全空間にわたる積分であるから，これは 1 である．ゆえに，上式は

$$
p_z(\boldsymbol{z}) = \frac{1}{\sqrt{(2\pi)^n}(\sqrt{2}\sigma)^n}e^{-\|\boldsymbol{z}\|^2/2(2\sigma^2)}
$$

と書ける．これは 期待値 $\mathbf{0}$，分散 $2\sigma^2$ の正規分布の確率密度になっている．

4.3. 積の計算の約束より，$\boldsymbol{a}\boldsymbol{b}^\top$ の (i,j) 要素は a_ib_j である．ゆえに，$\mathrm{tr}(\boldsymbol{a}\boldsymbol{b}^\top) = \sum_{i=1}^n a_ib_i = \langle\boldsymbol{a},\boldsymbol{b}\rangle$ である．

4.4. 行列の積の計算の約束より，$\boldsymbol{A} = \Big(A_{ij}\Big)$, $\boldsymbol{B} = \Big(B_{ij}\Big)$ に対して，明らかに $\mathrm{tr}(\boldsymbol{A}\boldsymbol{B})$ も $\mathrm{tr}(\boldsymbol{B}\boldsymbol{A})$ も $\sum_{i,j=1}^n A_{ij}B_{ij}$ に等しい．

4.5. 式 (4.33) の行列ノルムの定義より，$\|\boldsymbol{A}\|^2$ は $\boldsymbol{A}$ のすべての要素の 2 乗和であるから，$\boldsymbol{a}_1,\ldots,\boldsymbol{a}_N$ を列とする $3\times N$ 行列を $\boldsymbol{A} = \begin{pmatrix}\boldsymbol{a}_1 & \cdots & \boldsymbol{a}_N\end{pmatrix}$ とすると，$\|\boldsymbol{A}\|^2 = \sum_{\alpha=1}^N \|\boldsymbol{a}_\alpha\|^2$ である．このことから，$\boldsymbol{a}'_1,\ldots,\boldsymbol{a}'_N$ を列とする $3\times N$ 行列を $\boldsymbol{A}'$ とすると，$\|\boldsymbol{A}'-\boldsymbol{R}\boldsymbol{A}\|^2$ が次のように書ける．

$$
\begin{aligned}
\|\boldsymbol{A}'-\boldsymbol{R}\boldsymbol{A}\|^2 &= \Big\|\begin{pmatrix}\boldsymbol{a}'_1 & \cdots & \boldsymbol{a}'_N\end{pmatrix} - \boldsymbol{R}\begin{pmatrix}\boldsymbol{a}_1 & \cdots & \boldsymbol{a}_N\end{pmatrix}\Big\|^2 \\
&= \Big\|\begin{pmatrix}\boldsymbol{a}'_1 & \cdots & \boldsymbol{a}'_N\end{pmatrix} - \begin{pmatrix}\boldsymbol{R}\boldsymbol{a}_1 & \cdots & \boldsymbol{R}\boldsymbol{a}_N\end{pmatrix}\Big\|^2
\end{aligned}
$$

$$= \left\| \begin{pmatrix} \boldsymbol{a}'_1 - \boldsymbol{R}\boldsymbol{a}_1 & \cdots & \boldsymbol{a}'_N - \boldsymbol{R}\boldsymbol{a}_N \end{pmatrix} \right\|^2$$

$$= \sum_{\alpha=1}^{N} \|\boldsymbol{a}'_\alpha - \boldsymbol{R}\boldsymbol{a}_\alpha\|^2$$

4.6. $\boldsymbol{A} = \begin{pmatrix} A_{ij} \end{pmatrix}$ とすると，行列の積の計算の約束より，$\mathrm{tr}(\boldsymbol{A}\boldsymbol{A}^\top)$ も $\mathrm{tr}(\boldsymbol{A}^\top\boldsymbol{A})$ も $\sum_{i=1}^{m}\sum_{j=1}^{n} A_{ij}^2$ に等しいことが確かめられる．

4.7. (1) $\boldsymbol{T}^{(s)}$, $\boldsymbol{T}^{(a)}$ を

$$\boldsymbol{T}^{(s)} = \frac{1}{2}(\boldsymbol{T} + \boldsymbol{T}^\top), \quad \boldsymbol{T}^{(a)} = \frac{1}{2}(\boldsymbol{T} - \boldsymbol{T}^\top)$$

と置けば，$\boldsymbol{T}^{(s)}$ は対称行列であり，$\boldsymbol{T}^{(a)}$ は反対称行列である．そして，$\boldsymbol{T}^{(s)} + \boldsymbol{T}^{(a)} = \boldsymbol{T}$ であるから，$\boldsymbol{T}$ は式 (4.49) のように分解できる．逆に，$\boldsymbol{T}$ がある対称行列 $\boldsymbol{T}^{(s)}$ とある反対称行列 $\boldsymbol{T}^{(a)}$ の和に分解されれば，$(\boldsymbol{T} + \boldsymbol{T}^\top)/2 = \boldsymbol{T}^{(s)}$, $(\boldsymbol{T} - \boldsymbol{T}^\top)/2 = \boldsymbol{T}^{(a)}$ である．

(2) $\boldsymbol{S}$ が対称行列，$\boldsymbol{A}$ が反対称行列なら，

$$(\boldsymbol{S}\boldsymbol{A})^\top = \boldsymbol{A}^\top\boldsymbol{S}^\top = -\boldsymbol{A}\boldsymbol{S}$$

である．正方行列は転置してもトレースは同じであるから，式 (4.47) を用いると

$$\mathrm{tr}(\boldsymbol{S}\boldsymbol{A}) = \mathrm{tr}(-\boldsymbol{A}\boldsymbol{S}) = -\mathrm{tr}(\boldsymbol{S}\boldsymbol{A})$$

となる．ゆえに，$\mathrm{tr}(\boldsymbol{S}\boldsymbol{A}) = 0$ である．

(3) $\boldsymbol{T}$ を式 (4.49) のように対称行列 $\boldsymbol{T}^{(s)}$ と反対称行列 $\boldsymbol{T}^{(a)}$ の和に分解すれば，上問 (2) より，

$$\mathrm{tr}(\boldsymbol{S}\boldsymbol{T}) = \mathrm{tr}(\boldsymbol{S}\boldsymbol{T}^{(s)} + \boldsymbol{S}\boldsymbol{T}^{(a)}) = \mathrm{tr}(\boldsymbol{S}\boldsymbol{T}^{(s)}) = 0$$

となる．$\boldsymbol{S}$ は任意の対称行列であるから，これは $\boldsymbol{S} = \boldsymbol{T}^{(s)}$ に対しても成り立つ．ゆえに，式 (4.34) より，

$$\mathrm{tr}(\boldsymbol{T}^{(s)}\boldsymbol{T}^{(s)}) = \mathrm{tr}(\boldsymbol{T}^{(s)}\boldsymbol{T}^{(s)\top}) = \|\boldsymbol{T}^{(s)}\|^2 = 0$$

である．これは $\boldsymbol{T}^{(s)} = \boldsymbol{O}$ を意味し，$\boldsymbol{T} = \boldsymbol{T}^{(a)}$，すなわち，$\boldsymbol{T}$ は反対称行列である．

(4) $\boldsymbol{T}$ を式 (4.49) のように対称行列 $\boldsymbol{T}^{(s)}$ と反対称行列 $\boldsymbol{T}^{(a)}$ の和に分解すれば，上問 (2) より，

$$\mathrm{tr}(\boldsymbol{A}\boldsymbol{T}) = \mathrm{tr}(\boldsymbol{A}\boldsymbol{T}^{(s)} + \boldsymbol{A}\boldsymbol{T}^{(a)}) = \mathrm{tr}(\boldsymbol{A}\boldsymbol{T}^{(a)}) = 0$$

となる．$\boldsymbol{A}$ は任意の対称行列であるから，これは $\boldsymbol{A}=\boldsymbol{T}^{(a)}$ に対しても成り立つ．ゆえに，式 (4.34) より，

$$\mathrm{tr}(\boldsymbol{T}^{(a)}\boldsymbol{T}^{(a)}) = -\,\mathrm{tr}(\boldsymbol{T}^{(a)}\boldsymbol{T}^{(a)\top}) = -\|\boldsymbol{T}^{(a)}\|^2 = 0$$

である．これは $\boldsymbol{T}^{(a)}=\boldsymbol{O}$ を意味し，$\boldsymbol{T}=\boldsymbol{T}^{(s)}$，すなわち，$\boldsymbol{T}$ は対称行列である．

4.8. $\boldsymbol{A}\boldsymbol{u}=\lambda\boldsymbol{u}$ とする．各固有値が相異なるなら，$\boldsymbol{A}$ の固有値 λ に対する固有ベクトルはすべて $\boldsymbol{u}$ の (0 でない) 定数倍である．そして，$\boldsymbol{A}\boldsymbol{B}=\boldsymbol{B}\boldsymbol{A}$ より

$$\boldsymbol{A}\boldsymbol{B}\boldsymbol{u}=\boldsymbol{B}\boldsymbol{A}\boldsymbol{u}=\lambda\boldsymbol{B}\boldsymbol{u}$$

であるから，$\boldsymbol{B}\boldsymbol{u}$ も $\boldsymbol{A}$ の固有値 λ に対する固有ベクトルである．ゆえに，ある 0 でない定数 μ に対して $\boldsymbol{B}\boldsymbol{u}=\mu\boldsymbol{u}$ となる．

第5章

5.1. 式 (5.7) の拘束条件に対するラグランジュ乗数ベクトル $\boldsymbol{\lambda}$ を導入して，

$$J-\sum_{\alpha=1}^{N}\langle\boldsymbol{\lambda},\bar{\boldsymbol{a}}'_\alpha-\boldsymbol{R}\bar{\boldsymbol{a}}_\alpha\rangle = J-\sum_{\alpha=1}^{N}\langle\boldsymbol{\lambda},\bar{\boldsymbol{a}}'_\alpha\rangle+\sum_{\alpha=1}^{N}\langle\boldsymbol{R}^\top\boldsymbol{\lambda},\bar{\boldsymbol{a}}_\alpha\rangle$$

を考える．これを $\bar{\boldsymbol{a}}_\alpha$, $\bar{\boldsymbol{a}}'_\alpha$ に関して微分して $\boldsymbol{0}$ と置くと，それぞれ次式を得る．

$$-V_0[\boldsymbol{a}_\alpha]^{-1}(\boldsymbol{a}_\alpha-\bar{\boldsymbol{a}}_\alpha)+\boldsymbol{R}^\top\boldsymbol{\lambda}=\boldsymbol{0},\quad -V_0[\boldsymbol{a}'_\alpha]^{-1}(\boldsymbol{a}'_\alpha-\bar{\boldsymbol{a}}'_\alpha)-\boldsymbol{\lambda}=\boldsymbol{0}$$

これから，$\bar{\boldsymbol{a}}$, $\bar{\boldsymbol{a}}'$ が次のように定まる．

$$\bar{\boldsymbol{a}}_\alpha=\boldsymbol{a}_\alpha-V_0[\boldsymbol{a}_\alpha]\boldsymbol{R}^\top\boldsymbol{\lambda},\quad \bar{\boldsymbol{a}}'_\alpha=\boldsymbol{a}'_\alpha+V_0[\boldsymbol{a}'_\alpha]\boldsymbol{\lambda}$$

これらを式 (5.7) に代入すると，

$$\boldsymbol{a}'_\alpha+V_0[\boldsymbol{a}'_\alpha]\boldsymbol{\lambda}=\boldsymbol{R}(\boldsymbol{a}_\alpha-V_0[\boldsymbol{a}_\alpha]\boldsymbol{R}^\top\boldsymbol{\lambda})$$

となる．これは，式 (5.12) の行列 $\boldsymbol{V}_\alpha$ を用いると

$$-\boldsymbol{V}_\alpha\boldsymbol{\lambda}=\boldsymbol{a}'_\alpha-\boldsymbol{R}\boldsymbol{a}_\alpha$$

となり，式 (5.34) の行列 $\boldsymbol{W}_\alpha$ を用いると $\boldsymbol{\lambda}$ が次のように定まる．

$$\boldsymbol{\lambda}=-\boldsymbol{W}_\alpha(\boldsymbol{a}'_\alpha-\boldsymbol{R}\boldsymbol{a}_\alpha)$$

この $\boldsymbol{\lambda}$ を $\bar{\boldsymbol{a}}$, $\bar{\boldsymbol{a}}'$ の式に代入すると，

$$\bar{\boldsymbol{a}}_\alpha=\boldsymbol{a}_\alpha-V_0[\boldsymbol{a}_\alpha]\boldsymbol{R}^\top\boldsymbol{W}_\alpha(\boldsymbol{a}'_\alpha-\boldsymbol{R}\boldsymbol{a}_\alpha),$$

$$\bar{\boldsymbol{a}}'_\alpha = \boldsymbol{a}'_\alpha + V_0[\boldsymbol{a}'_\alpha]\boldsymbol{W}_\alpha(\boldsymbol{a}'_\alpha - \boldsymbol{R}\boldsymbol{a}_\alpha)$$

となる．これらを式 (5.10) に代入すると，J が次のように書ける．

$$\begin{aligned}
J &= \frac{1}{2}\sum_{\alpha=1}^{N}\langle V_0[\boldsymbol{a}_\alpha]\boldsymbol{R}^\top\boldsymbol{W}_\alpha(\boldsymbol{a}'_\alpha - \boldsymbol{R}\boldsymbol{a}_\alpha), V_0[\boldsymbol{a}_\alpha]^{-1}V_0[\boldsymbol{a}_\alpha]\boldsymbol{R}^\top\boldsymbol{W}_\alpha(\boldsymbol{a}'_\alpha - \boldsymbol{R}\boldsymbol{a}_\alpha)\rangle \\
&\quad + \frac{1}{2}\sum_{\alpha=1}^{N}\langle V_0[\boldsymbol{a}'_\alpha]\boldsymbol{W}_\alpha(\boldsymbol{a}'_\alpha - \boldsymbol{R}\boldsymbol{a}_\alpha), V_0[\boldsymbol{a}'_\alpha]^{-1}V_0[\boldsymbol{a}'_\alpha]\boldsymbol{W}_\alpha(\boldsymbol{a}'_\alpha - \boldsymbol{R}\boldsymbol{a}_\alpha) \\
&= \frac{1}{2}\sum_{\alpha=1}^{N}\langle \boldsymbol{a}'_\alpha - \boldsymbol{R}\boldsymbol{a}_\alpha, \boldsymbol{W}_\alpha\boldsymbol{R}V_0[\boldsymbol{a}_\alpha]\boldsymbol{R}^\top\boldsymbol{W}_\alpha(\boldsymbol{a}'_\alpha - \boldsymbol{R}\boldsymbol{a}_\alpha)\rangle \\
&\quad + \frac{1}{2}\sum_{\alpha=1}^{N}\langle \boldsymbol{a}'_\alpha - \boldsymbol{R}\boldsymbol{a}_\alpha, \boldsymbol{W}_\alpha V_0[\boldsymbol{a}'_\alpha]\boldsymbol{W}_\alpha(\boldsymbol{a}'_\alpha - \boldsymbol{R}\boldsymbol{a}_\alpha)\rangle \\
&= \frac{1}{2}\sum_{\alpha=1}^{N}\langle \boldsymbol{a}'_\alpha - \boldsymbol{R}\boldsymbol{a}_\alpha, \boldsymbol{W}_\alpha(\boldsymbol{R}V_0[\boldsymbol{a}_\alpha]\boldsymbol{R}^\top + V_0[\boldsymbol{a}'_\alpha])\boldsymbol{W}_\alpha(\boldsymbol{a}'_\alpha - \boldsymbol{R}\boldsymbol{a}_\alpha)\rangle \\
&= \frac{1}{2}\sum_{\alpha=1}^{N}\langle \boldsymbol{a}'_\alpha - \boldsymbol{R}\boldsymbol{a}_\alpha, \boldsymbol{W}_\alpha\boldsymbol{V}_\alpha\boldsymbol{W}_\alpha(\boldsymbol{a}'_\alpha - \boldsymbol{R}\boldsymbol{a}_\alpha)\rangle \\
&= \frac{1}{2}\sum_{\alpha=1}^{N}\langle \boldsymbol{a}'_\alpha - \boldsymbol{R}\boldsymbol{a}_\alpha, \boldsymbol{W}_\alpha(\boldsymbol{a}'_\alpha - \boldsymbol{R}\boldsymbol{a}_\alpha)\rangle
\end{aligned}$$

ただし，$V_0[\boldsymbol{a}_\alpha]$, $V_0[\boldsymbol{a}'_\alpha]$, $\boldsymbol{W}$ が対称行列であることに注意して，式 (2.19) を適用した．

5.2. (1) $\boldsymbol{a} = \overrightarrow{OP}$, $\boldsymbol{a}' = \overrightarrow{OP'}$ とし P, P' の中点を M とする．そして，M から回転軸への垂線の足を H とする．ベクトル $\boldsymbol{l}$ と $\overrightarrow{OM}$ の成す角を θ とすると，$HM = OM\sin\theta$ である．したがって，

$$MP' = HM\tan\frac{\Omega}{2} = OM\sin\theta\tan\frac{\Omega}{2}$$

となる．$\overrightarrow{PP'}$ の方向の単位ベクトルを $\boldsymbol{m}$ とする．ベクトル $\boldsymbol{l}\times\overrightarrow{OM}$ はベクトル $\boldsymbol{l}$ と $\overrightarrow{OM}$ に直交するから，$\boldsymbol{m}$ の方向を指す．l が単位ベクトルであるから，$\|\boldsymbol{l}\times\overrightarrow{OM}\| = OM\sin\theta$ であり，

$$\boldsymbol{m} = \frac{\boldsymbol{l}\times\overrightarrow{OM}}{OM\sin\theta}$$

である．したがって，

$$\overrightarrow{PP'} = 2MP'\boldsymbol{m} = 2OM\sin\theta\tan\frac{\Omega}{2}\frac{\boldsymbol{l}\times\overrightarrow{OM}}{OM\sin\theta} = 2\tan\frac{\Omega}{2}\boldsymbol{l}\times\overrightarrow{OM}$$

となる．$\overrightarrow{PP'} = \boldsymbol{a}' - \boldsymbol{a}$, $\overrightarrow{OM} = (\boldsymbol{a} + \boldsymbol{a}')/2$ であるから，式 (5.67) が得られる．

(2) 式 (3.32) より，$q_0 = \cos\Omega/2$ であり，$\boldsymbol{q_l} = \boldsymbol{l}\sin(\Omega/2)$ と置いたから，式 (5.67) は次のように書ける．

$$\boldsymbol{a}' - \boldsymbol{a} = 2\frac{\sin\Omega/2}{\cos\Omega/2}\boldsymbol{l} \times \frac{\boldsymbol{a}' + \boldsymbol{a}}{2}$$

両辺に $q_0 = \cos\Omega/2$ を掛けると

$$q_0(\boldsymbol{a}' - \boldsymbol{a}) = \boldsymbol{q_l} \times (\boldsymbol{a}' + \boldsymbol{a})$$

となり，式 (5.20) が得られる．

5.3. $\boldsymbol{V}_\alpha \boldsymbol{W}_\alpha = \boldsymbol{I}$ を q_i, $i = 0, 1, 2, 3$ で微分すると次のようになる．

$$\frac{\partial \boldsymbol{V}_\alpha}{\partial q_i}\boldsymbol{W}_\alpha + \boldsymbol{V}_\alpha \frac{\partial \boldsymbol{W}_\alpha}{\partial q_i} = \boldsymbol{O}$$

両辺に左から $\boldsymbol{W}_\alpha$ を掛けて $\boldsymbol{W}_\alpha \boldsymbol{V}_\alpha = \boldsymbol{I}$ に注意すると，次式を得る．

$$\frac{\partial \boldsymbol{W}_\alpha}{\partial q_i} = -\boldsymbol{W}_\alpha \frac{\partial \boldsymbol{V}_\alpha}{\partial q_i}\boldsymbol{W}_\alpha$$

要素で書くと，次のようになる．

$$\frac{\partial W_\alpha^{(kl)}}{\partial q_i} = -\sum_{m,n=1}^{3} W_\alpha^{(km)} \frac{\partial V_\alpha^{(mn)}}{\partial q_i} W_\alpha^{(nl)}$$

∇ を用いると

$$\nabla_{\boldsymbol{q}} W_\alpha^{(kl)} = -\sum_{m,n=1}^{3} W_\alpha^{(km)} \nabla_{\boldsymbol{q}} V_\alpha^{(mn)} W_\alpha^{(nl)}$$

と書ける．式 (5.32) から得られる $V_\alpha^{(mn)} = \langle \boldsymbol{q}, V_0^{(mn)}[\boldsymbol{\xi}_\alpha]\boldsymbol{q}\rangle$ を $\boldsymbol{q}$ で微分すると，$\nabla_{\boldsymbol{q}} V_\alpha^{(mn)} = 2V_0^{(mn)}[\boldsymbol{\xi}_\alpha]\boldsymbol{q}$ である．これを代入すると，式 (5.36) が得られる．

5.4. 式 (5.42) の両辺と $\boldsymbol{q}$ との内積をとると，$\langle \boldsymbol{q}, \boldsymbol{X}\boldsymbol{q}\rangle = \lambda\|\boldsymbol{q}\|^2 = \lambda$ となる．一方，反復が終了したときは，式 (5.43) より，$W_\alpha^{(kl)} = \Bigl(\langle \boldsymbol{q}, V_0^{(kl)}[\boldsymbol{\xi}_\alpha]\boldsymbol{q}\rangle\Bigr)^{-1}$ である．式 (5.39), (5.41) より，次の関係が成り立つ．

$$\langle \boldsymbol{q}, \boldsymbol{X}\boldsymbol{q}\rangle = \sum_{\alpha=1}^{N}\sum_{k,l=1}^{3} W_\alpha^{(kl)} \langle \boldsymbol{\xi}_\alpha^{(k)}, \boldsymbol{q}\rangle \langle \boldsymbol{\xi}_\alpha^{(l)}, \boldsymbol{q}\rangle$$

$$-\sum_{\alpha=1}^{N}\sum_{k,l=1}^{3} v_\alpha^{(k)} v_\alpha^{(l)} \langle \boldsymbol{q}, V_0^{(kl)}[\boldsymbol{\xi}_\alpha]\boldsymbol{q}\rangle$$

$V_\alpha^{(kl)} = \langle \boldsymbol{q}, V_0^{(kl)}[\boldsymbol{\xi}_\alpha]\boldsymbol{q}\rangle$（式 (5.32) の行列 $\boldsymbol{V}_\alpha$ の (k,l) 要素）と置くと，式 (5.38) より，次の関係が成り立つ．

$$\begin{aligned}\sum_{k,l=1}^{3} v_\alpha^{(k)} v_\alpha^{(l)} V_\alpha^{(kl)} &= \sum_{k,l=1}^{3}\Bigl(\sum_{m=1}^{3} W_\alpha^{(km)}\langle \boldsymbol{\xi}_\alpha^{(m)}, \boldsymbol{q}\rangle\Bigr)\Bigl(\sum_{n=1}^{3} W_\alpha^{(kn)}\langle \boldsymbol{\xi}_\alpha^{(n)}, \boldsymbol{q}\rangle\Bigr) V_\alpha^{(kl)} \\ &= \sum_{m,n=1}^{3}\Bigl(\sum_{k,l=1}^{3} W_\alpha^{(km)} V_\alpha^{(kl)} W_\alpha^{(ln)}\Bigr)\langle \boldsymbol{\xi}_\alpha^{(m)}, \boldsymbol{q}\rangle\langle \boldsymbol{\xi}_\alpha^{(n)}, \boldsymbol{q}\rangle \\ &= \sum_{m,n=1}^{3} W_\alpha^{(mn)}\langle \boldsymbol{\xi}_\alpha^{(m)}, \boldsymbol{q}\rangle\langle \boldsymbol{\xi}_\alpha^{(n)}, \boldsymbol{q}\rangle\end{aligned}$$

ただし，$\boldsymbol{V}_\alpha = \Bigl(V_\alpha^{(kl)}\Bigr)$ と $\boldsymbol{W}_\alpha = \Bigl(W_\alpha^{(kl)}\Bigr)$ が互いに逆行列であること（式 (5.34)）を用いた．ゆえに，$\langle \boldsymbol{q}, \boldsymbol{X}\boldsymbol{q}\rangle = 0$ であり，$\lambda = 0$ となる．

第6章

6.1. 式 (3.20) で $\Omega = \omega t$ として，$\boldsymbol{R}$ を t の関数とみなすと，次のように書ける．

$$\boldsymbol{R}(t) = \begin{pmatrix} \cos\omega t + l_1^2(1-\cos\omega t) & l_1 l_2(1-\cos\omega t) - l_3\sin\omega t & l_1 l_3(1-\cos\omega t) + l_2\sin\omega t \\ l_2 l_1(1-\cos\omega t) + l_3\sin\omega t & \cos\omega t + l_2^2(1-\cos\omega t) & l_2 l_3(1-\cos\omega t) - l_1\sin\omega t \\ l_3 l_1(1-\cos\omega t) - l_2\sin\omega t & l_3 l_2(1-\cos\omega t) + l_1\sin\omega t & \cos\omega t + l_3^2(1-\cos\omega t) \end{pmatrix}$$

これを t で微分すると，次のようになる．

$$\dot{\boldsymbol{R}}(t) = \begin{pmatrix} -\omega\sin\omega t + l_1^2\omega\sin\omega t & l_1 l_2\omega\sin\omega t - l_3\omega\cos\omega t & l_1 l_3\omega\sin\omega t + l_2\omega\cos\omega t \\ l_2 l_1\omega\sin\omega t + l_3\omega\cos\omega t & -\omega\sin\omega t + l_2^2\omega\sin\omega t & l_2 l_3\omega\sin\omega t - l_1\omega\cos\omega t \\ l_3 l_1\omega\sin\omega t - l_2\omega\cos\omega t & l_3 l_2\omega\sin\omega t + l_1\omega\cos\omega t & -\omega\sin\omega t + l_3^2\omega\sin\omega t \end{pmatrix}$$

$t = 0$ とすると，次のようになる．

$$\dot{\boldsymbol{R}}(0) = \begin{pmatrix} 0 & -\omega l_3 & \omega l_2 \\ \omega l_3 & 0 & -\omega l_1 \\ -\omega l_2 & \omega l_1 & 0 \end{pmatrix}$$

ゆえに，$\boldsymbol{a}(t) = \boldsymbol{R}(t)\boldsymbol{a}$ の時間微分は $t = 0$ において次のようになる．

$$\dot{\boldsymbol{a}}|_{t=0} = \left.\frac{d\boldsymbol{R}\boldsymbol{a}}{dt}\right|_{t=0} = \dot{\boldsymbol{R}}(0)\boldsymbol{a} = \omega\boldsymbol{l}\times\boldsymbol{a}$$

6.2. 交換子積の定義より

$$\begin{aligned}[\boldsymbol{A},[\boldsymbol{B},\boldsymbol{C}]] &= \boldsymbol{A}(\boldsymbol{BC}-\boldsymbol{CB})-(\boldsymbol{BC}-\boldsymbol{CB})\boldsymbol{A}\\ &= \boldsymbol{ABC}-\boldsymbol{ACB}-\boldsymbol{BCA}+\boldsymbol{CBA}\end{aligned}$$

である．同様に

$$\begin{aligned}[\boldsymbol{B},[\boldsymbol{C},\boldsymbol{A}]] &= \boldsymbol{BCA}-\boldsymbol{BAC}-\boldsymbol{CAB}+\boldsymbol{ACB},\\ [\boldsymbol{C},[\boldsymbol{A},\boldsymbol{B}]] &= \boldsymbol{CAB}-\boldsymbol{CBA}-\boldsymbol{ABC}+\boldsymbol{BAC}\end{aligned}$$

であり，これらの和は $\boldsymbol{O}$ となる．

6.3. 第 1 式は次のように示される．

$$\begin{aligned}[\boldsymbol{A}_2,\boldsymbol{A}_3] &= \begin{pmatrix} 0 & 0 & 1\\ 0 & 0 & 0\\ -1 & 0 & 0\end{pmatrix}\begin{pmatrix} 0 & -1 & 0\\ 1 & 0 & 0\\ 0 & 0 & 0\end{pmatrix}\\ &\quad -\begin{pmatrix} 0 & -1 & 0\\ 1 & 0 & 0\\ 0 & 0 & 0\end{pmatrix}\begin{pmatrix} 0 & 0 & 1\\ 0 & 0 & 0\\ -1 & 0 & 0\end{pmatrix}\\ &= \begin{pmatrix} 0 & 0 & 0\\ 0 & 0 & 0\\ 0 & 1 & 0\end{pmatrix}-\begin{pmatrix} 0 & 0 & 0\\ 0 & 0 & 1\\ 0 & 0 & 0\end{pmatrix}=\begin{pmatrix} 0 & 0 & 0\\ 0 & 0 & -1\\ 0 & 1 & 0\end{pmatrix}=\boldsymbol{A}_1\end{aligned}$$

第 2, 3 式も同様である．

6.4. 第 1 式は次のように示される．

$$\begin{aligned}\boldsymbol{a}\times(\boldsymbol{b}\times\boldsymbol{c}) &= \begin{pmatrix} a_1\\ a_2\\ a_3\end{pmatrix}\times\begin{pmatrix} b_2c_3-b_3c_2\\ b_3c_1-b_1c_3\\ b_1c_2-b_2c_1\end{pmatrix}\\ &= \begin{pmatrix} a_2(b_1c_2-b_2c_1)-a_3(b_3c_1-b_1c_3)\\ a_3(b_2c_3-b_3c_2)-a_1(b_1c_2-b_2c_1)\\ a_1(b_3c_1-b_1c_3)-a_2(b_2c_3-b_3c_2)\end{pmatrix}\\ &= \begin{pmatrix} (a_2c_2+a_3c_3)b_1-(a_2b_2+a_3b_3)c_1\\ (a_3c_3+a_1c_1)b_2-(a_3b_3+a_1b_1)c_2\\ (a_1c_1+a_2c_2)b_3-(a_1b_1+a_2b_2)c_3\end{pmatrix}\\ &= \begin{pmatrix} (a_1c_1+a_2c_2+a_3c_3)b_1-(a_1b_1+a_2b_2+a_3b_3)c_1\\ (a_1c_1+a_2c_2+a_3c_3)b_2-(a_1b_1+a_2b_2+a_3b_3)c_2\\ (a_1c_1+a_2c_2+a_3b_3)b_3-(a_1b_1+a_2b_2+c_1c_2)c_3\end{pmatrix}\\ &= (a_1c_1+a_2c_2+a_3c_3)\begin{pmatrix} b_1\\ b_2\\ b_3\end{pmatrix}-(a_1b_1+a_2b_2+a_3b_3)\begin{pmatrix} c_1\\ c_2\\ c_3\end{pmatrix}\\ &= \langle\boldsymbol{a},\boldsymbol{c}\rangle\boldsymbol{b}-\langle\boldsymbol{a},\boldsymbol{b}\rangle\boldsymbol{c}\end{aligned}$$

これを用いると，第2式が次のように示される．

$$(\boldsymbol{a}\times\boldsymbol{b})\times\boldsymbol{c}=-\boldsymbol{c}\times(\boldsymbol{a}\times\boldsymbol{b})=-\langle\boldsymbol{c},\boldsymbol{b}\rangle\boldsymbol{a}+\langle\boldsymbol{c},\boldsymbol{a}\rangle\boldsymbol{b}=\langle\boldsymbol{a},\boldsymbol{c}\rangle\boldsymbol{b}-\langle\boldsymbol{b},\boldsymbol{c}\rangle\boldsymbol{a}$$

6.5. ベクトル積が反対称であって$\boldsymbol{a}\times\boldsymbol{b}=-\boldsymbol{b}\times\boldsymbol{a}$であることは，ベクトル積の定義より明らかである．また$(\boldsymbol{a}+\boldsymbol{b})\times\boldsymbol{c}=\boldsymbol{a}\times\boldsymbol{c}+\boldsymbol{b}\times\boldsymbol{c}$, $(c\boldsymbol{a})\times\boldsymbol{b}=c(\boldsymbol{a}\times\boldsymbol{b})$もベクトル積の定義より明らかである．一方，式(6.80)のベクトル三重積の公式より，

$$\begin{aligned}\boldsymbol{a}\times(\boldsymbol{b}\times\boldsymbol{c})&=\langle\boldsymbol{a},\boldsymbol{c}\rangle\boldsymbol{b}-\langle\boldsymbol{a},\boldsymbol{b}\rangle\boldsymbol{c},\\ \boldsymbol{b}\times(\boldsymbol{c}\times\boldsymbol{a})&=\langle\boldsymbol{b},\boldsymbol{a}\rangle\boldsymbol{c}-\langle\boldsymbol{b},\boldsymbol{c}\rangle\boldsymbol{a},\\ \boldsymbol{c}\times(\boldsymbol{b}\times\boldsymbol{b})&=\langle\boldsymbol{c},\boldsymbol{b}\rangle\boldsymbol{a}-\langle\boldsymbol{c},\boldsymbol{a}\rangle\boldsymbol{b}\end{aligned}$$

であり，これらの和は$\boldsymbol{0}$である．ゆえに次の恒等式が成り立つ．

$$\boldsymbol{a}\times(\boldsymbol{b}\times\boldsymbol{c})+\boldsymbol{b}\times(\boldsymbol{c}\times\boldsymbol{a})+\boldsymbol{c}\times(\boldsymbol{b}\times\boldsymbol{b})=\boldsymbol{0}$$

6.6. ベクトル積と内積の定義によって計算すると，どの項もスカラ三重積

$$a_1b_2c_3+b_1c_2a_3+c_1a_2b_3-c_1b_2a_3-b_1a_2c_3-a_1c_2b_3=|\boldsymbol{a},\boldsymbol{b},\boldsymbol{c}|$$

（$\boldsymbol{a}$, $\boldsymbol{b}$, $\boldsymbol{c}$を列とする行列式）に等しいことが確かめられる．

6.7. 式(2.19)より$\langle\boldsymbol{x},\boldsymbol{A}^\top\boldsymbol{x}\rangle=\langle\boldsymbol{A}\boldsymbol{x},\boldsymbol{x}\rangle=\langle\boldsymbol{x},\boldsymbol{A}\boldsymbol{x}\rangle$である．$\boldsymbol{A}=\boldsymbol{A}^{(s)}+\boldsymbol{A}^{(a)}$と分解すると，$\langle\boldsymbol{x},\boldsymbol{A}\boldsymbol{x}\rangle=\langle\boldsymbol{x},(\boldsymbol{A}^{(s)}+\boldsymbol{A}^{(a)})\boldsymbol{x}\rangle=\langle\boldsymbol{x},\boldsymbol{A}^{(s)}\boldsymbol{x}\rangle+\langle\boldsymbol{x},\boldsymbol{A}^{(a)}\boldsymbol{x}\rangle$である．$\boldsymbol{A}^{(a)}=\left(A^{(a)}_{ij}\right)$とすると，$A^{(a)}_{ii}=0$, $A^{(a)}_{ji}=-A^{(a)}_{ij}$, $i,j=1,\ldots,n$である．ゆえに，$\boldsymbol{x}=\left(x_i\right)$とすると$\langle\boldsymbol{x},\boldsymbol{A}^{(a)}\boldsymbol{x}\rangle=\sum_{i,j=1}^n A^{(a)}_{ij}x_ix_j$において，$A^{(a)}_{ij}x_ix_j$の項と$A^{(a)}_{ji}x_jx_i$の項が打ち消し合い，$\langle\boldsymbol{x},\boldsymbol{A}^{(a)}\boldsymbol{x}\rangle=0$である．したがって，$\langle\boldsymbol{x},\boldsymbol{A}\boldsymbol{x}\rangle=\langle\boldsymbol{x},\boldsymbol{A}^{(s)}\boldsymbol{x}\rangle$である．

6.8. (1) 次のように示せる．

$$\begin{aligned}\boldsymbol{\omega}\times\boldsymbol{T}&=\boldsymbol{A}(\boldsymbol{\omega})\begin{pmatrix}\boldsymbol{t}_1 & \boldsymbol{t}_2 & \boldsymbol{t}_3\end{pmatrix}=\begin{pmatrix}\boldsymbol{A}(\boldsymbol{\omega})\boldsymbol{t}_1 & \boldsymbol{A}(\boldsymbol{\omega})\boldsymbol{t}_2 & \boldsymbol{A}(\boldsymbol{\omega})\boldsymbol{t}_3\end{pmatrix}\\ &=\begin{pmatrix}\boldsymbol{\omega}\times\boldsymbol{t}_1 & \boldsymbol{\omega}\times\boldsymbol{t}_2 & \boldsymbol{\omega}\times\boldsymbol{t}_3\end{pmatrix}\end{aligned}$$

(2) 次のように示せる．

$$\begin{aligned}\boldsymbol{T}\times\boldsymbol{\omega}&=\begin{pmatrix}\boldsymbol{t}_1 & \boldsymbol{t}_2 & \boldsymbol{t}_3\end{pmatrix}^\top\boldsymbol{A}(\boldsymbol{\omega})^\top=\left(\boldsymbol{A}(\boldsymbol{\omega})\begin{pmatrix}\boldsymbol{t}_1 & \boldsymbol{t}_2 & \boldsymbol{t}_3\end{pmatrix}\right)^\top\\ &=\begin{pmatrix}\boldsymbol{A}(\boldsymbol{\omega})\boldsymbol{t}_1 & \boldsymbol{A}(\boldsymbol{\omega})\boldsymbol{t}_2 & \boldsymbol{A}(\boldsymbol{\omega})\boldsymbol{t}_3\end{pmatrix}^\top\\ &=\begin{pmatrix}\boldsymbol{\omega}\times\boldsymbol{t}_1 & \boldsymbol{\omega}\times\boldsymbol{t}_2 & \boldsymbol{\omega}\times\boldsymbol{t}_3\end{pmatrix}^\top\\ &=\begin{pmatrix}(\boldsymbol{\omega}\times\boldsymbol{t}_1)^\top\\ (\boldsymbol{\omega}\times\boldsymbol{t}_2)^\top\\ (\boldsymbol{\omega}\times\boldsymbol{t}_3)^\top\end{pmatrix}\end{aligned}$$

6.9. $\boldsymbol{x}_\alpha, \boldsymbol{x}'_\alpha$ を式(6.51)のように置き，その真値$(\bar{x}_\alpha, \bar{y}_\alpha)$, $(\bar{x}'_\alpha, \bar{y}'_\alpha)$を同様にベクトルで表したものを$\bar{\boldsymbol{x}}_\alpha, \bar{\boldsymbol{x}}'_\alpha$と置く．そして，$\Delta\boldsymbol{x}_\alpha = \boldsymbol{x}_\alpha - \bar{\boldsymbol{x}}_\alpha$, $\Delta\boldsymbol{x}' = \boldsymbol{x}'_\alpha - \bar{\boldsymbol{x}}'_\alpha$と置けば，式(6.85)は

$$J = \frac{f_0^2}{2}\sum_{\alpha=1}^{N}\Big(\|\Delta\boldsymbol{x}_\alpha\|^2 + \|\Delta\boldsymbol{x}'_\alpha\|^2\Big)$$

と書ける．式(6.49)のエピ極線方程式は次のように書ける．

$$\langle \boldsymbol{x}_\alpha - \Delta\boldsymbol{x}_\alpha, \boldsymbol{F}(\boldsymbol{x}'_\alpha - \Delta\boldsymbol{x}'_\alpha)\rangle = 0$$

展開して誤差$\Delta\boldsymbol{x}_\alpha, \Delta\boldsymbol{x}'_\alpha$の2次の項を無視すると，次のようになる．

$$\langle \boldsymbol{F}\boldsymbol{x}'_\alpha, \Delta\boldsymbol{x}_\alpha\rangle + \langle \boldsymbol{F}^\top\boldsymbol{x}_\alpha, \Delta\boldsymbol{x}'_\alpha\rangle = \langle \boldsymbol{x}_\alpha, \boldsymbol{F}\boldsymbol{x}'_\alpha\rangle \qquad (*)$$

$\boldsymbol{x}_\alpha$, $\bar{\boldsymbol{x}}_\alpha$, $\boldsymbol{y}'_\alpha$, $\bar{\boldsymbol{y}}'_\alpha$ はすべて第3成分が1であるから$\Delta\boldsymbol{x}_\alpha$, $\Delta\boldsymbol{x}'_\alpha$の第3成分は0である．これは$\boldsymbol{k} = (0,0,1)^\top$と置けば，$\langle \boldsymbol{k}, \Delta\boldsymbol{x}_\alpha\rangle = 0$, $\langle \boldsymbol{k}, \Delta\boldsymbol{x}'_\alpha\rangle = 0$と書ける．$J$を最小化するために，ラグランジュ乗数を導入し，

$$\begin{aligned}
&\frac{f_0^2}{2}\sum_{\alpha=1}^{N}(\|\Delta\boldsymbol{x}_\alpha\|^2 + \|\Delta\boldsymbol{x}'_\alpha\|^2) \\
&\quad - \sum_{\alpha=1}^{N}\lambda_\alpha\Big(\langle \boldsymbol{F}\boldsymbol{x}'_\alpha, \Delta\boldsymbol{x}_\alpha\rangle + \langle \boldsymbol{F}^\top\boldsymbol{x}_\alpha, \Delta\boldsymbol{x}'_\alpha\rangle - \langle \boldsymbol{x}_\alpha, \boldsymbol{F}\boldsymbol{x}'_\alpha\rangle\Big) \\
&\quad - \sum_{\alpha=1}^{N}\mu_\alpha\langle \boldsymbol{k}, \Delta\boldsymbol{x}_\alpha\rangle - \sum_{\alpha=1}^{N}\mu'_\alpha\langle \boldsymbol{k}, \Delta\boldsymbol{x}'_\alpha\rangle
\end{aligned}$$

を$\Delta\boldsymbol{x}_\alpha$, $\Delta\boldsymbol{x}'_\alpha$で微分して$\boldsymbol{0}$と置くと，次のようになる．

$$f_0^2\Delta\boldsymbol{x}_\alpha - \lambda_\alpha\boldsymbol{F}\boldsymbol{x}'_\alpha - \mu\boldsymbol{k} = \boldsymbol{0}, \quad f_0^2\Delta\boldsymbol{x}'_\alpha - \lambda_\alpha\boldsymbol{F}^\top\boldsymbol{x}_\alpha - \mu'\boldsymbol{k} = \boldsymbol{0}$$

両辺に左から式(6.51)の$\boldsymbol{P}_{\boldsymbol{k}}$を掛けると，$\boldsymbol{P}_{\boldsymbol{k}}\Delta\boldsymbol{x}_\alpha = \Delta\boldsymbol{x}_\alpha$, $\boldsymbol{P}_{\boldsymbol{k}}\Delta\boldsymbol{x}'_\alpha = \Delta\boldsymbol{x}'_\alpha$, $\boldsymbol{P}_{\boldsymbol{k}}\boldsymbol{k} = \boldsymbol{0}$であるから，次式が得られる．

$$f_0^2\Delta\boldsymbol{x}_\alpha - \lambda_\alpha\boldsymbol{P}_{\boldsymbol{k}}\boldsymbol{F}\boldsymbol{x}'_\alpha = \boldsymbol{0}, \quad f_0^2\Delta\boldsymbol{x}'_\alpha - \lambda_\alpha\boldsymbol{P}_{\boldsymbol{k}}\boldsymbol{F}^\top\boldsymbol{x}_\alpha = \boldsymbol{0}$$

ゆえに，次のように書ける．

$$\Delta\boldsymbol{x}_\alpha = \frac{\lambda_\alpha}{f_0^2}\boldsymbol{P}_{\boldsymbol{k}}\boldsymbol{F}\boldsymbol{x}'_\alpha, \quad \Delta\boldsymbol{x}'_\alpha = \frac{\lambda_\alpha}{f_0^2}\boldsymbol{P}_{\boldsymbol{k}}\boldsymbol{F}^\top\boldsymbol{x}_\alpha$$

これを式(∗)に代入すると，次のようになる．

$$\Big\langle \boldsymbol{F}\boldsymbol{x}'_\alpha, \frac{\lambda_\alpha}{f_0^2}\boldsymbol{P}_{\boldsymbol{k}}\boldsymbol{F}\boldsymbol{x}'_\alpha\Big\rangle + \Big\langle \boldsymbol{F}^\top\boldsymbol{x}_\alpha, \frac{\lambda_\alpha}{f_0^2}\boldsymbol{P}_{\boldsymbol{k}}\boldsymbol{F}^\top\boldsymbol{x}_\alpha\Big\rangle = \langle \boldsymbol{x}_\alpha, \boldsymbol{F}\boldsymbol{x}'_\alpha\rangle$$

これから λ_α が次のように定まる.

$$\frac{\lambda_\alpha}{f_0^2} = \frac{\langle \boldsymbol{x}_\alpha, \boldsymbol{F}\boldsymbol{x}'_\alpha \rangle}{\langle \boldsymbol{F}\boldsymbol{x}'_\alpha, \boldsymbol{P}_{\boldsymbol{k}}\boldsymbol{F}\boldsymbol{x}'_\alpha \rangle + \langle \boldsymbol{F}^\top \boldsymbol{x}_\alpha, \boldsymbol{P}_{\boldsymbol{k}}\boldsymbol{F}^\top \boldsymbol{x}_\alpha \rangle} = \frac{\langle \boldsymbol{x}_\alpha, \boldsymbol{F}\boldsymbol{x}'_\alpha \rangle}{\|\boldsymbol{P}_{\boldsymbol{k}}\boldsymbol{F}\boldsymbol{x}'_\alpha\|^2 + \|\boldsymbol{P}_{\boldsymbol{k}}\boldsymbol{F}^\top \boldsymbol{x}_\alpha\|^2}$$

ただし，行列 $\boldsymbol{P}_{\boldsymbol{k}}^2$ は対称，かつ $\boldsymbol{P}_{\boldsymbol{k}}^2 = \boldsymbol{P}_{\boldsymbol{k}}$ であり，任意のベクトル $\boldsymbol{a}$ に対して $\langle \boldsymbol{a}, \boldsymbol{P}_{\boldsymbol{k}}\boldsymbol{a} \rangle = \langle \boldsymbol{a}, \boldsymbol{P}_{\boldsymbol{k}}^2\boldsymbol{a} \rangle = \langle \boldsymbol{P}_{\boldsymbol{k}}\boldsymbol{a}, \boldsymbol{P}_{\boldsymbol{k}}\boldsymbol{a} \rangle = \|\boldsymbol{P}_{\boldsymbol{k}}\boldsymbol{a}\|^2$ が成り立つことを用いた. 以上より，$\Delta\boldsymbol{x}_\alpha$, $\Delta\boldsymbol{x}'_\alpha$ は次のように書ける.

$$\Delta\boldsymbol{x}_\alpha = \frac{\langle \boldsymbol{x}_\alpha, \boldsymbol{F}\boldsymbol{x}'_\alpha \rangle \boldsymbol{P}_{\boldsymbol{k}}\boldsymbol{F}\boldsymbol{x}'_\alpha}{\|\boldsymbol{P}_{\boldsymbol{k}}\boldsymbol{F}\boldsymbol{x}'_\alpha\|^2 + \|\boldsymbol{P}_{\boldsymbol{k}}\boldsymbol{F}^\top \boldsymbol{x}_\alpha\|^2},$$
$$\Delta\boldsymbol{x}'_\alpha = \frac{\langle \boldsymbol{x}_\alpha, \boldsymbol{F}\boldsymbol{x}'_\alpha \rangle \boldsymbol{P}_{\boldsymbol{k}}\boldsymbol{F}^\top\boldsymbol{x}_\alpha}{\|\boldsymbol{P}_{\boldsymbol{k}}\boldsymbol{F}\boldsymbol{x}'_\alpha\|^2 + \|\boldsymbol{P}_{\boldsymbol{k}}\boldsymbol{F}^\top \boldsymbol{x}_\alpha\|^2}$$

ゆえに，J が次のように書ける.

$$J = \frac{f_0^2}{2}\sum_{\alpha=1}^{N} \frac{\langle \boldsymbol{x}_\alpha, \boldsymbol{F}\boldsymbol{x}'_\alpha \rangle^2 (\|\boldsymbol{P}_{\boldsymbol{k}}\boldsymbol{F}\boldsymbol{x}'_\alpha\|^2 + \|\boldsymbol{P}_{\boldsymbol{k}}\boldsymbol{F}^\top \boldsymbol{x}_\alpha\|^2)}{(\|\boldsymbol{P}_{\boldsymbol{k}}\boldsymbol{F}\boldsymbol{x}'_\alpha\|^2 + \|\boldsymbol{P}_{\boldsymbol{k}}\boldsymbol{F}^\top \boldsymbol{x}_\alpha\|^2)^2} = \frac{f_0^2}{2}\sum_{\alpha=1}^{N} \frac{\langle \boldsymbol{x}_\alpha, \boldsymbol{F}\boldsymbol{x}'_\alpha \rangle^2}{\|\boldsymbol{P}_{\boldsymbol{k}}\boldsymbol{F}\boldsymbol{x}'_\alpha\|^2 + \|\boldsymbol{P}_{\boldsymbol{k}}\boldsymbol{F}^\top \boldsymbol{x}_\alpha\|^2}$$

6.10. 前問のように，$\boldsymbol{x}_\alpha$, $\boldsymbol{x}'_\alpha$ を式 (6.51) のように置き，その真値 $(\bar{x}_\alpha, \bar{y}_\alpha)$, $(\bar{x}'_\alpha, \bar{y}'_\alpha)$ を同様にベクトルで表したものを $\bar{\boldsymbol{x}}_\alpha$, $\bar{\boldsymbol{x}}'_\alpha$ と書き，誤差を $\Delta\boldsymbol{x}_\alpha = \boldsymbol{x}_\alpha - \bar{\boldsymbol{x}}_\alpha$, $\Delta\boldsymbol{x}' = \boldsymbol{x}'_\alpha - \bar{\boldsymbol{x}}'_\alpha$ と置く．α 番目のデータに対する式 (6.49) のエピ極線方程式の左辺 $\langle \boldsymbol{x}_\alpha, \boldsymbol{F}\boldsymbol{x}'_\alpha \rangle$ を ε_α と置くと，これは真値に対しては 0 であるから，次のように書き直せる.

$$\varepsilon_\alpha = \langle \boldsymbol{x}_\alpha, \boldsymbol{F}\boldsymbol{x}'_\alpha \rangle = \langle \bar{\boldsymbol{x}}_\alpha + \Delta\boldsymbol{x}_\alpha, \boldsymbol{F}(\bar{\boldsymbol{x}}'_\alpha + \Delta\boldsymbol{x}'_\alpha) \rangle = \langle \bar{\boldsymbol{x}}_\alpha, \boldsymbol{F}\Delta\boldsymbol{x}'_\alpha \rangle + \langle \Delta\boldsymbol{x}_\alpha, \boldsymbol{F}\bar{\boldsymbol{x}}'_\alpha \rangle + \langle \Delta\boldsymbol{x}_\alpha, \boldsymbol{F}\Delta\boldsymbol{x}'_\alpha \rangle$$

最後の誤差の 2 乗項を無視し，ε_α の分散を評価すると，$\Delta\boldsymbol{x}_\alpha$ と $\Delta\boldsymbol{x}'_\alpha$ は独立と仮定しているから，次のようになる.

$$\begin{aligned} V[\varepsilon_\alpha] &= E[\varepsilon_\alpha^2] \\ &= E[\langle \bar{\boldsymbol{x}}_\alpha, \boldsymbol{F}\Delta\boldsymbol{x}'_\alpha \rangle^2] + 2E[\langle \bar{\boldsymbol{x}}_\alpha, \boldsymbol{F}\Delta\boldsymbol{x}'_\alpha \rangle \langle \Delta\boldsymbol{x}_\alpha, \boldsymbol{F}\bar{\boldsymbol{x}}'_\alpha \rangle] + E[\langle \Delta\boldsymbol{x}_\alpha, \boldsymbol{F}\bar{\boldsymbol{x}}'_\alpha \rangle^2] \\ &= E[(\bar{\boldsymbol{x}}_\alpha^\top \boldsymbol{F}\Delta\boldsymbol{x}'_\alpha)(\boldsymbol{F}\Delta\boldsymbol{x}'_\alpha)^\top \bar{\boldsymbol{x}}_\alpha] + E[(\boldsymbol{F}\bar{\boldsymbol{x}}'_\alpha)^\top \Delta\boldsymbol{x}_\alpha \Delta\boldsymbol{x}_\alpha^\top \boldsymbol{F}\bar{\boldsymbol{x}}'_\alpha] \\ &= \bar{\boldsymbol{x}}_\alpha^\top \boldsymbol{F} E[\Delta\boldsymbol{x}'_\alpha \Delta\boldsymbol{x}'^\top_\alpha] \boldsymbol{F}^\top \bar{\boldsymbol{x}}_\alpha + \bar{\boldsymbol{x}}'^\top_\alpha \boldsymbol{F}^\top E[\Delta\boldsymbol{x}_\alpha \Delta\boldsymbol{x}_\alpha^\top] \boldsymbol{F}\bar{\boldsymbol{x}}'_\alpha \end{aligned}$$

式 (6.51) の行列 $\boldsymbol{P_k}$ を用いると，誤差の仮定により，$E[\Delta\boldsymbol{x}_\alpha\Delta\boldsymbol{x}_\alpha^\top]$ は次のように書ける．

$$E[\Delta\boldsymbol{x}_\alpha\Delta\boldsymbol{x}_\alpha^\top] = E\left[\begin{pmatrix} \Delta x_\alpha/f_0 \\ \Delta y_\alpha/f_0 \\ 0 \end{pmatrix}\begin{pmatrix} \Delta x_\alpha/f_0 \\ \Delta y_\alpha/f_0 \\ 0 \end{pmatrix}^\top\right]$$
$$= \frac{1}{f_0^2}\begin{pmatrix} E[\Delta x_\alpha^2] & E[\Delta x_\alpha\Delta y_\alpha] & 0 \\ E[\Delta y_\alpha\Delta x_\alpha] & E[\Delta y_\alpha^2] & 0 \\ 0 & 0 & 0 \end{pmatrix} = \frac{\sigma^2}{f_0^2}\boldsymbol{P_k}$$

同様に $E[\Delta\boldsymbol{x}'_\alpha\Delta\boldsymbol{x}'^\top_\alpha]$ も次のように書ける．

$$E[\Delta\boldsymbol{x}'_\alpha\Delta\boldsymbol{x}'^\top_\alpha] = \frac{\sigma^2}{f_0^2}\boldsymbol{P_k}$$

ゆえに，共分散行列 $V[\varepsilon_\alpha]$ が次のように書ける．

$$V[\varepsilon_\alpha] = \frac{\sigma^2}{f_0^2}(\bar{\boldsymbol{x}}_\alpha^\top\boldsymbol{F}\boldsymbol{P_k}\boldsymbol{F}^\top\bar{\boldsymbol{x}}_\alpha + \bar{\boldsymbol{x}}'^\top_\alpha\boldsymbol{F}^\top\boldsymbol{P_k}\boldsymbol{F}\bar{\boldsymbol{x}}'_\alpha)$$
$$= \frac{\sigma^2}{f_0^2}(\|\boldsymbol{P_k}\boldsymbol{F}^\top\bar{\boldsymbol{x}}_\alpha\|^2 + \|\boldsymbol{P_k}\boldsymbol{F}\bar{\boldsymbol{x}}'_\alpha\|^2)$$

ただし，前問中に示した恒等式 $\langle\boldsymbol{a}, \boldsymbol{P_k}\boldsymbol{a}\rangle = \|\boldsymbol{P_k}\boldsymbol{a}\|^2$ を用いた．式中の真値 $\bar{\boldsymbol{x}}_\alpha$, $\bar{\boldsymbol{x}}'_\alpha$ を観測値 $\boldsymbol{x}_\alpha$, $\boldsymbol{x}'_\alpha$ で置き換えると，ε_α, $\alpha = 1, \ldots, N$ の確率密度が次のように近似できる．

$$\prod_{\alpha=1}^N \frac{e^{-\varepsilon_\alpha^2/2V[\varepsilon_\alpha]}}{\sqrt{2\pi}\sigma} = \frac{e^{-\sum_{\alpha=1}^N \varepsilon_\alpha^2/2V[\varepsilon_\alpha]}}{(\sqrt{2\pi}\sigma)^N}$$

これを最大にすることは，次の J を最小にすることである．

$$J = \sigma^2\sum_{\alpha=1}^N \frac{\varepsilon_\alpha^2}{2V[\varepsilon_\alpha]} = \frac{f_0^2}{2}\sum_{\alpha=1}^N \frac{\langle\boldsymbol{x}_\alpha, \boldsymbol{F}\boldsymbol{x}'_\alpha\rangle^2}{\|\boldsymbol{P_k}\boldsymbol{F}\boldsymbol{x}'_\alpha\|^2 + \|\boldsymbol{P_k}\boldsymbol{F}^\top\boldsymbol{x}_\alpha\|^2}$$

6.11. 行列 $\boldsymbol{A}$ の特異値分解を $\boldsymbol{A} = \boldsymbol{U}\boldsymbol{\Sigma}\boldsymbol{V}^\top$ とする．ただし，$\boldsymbol{U}$, $\boldsymbol{V}$ はそれぞれ左特異ベクトル，右特異ベクトルを列とする $n \times r$, $m \times r$ 行列であり（r は $\boldsymbol{A}$ のランク），$\boldsymbol{\Sigma}$ は r 個の特異値を対角要素とする $r \times r$ 対角行列である．行列ノルムに関する式 (4.34) より，$\|\boldsymbol{A}\|^2$ が次のように書ける．

$$\|\boldsymbol{A}\|^2 = \mathrm{tr}((\boldsymbol{U}\boldsymbol{\Sigma}\boldsymbol{V}^\top)(\boldsymbol{U}\boldsymbol{\Sigma}\boldsymbol{V}^\top)^\top) = \mathrm{tr}(\boldsymbol{U}\boldsymbol{\Sigma}\boldsymbol{V}^\top\boldsymbol{V}\boldsymbol{\Sigma}\boldsymbol{U}^\top)$$
$$= \mathrm{tr}(\boldsymbol{U}^\top\boldsymbol{U}\boldsymbol{\Sigma}\boldsymbol{V}^\top\boldsymbol{V}\boldsymbol{\Sigma}) = \mathrm{tr}(\boldsymbol{\Sigma}^2)$$

ただし，トレースに対して $\mathrm{tr}(\boldsymbol{A}\boldsymbol{B}) = \mathrm{tr}(\boldsymbol{B}\boldsymbol{A})$ が成り立つこと，および左右の特異ベクトルは正規直交系であり，$\boldsymbol{U}^\top\boldsymbol{U}$, $\boldsymbol{V}^\top\boldsymbol{V}$ はともに $r \times r$ 単位行列であることを用いた．上式は $\|\boldsymbol{A}\|^2$ が特異値の 2 乗和に等しいことを示している．

第 7 章

7.1. 式 (7.25) は $\delta\bar{\boldsymbol{a}}'_\alpha - \bar{\boldsymbol{R}}\delta\bar{\boldsymbol{a}}_\alpha = \delta\boldsymbol{\omega} \times \bar{\boldsymbol{R}}\bar{\boldsymbol{a}}_\alpha$ と書ける．左辺に式 (7.33) を代入すると，次のようになる．

$$\begin{aligned}\delta\bar{\boldsymbol{a}}'_\alpha - \bar{\boldsymbol{R}}\delta\bar{\boldsymbol{a}}_\alpha &= V_0[\boldsymbol{a}'_\alpha]\bar{\boldsymbol{W}}_\alpha(\delta\boldsymbol{\omega} \times \bar{\boldsymbol{R}}\bar{\boldsymbol{a}}_\alpha) + \bar{\boldsymbol{R}}V_0[\boldsymbol{a}_\alpha]\bar{\boldsymbol{R}}^\top\bar{\boldsymbol{W}}_\alpha(\delta\boldsymbol{\omega} \times \bar{\boldsymbol{R}}\bar{\boldsymbol{a}}_\alpha)\\ &= (V_0[\boldsymbol{a}'_\alpha] + \bar{\boldsymbol{R}}V_0[\boldsymbol{a}_\alpha]\bar{\boldsymbol{R}}^\top)\bar{\boldsymbol{W}}_\alpha(\delta\boldsymbol{\omega} \times \bar{\boldsymbol{R}}\bar{\boldsymbol{a}}_\alpha)\\ &= \bar{\boldsymbol{V}}_\alpha\bar{\boldsymbol{W}}_\alpha(\delta\boldsymbol{\omega} \times \bar{\boldsymbol{R}}\bar{\boldsymbol{a}}_\alpha) = \delta\boldsymbol{\omega} \times \bar{\boldsymbol{R}}\bar{\boldsymbol{a}}_\alpha\end{aligned}$$

ただし，定義 $\bar{\boldsymbol{V}}_\alpha \equiv (V_0[\boldsymbol{a}'_\alpha] + \bar{\boldsymbol{R}}V_0[\boldsymbol{a}_\alpha]\bar{\boldsymbol{R}}^\top)$, $\bar{\boldsymbol{W}}_\alpha \equiv \bar{\boldsymbol{V}}_\alpha^{-1}$ を用いた．

7.2. (1) $\boldsymbol{A}$ が半正値対称行列であるということは，任意のベクトル $\boldsymbol{x}$ に対して $\langle\boldsymbol{x}, \boldsymbol{A}\boldsymbol{x}\rangle \geq 0$ ということである．$\boldsymbol{B} = \boldsymbol{U}^\top\boldsymbol{A}\boldsymbol{U}$（対称行列）に対しては，

$$\langle\boldsymbol{x}, \boldsymbol{B}\boldsymbol{x}\rangle = \langle\boldsymbol{x}, \boldsymbol{U}^\top\boldsymbol{A}\boldsymbol{U}\boldsymbol{x}\rangle = \langle\boldsymbol{U}\boldsymbol{x}, \boldsymbol{A}\boldsymbol{U}\boldsymbol{x}\rangle = \langle\boldsymbol{y}, \boldsymbol{A}\boldsymbol{y}\rangle \geq 0$$

であるから, $\boldsymbol{B}$ も正値対称行列である．ただし, 式 (2.19) を用い, $\boldsymbol{y} = \boldsymbol{U}\boldsymbol{x}$ と置いた．

(2) $\boldsymbol{M}$ は正則行列であると仮定しているから，行列 $\begin{pmatrix} \boldsymbol{I} & \boldsymbol{O} \\ \boldsymbol{M}^{-1} & \boldsymbol{M}^{-1} \end{pmatrix}$ は，行列式が $|\boldsymbol{I}||\boldsymbol{M}^{-1}| = 1/|\boldsymbol{M}| \neq 0$ であり，正則行列である．式 (7.37) が半正値対称行列であるから，

$$\begin{pmatrix} \boldsymbol{I} & \boldsymbol{M}^{-1} \\ \boldsymbol{O} & \boldsymbol{M}^{-1} \end{pmatrix}\begin{pmatrix} V[\tilde{\boldsymbol{R}}] & -\boldsymbol{I} \\ -\boldsymbol{I} & \boldsymbol{M} \end{pmatrix}\begin{pmatrix} \boldsymbol{I} & \boldsymbol{O} \\ \boldsymbol{M}^{-1} & \boldsymbol{M}^{-1} \end{pmatrix}$$
$$= \begin{pmatrix} V[\tilde{\boldsymbol{R}}] - \boldsymbol{M}^{-1} & \boldsymbol{O} \\ \boldsymbol{O} & \boldsymbol{M}^{-1} \end{pmatrix}$$

も半正値対称行列である．したがって，左上の区画も半正値対称行列であり，式 (7.39) が得られる．

7.3. 共分散行列 $\boldsymbol{\Sigma}$ は正値対称行列であるから，$\boldsymbol{\Sigma}$ の単位固有ベクトルを列として並べた行列 $\boldsymbol{U}$ によって

$$\boldsymbol{U}^\top\boldsymbol{\Sigma}\boldsymbol{U} = \begin{pmatrix} \sigma_1^2 & & \\ & \ddots & \\ & & \sigma_n^2 \end{pmatrix}$$

と対角化される．$\boldsymbol{y} = \boldsymbol{U}^\top\boldsymbol{x}$ と置けば，$\boldsymbol{y}$ の各成分 y_i は $\boldsymbol{x}$ の成分の線形結合である，ゆえに，$\boldsymbol{y}$ も正規分布に従う．明らかに $\boldsymbol{y}$ の期待値は $\boldsymbol{0}$ であり，その共分散行列 $V[\boldsymbol{y}]$ は次のようになる．

$$V[\boldsymbol{y}] = E[\boldsymbol{y}\boldsymbol{y}^\top] = E[\boldsymbol{U}^\top\boldsymbol{x}\boldsymbol{x}^\top\boldsymbol{U}] = \boldsymbol{U}^\top E[\boldsymbol{x}\boldsymbol{x}^\top]\boldsymbol{U}$$

$$= \boldsymbol{U}^\top \boldsymbol{\Sigma} \boldsymbol{U} = \mathrm{diag}(\sigma_1^2, \ldots, \sigma_n^2)$$

したがって，$\boldsymbol{y}$ の各成分 y_i は期待値 0，分散 σ_i^2 の独立な正規分布に従う．そして，

$$\begin{aligned}\langle \boldsymbol{x}, \boldsymbol{\Sigma}^{-1}\boldsymbol{x}\rangle &= \langle \boldsymbol{U}\boldsymbol{y}, \boldsymbol{\Sigma}^{-1}\boldsymbol{U}\boldsymbol{y}\rangle = \langle \boldsymbol{y}, \boldsymbol{U}^\top\boldsymbol{\Sigma}^{-1}\boldsymbol{U}\boldsymbol{y}\rangle \\ &= \langle \boldsymbol{y}, V[\boldsymbol{y}]^{-1}\boldsymbol{y}\rangle = \frac{y_1^2}{\sigma_1^2} + \cdots + \frac{y_n^2}{\sigma_n^2}\end{aligned}$$

である．$\boldsymbol{U}^\top\boldsymbol{\Sigma}\boldsymbol{U}$ の逆行列が $\boldsymbol{U}^\top\boldsymbol{\Sigma}^{-1}\boldsymbol{U}$ であることに注意（$\boldsymbol{U}\boldsymbol{U}^\top = \boldsymbol{I}$ より，掛け合わせると $\boldsymbol{I}$ になる）．各 y_i/σ_i は期待値 0，分散 1 の独立な正規分布に従い，上式はそれらの 2 乗和であるから，χ^2 分布の定義より，自由度 n の χ^2 分布に従う．明らかに上式の期待値は $E[y_1^2]/\sigma_1^2 + \cdots + E[y_n^2]/\sigma_n^2 = \sigma_1^2/\sigma_1^2 + \cdots + \sigma_n^2/\sigma_n^2 = n$ である．

索引

【ア行】
アーベル群 Abelian group　121
アリバイ alibi　31
位数 order　121
位相 topology　124
位相空間 topological space　124
位相同型 homeomorphic　127
位相不変量 topological invariant　127
一対一 one-to-one　123
1 階微分 first derivative　79
一般線形群 general linear group　129
上へ onto　123
運動 motion　35
エイリアス alias　31
SVD 補正 SVD correction　98
エピ極線方程式 epipolar equation　86, 118
FNS 法 FNS: Fundamental Numerical Scheme　59
エルミート共役 Hermitian conjugate　130
オイラー Leonhard Euler: 1707–1783　31
オイラー角 Euler angle　21
オイラー数 Euler number　127
オイラーの定理 Euler's theorem　12
オイラー・ポアンカレ指標 Euler–Poincaré characteristic　127

【カ行】
開球 open ball　125
開区間 open interval, open box　125
開集合 open set　124
回転 rotation　6
回転行列 rotation matrix　8
回転群 group of rotations　80, 96
回転軸 axis of rotation　11
回転ベクトル rotation vector　74
外部接近 external access　98
ガウス・ニュートン近似 Gauss–Newton approximation　84
ガウス・ニュートン法 Gauss-Newton iterations　84
可換 commutative　76, 121
可換群 commutative group　121
角速度 angular velocity　73
角速度ベクトル angular velocity vector　73
拡張 FNS 法 EFNS: Extended Fundamental Numerical Scheme　65, 68, 99
撹乱パラメータ nuisance parameter　66, 118
確率変数 random variable　36

加算 addition　121
カメラ行列 camera matrix　93
幾何学的 AIC geometric AIC　117
幾何学的代数 geometric algebra　32
幾何学的方法 geometric method　68
幾何学的モデル選択 geometric model selection　117
基礎行列 fundamental matrix　66, 86, 118
ギブズ Josiah Willard Gibbs: 1839–1903　31
基本行列 essential matrix　99
逆元 inverse　121
逆像 inverse image　123
鏡映 reflection　7
境界 boundary　125
境界点 boundary point　125
狭義回転 rotation in a strict sense　7
共分散行列 covariance matrix　51
共役四元数 conjugate quaternion　28
行列ノルム matrix norm　45
極限点 limit point　125
局所座標系 local coordinate　127
局所準同型写像 local homomorphism 135
局所同型 locally isomorphic　135
局所同型写像 local isomorphism　135
局所連結 locally connected　126
ギンバル gimbal　23
ギンバルリング gimbal ring　24
ギンバルロック gimbal lock　23
近傍 neighborhood　125
クラメル・ラオの下界 Cramer-Rao lower bound　117
くりこみ法 renormalization　67
クロネッカーのデルタ Kronecker delta 9
群 group　81, 96, 120
KCR 下界 KCR lower bound　114, 117
形式和 formal sum　27
結合則 associativity　120
原像 preimage　123
交換子積 commutator　76, 131, 133
広義回転 rotation in a broad sense　7, 46
合成 composition　120
構造定数 structural constant　132
構造パラメータ structural parameter 66, 118
拘束 FNS 法 CFNS: Constrained Fundamental Numerical Scheme 68, 98
拘束条件 constraint　118
剛体運動 rigid motion　35
黄道面 ecliptic plane　21
勾配 gradient　79
誤差楕円 error ellipse　51
誤差楕円体 error ellipsoid　51
古典群 classical group　130
固有回転 proper rotation　7
固有な部分群 proper subgroup　122
コンパクト compact　126

【サ行】

最小 2 乗解 least-squares solution　38
再生性 reproductive property　39
最適補正 optimal correction　98
再投影誤差 reprojection error　66, 87, 93
最尤推定 maximum likelihood estimation　39
座標 coordinate　127
座標関数 coordinate map　127
座標変換 coordinate change　128

残差 residual　39
残差平方和 residual sum of squares 39
3 次元復元 3D reconstruction　92
サンプソン誤差 Sampson error　67, 87
次元 dimension　127
四元数 quaternion　27
事後補正 a posteriori correction　98
自明な位相 trivial topology　125
自明な部分群 trivial subgroup　122
射影 projection　135
射影変換行列 homography matrix　66, 119
斜交群 symplectic group　130
写真測量学 photogrammetry　99
シューアの補行列 Schur complement 100
集積点 accumulation point　125, 126
収束 converge　125
主軸 principal axis　51
準同型 homomorphic　124
準同型写像 homomorphism　123, 132
乗算 multiplication　120
真の部分群 proper subgroup　122
ジンバル gimbal　23
ジンバルリング gimbal ring　24
ジンバルロック gimbal lock　23
シンプレクティック群 symplectic group 130
信頼区間 confidence interval　52
推定量 estimator　110
スカラ部分（四元数の）scalar part　27
スコア関数 score　112
正規化共分散行列 normalized covariance matrix　53
生成子 generator　75
世界座標系 world coordinate system 18
積 product　120
赤道面 equatorial plane　21
積分可能条件 integrability condition 133
接空間 tangent space　81, 132
節点線 line of nodes　21
接ベクトル tangent vector　132
零元 zero　121
線形空間 linear space　130
線形リー群 linear Lie group　130
全射 surjection　123
全単射 bijection　123
像 image　123
双 1 次 bilinear　76, 131
相関行列 correlation matrix　40
相対位相 relative topology　125

【タ行】

代数 algebra　76, 131
代数系 algebra　32, 76
代数的方法 algebraic method　68
多元環 algebra　76, 131
多様体 manifold　81, 96, 127
単位元 identity　121
単位四元数 unit quaternion　28
単射 injection　123
単連結 simply connected　135
値域 range　123
置換 permutation　121
チャート chart　127
直積 direct product　122
直積因子 direct factor　122
直和 direct sum　123
直交行列 orthogonal matrix　8
直交群 orthogonal group　130
強い strong　125

テート Peter Guthrie Tait: 1831–1901 31
定義域 domain 123
同型 isomorphic 77, 124, 132
同型写像 isomorphism 124, 132
統計的推測 statistical estimation 118
統計的モデル statistical model 118
同相 homeomorphic 127
同相写像 homeomorphism 127
同値 equivalent 125
特異回転 improper rotation 7
特殊線形群 special linear group 130
特殊直交群（n 次元）special orthogonal group (of dimension n) 96, 130
特殊直交群（3 次元）special orthogonal group (of dimension 3) 80, 96
特殊ユニタリ群 special unitary group 130
特徴点 feature point 92

【ナ行】

内点 interior point, inner point 125
内部 interior 125
内部接近 internal access 98
内部パラメータ行列 intrinsic parameter matrix 93
滑らか smooth 128
2 階微分 second derivative 79
ノイズレベル noise level 53
ノルム（四元数の） norm 28

【ハ行】

ハートレーの 8 点法 Hartley's 8-point method 98
ハイネ・ボレルの定理 Heine–Borel theorem 126
ハウスドルフ空間 Hausdorff space 126
パフ形式 Pfaffian 133
ハミルトン Sir William Rowan Hamilton: 1805–1865 31
反エルミート行列 anti-Hermitian matrix 134
反可換 anticommutative 76, 131
バンドル調整 bundle adjustment 92
反変ベクトル contravariant vector 20
微小回転ベクトル small rotation vector 79
左逆元 left inverse 121
左単位元 left identity 121
ピッチ pitch 15
被覆 covering 126
微分 derivative 79
微分可能 differentiable 128
微分形式 differential form 133
微分写像 derivation 135
微分多様体 differentiable manifold 128
微分同型 diffeomorphic 129
微分同相 diffeomorphic 129
微分同相写像 diffeomorphism 129
標本 sample 39
非連結 disconnected 126
負 negative 121
ファイバーバンドル fiber bundle 132
フィッシャー情報行列 Fisher information matrix 118
物体座標系 object coordinate system 18
部分群 subgroup 121
不偏 unbiased 110
不偏推定量 unbiased estimator 110
普遍被覆群 universal covering group 135

不変ベクトル場 invariant vector field 133
プロクルステス問題 Procrustes problem 38
フロベニウスの定理 Frobenius' theorem 133
フロベニウスノルム Frobenius norm 45
分離可能 separable 126
閉集合 closed set 124
閉包 closure 125
ベクトル空間 vector space 130
ベクトル部分（四元数の） vector part 27
ヘッセ行列 Hessian 79
ベッチ数 Betti number 127
変換 transformation 121, 124
変換群 group of transformations 124
偏差 bias 105
変分 variation 111
変分原理 variational principle 111
母数 parameter 38
ボルツァーノ・ワイエルシュトラスの定理 Bolzano–Weierstrass theorem 126

【マ行】

マハラノビス距離 Mahalanobis distance 39
右逆元 right inverse 121
右単位元 right identity 121
無限小回転 infinitesimal rotation 75
無限小生成子 infinitesimal generator 133

【ヤ行】

ヤコビの恒等式 Jacobi identity 76, 131
ユークリッド位相 Euclidean topology 125
ユークリッド運動 Euclidean motion 35
ユークリッドノルム Euclid norm 45
有界 bounded 125
有限群 finite group 121
尤度 likelihood 38
ユニタリ行列 unitary matrix 130
ユニタリ群 unitary group 130
ヨー yaw 15
弱い weak 125

【ラ行】

ランク拘束 rank constraint 87
リー括弧積 Lie bracket 76, 130
リー環 Lie algebra 76, 131
リー群 Lie group 81, 96, 129
リー代数 Lie algebra 76, 96, 131
リー代数の方法 Lie algebra method 81
離散位相 discrete topology 125
レーベンバーグ・マーカート法 Levenberg–Marquardt method 85
連結 connected 126
連結成分 connected component 126
連続 continuous 126
ロール roll 15
ローレンツ群 Lorentz group 130
ローレンツ計量 Lorentz metric 130
ロドリーグ Benjamin Olinde Rodrigues: 1795–1851 31
ロドリーグの式 Rodrigues formula 26
ロドリゲスの式→ロドリーグの式 26, 31

【ワ行】

和 sum 121

Memorandum

Memorandum

Memorandum

【著者紹介】

金谷健一（かなたに けんいち）

1979 年　東京大学大学院工学系研究科 博士課程修了
現　在　岡山大学 名誉教授
　　　　工学博士（東京大学）
著　書　『線形代数』（共著，講談社，1987）
　　　　『画像理解』（森北出版，1990）
　　　　『空間データの数理』（朝倉書店，1995）
　　　　『これなら分かる応用数学教室』（共立出版，2003）
　　　　『これなら分かる最適化数学』（共立出版，2005）
　　　　『数値で学ぶ計算と解析』（共立出版，2010）
　　　　『理数系のための技術英語練習帳』（共立出版，2012）
　　　　『幾何学と代数系』（森北出版，2014）
　　　　『3 次元コンピュータビジョン計算ハンドブック』（共著，森北出版，2016）
　　　　『線形代数セミナー』（共立出版，2018）ほか

3 次元回転
パラメータ計算とリー代数による最適化

3D Rotations: Parameter Computation and Lie-Algebra based Optimization

2019 年 7 月 31 日　初版 1 刷発行
2021 年 9 月 1 日　初版 3 刷発行

著　者　金谷健一

発行者　南條光章

発行所　**共立出版株式会社**
〒112-0006
東京都文京区小日向 4-6-19
電話番号 03-3947-2511（代表）
振替口座 00110-2-57035
URL www.kyoritsu-pub.co.jp

印　刷　啓文堂
製　本　ブロケード

一般社団法人
自然科学書協会
会員

検印廃止
NDC 414.53, 501.1

ISBN 978-4-320-11382-4

Printed in Japan